Werner F. Schmidt

Astronomische Navigation

Springer
Berlin
Heidelberg
New York
Barcelona
Budapest
Hong Kong
London
Mailand
Paris
Santa Clara
Singapur
Tokyo

Werner F. Schmidt

Astronomische Navigation

Ein Lehr- und Handbuch
für Studenten und Praktiker

2. Auflage

Mit 118 Abbildungen

Springer

Dipl.-Phys. Werner F. Schmidt
Holzkirchen bei München

ISBN 978-3-540-60337-5   ISBN 978-3-642-79990-7 (eBook)
DOI 10.1007/978-3-642-79990-7

CIP-Eintrag beantragt

© Springer-Verlag Berlin/Heidelberg 1983 und 1996

SPIN 10515706   62/3020 – 5 4 3 2 1 0 – Gedruckt auf säurefreiem Papier

Vorwort

Ein neues Lehrbuch über astronomische Navigation mag manchem bei dem
heutigen rasanten technischen Fortschritt als nicht zeitgemäß erscheinen.
Gestatten doch modernste Funknavigationsverfahren durch Knopfdruck in
wenigen Sekunden überall auf und über der Erde den Standort eines
Schiffes oder Flugzeuges mit großer Genauigkeit zu bestimmen. Trotzdem
glauben die verschiedenen Ausbildungsstätten für Schiffsnavigatoren,
aber auch für gewisse Spezialaufgaben vorgesehene Flugzeugnavigatoren
auf die Vermittlung der astronomischen Navigation nicht verzichten zu
können. Dies hat nicht nur konservative Gründe. Vielmehr hat die astronomische Navigation selbst im Zeitalter der Navigationssatelliten eine
wichtige Kontrollaufgabe, die besonders in Notsituationen außerordent-
liche Bedeutung erlangen kann. Denn kein von elektrischem Strom ab-
hängiges Navigations- oder Rechengerät, das noch so funktionssicher an-
gepriesen wird, ist gegen irgendwelche unvorhersehbaren Störungen ge-
feit. Dies hat die Vergangenheit leider oft genug in dramatischer Weise
gezeigt, und damit muß auch in Zukunft gerechnet werden. Hinzu kommt,
daß modernste Funknavigationsgeräte in der Kleinschiffahrt, d.h. insbesondere in der Sportschiffahrt einen nicht zu unterschätzenden Kosten-
faktor darstellen, der - zur Zeit wenigstens - in keinem rechten Verhältnis zu dem preiswerten und für die entsprechenden Zwecke völlig
ausreichenden Verfahren der astronomischen Navigation auf hoher See
steht.

Zur Erlernung der astronomischen Navigation sind nun einige Grundkenntnisse empfehlenswert. Da wäre zuerst die Mathematik zu nennen, die sich
allerdings auf einfachste Schulmathematik (vor allem ebene und sphärische
Trigonometrie und evtl. logarithmisches Rechnen) beschränkt. Da die
sphärische Trigonometrie das mathematische Fundament ist, das unserem
Wissensstoff zugrunde liegt, werden wir davon das für uns Wesentliche
einleitend im ersten Kapitel kurz abhandeln. Die wichtigsten trigonometrischen Formeln und der Gebrauch der Logarithmen werden dagegen in
einem Anhang wieder in die Erinnerung zurückgerufen.

Natürlich könnte prinzipiell auf große Teile des einfachen Formelapparates bei der Stoffvermittlung verzichtet werden, wie dies manche
Autoren auch tun. Aber bei genauer Betrachtung stellt man fest, daß
dort die Mathematik ebenfalls gebracht wird, zwar nicht explizit in
Formelschreibweise, dafür aber in zum Teil recht umfangreichen Rechen-
vorschriften versteckt, die darüber hinaus meist nur speziell anwendbar
sind und durch relativ umfangreiche Wortbeschreibungen ergänzt bzw. ver-
allgemeinert werden müssen - ein Umstand, der einem Kenner der Elemen-
tarmathematik als unnötige Zeit- und Kraftverschwendung erscheint. Es
ist eine Binsenweisheit: Was einfache mathematische Formeln - und um
solche handelt es sich hier ausschließlich - auf einen Blick aussagen,
ist durch Worte i.a. nur sehr unvollkommen und langwierig zu beschreiben.
Das soll nun nicht heißen, daß in der Praxis auf Rechenschemata verzichtet werden soll - im Gegenteil. Aber die Erstellung eines geeigneten
Schemas soll situationsgemäß dem betreffenden Navigator selbst über-
lassen bleiben, nachdem er den dazu notwendigen Stoff gründlich durch-
dacht und verarbeitet hat. Unsere mitgeteilten Schemata sollen also nur
Anregungen in diesem Sinn geben.

Und damit kommen wir zu einem Punkt, der im folgenden eine wichtige Rolle spielt: Auf das Verstehen der grundlegenden Zusammenhänge wird bei
uns mehr Wert gelegt als auf das Auswendiglernen von vielen noch so wichtigen - häufig in dogmatischer Rezeptform mitgeteilten - Einzelheiten. So
werden wir z.B. den allgemeinen Zeitumwandlungsmechanismus zuerst kennenlernen, bevor daraus als Sonderfall die Umwandlung von mitteleuropäischer
Zeit (MEZ) in mittlere Greenwichzeit (MGZ) folgt. Die astronomische Navigation soll ja nicht nur in Mitteleuropa angewandt werden können. Ferner
wird jeweils nicht eine einzige spezielle rechentechnische Behandlungs-
weise eines Problems vorgeführt, sondern allgemein die Handhabung unserer
abgeleiteten Formeln mitgeteilt, sei es mit irgendwelchen Rechengeräten
(Taschenrechner), mit logarithmischem Rechnen (Semiversusfunktion) oder
mit besonderen Tafelwerken (HO249). Ein qualifizierter Navigator sollte
flexibel genug sein, die astronomische Navigation möglichst mit verschiedenen Rechentechniken auch oder gerade in Notsituationen je nach
den Gegebenheiten anzuwenden.

Weiterhin sind einige elementare astronomische Grundkenntnisse von großem
Nutzen, die im dritten Kapitel zusammengefaßt sind. Sie beschränken sich
aber im wesentlichen auf die Bewegungen der Himmelskörper unseres Sonnensystems und da auch nur auf die mit bloßem Auge gut erkennbaren.

Was die Gliederung unseres Wissensstoffes angeht, so befassen wir uns
nach der einleitenden sphärischen Trigonometrie zunächst mit den auf die
Erdoberfläche bezogenen Anwendungen. Darunter fallen die Großkreisnavigation und die Besteckrechnung sowohl nach vergrößerter als auch nach
Mittelbreite. In diesem Zusammenhang wird zwangsläufig das Entstehen
bzw. der Entwurf einer Mercator-Karte eingehend besprochen. Für Interessenten, die etwas tiefer in dieses Gebiet eindringen wollen, werden
im Anhang hierzu differentialgeometrische Ergänzungen mitgeteilt.

Im nächsten Kapitel folgen astronomische Anwendungen der sphärischen
Trigonometrie, worunter zunächst die Betrachtung der Koordinatensysteme
und ihre Beziehungen zwischen ihnen - wie z.B. Polfigur, Meridianfigur,
sphärisch-astronomisches Grunddreieck - verstanden werden. Dabei entwickelt sich ganz von selbst die Berechnung der wahren Höhe und des Azimuts eines Gestirns mit verschiedenen Rechentechniken, wobei der Ermittlung der Gestirnskoordinaten aus dem Nautischen Jahrbuch wegen ihrer
großen praktischen Bedeutung ein besonderer Abschnitt eingeräumt wird.
- Ein weiterer Abschnitt ist dem wichtigen Zeitbegriff gewidmet. Hier
werden neben bürgerlichen und wissenschaftlichen Zeitbegriffen auch die
Kenngrößen von Uhren, die Kulminations-, Dämmerungs- und Auf- oder Untergangszeiten der Gestirne besprochen.

Im vierten Kapitel, das die Messung der Gestirnskoordinaten Höhe und
Azimut mittels Sextant und Peilkompaß behandelt, wird auch auf die astronomische Kompaßkontrolle eingegangen. Ein besonderer Abschnitt dient dem
Erlernen der Gestirnsidentifizierungen, die zuerst ganz allgemein und
daran anschließend mit Hilfe des in der Praxis sehr bewährten "Starfinder
and Identifier" besprochen werden.

Das fünfte Kapitel schließlich enthält die eigentlichen Methoden der
astronomischen Standlinien- und Standortbestimmung. Dabei beginnen wir
mit den einfachsten sogenannten Breitenverfahren (Polarsternbreite,
Mittagsbreite) und gelangen über die Bestimmung des Mittagsortes zu dem
Höhenverfahren von St. Hilaire, das mittels verschiedener Rechentechniken
(Taschenrechner, HO249, logarithmisches Rechnen mit der Semiversusfunktion) eingehend in allen Einzelheiten behandelt wird. Nach einer Diskus-
sion verschiedener Fehlerauswirkungen besprechen wir abschließend die
rein rechnerische Standortbestimmung aus zwei sich schneidenden Höhengleichen ohne Kenntnis eines vermuteten Standortes und ohne Zeichnung
von Standlinien.

Großer Wert wurde bei der gesamten Darstellungsweise, die durch zahl-
reiche Hintergrundinformationen den üblichen Vorlesungsstoff erheblich
ergänzen dürfte, einmal auf Anschaulichkeit gelegt. Das hat zur Folge,
daß der Text mit sehr vielen erläuternden Abbildungen versehen ist. Zum
anderen wurden alle allgemein geschilderten Verfahren durch numerische
Beispiele zusätzlich verdeutlicht, die sich durch kleinere Schrifttypen
rein äußerlich vom übrigen Text abheben. Und schließlich wurden jedem
der ersten fünf Kapitel jeweils Übungsaufgaben angefügt, die den Leser
nicht so sehr mit stumpfsinnigen Nachrechnungen traktieren, sondern ihm
Gelegenheit geben sollen zu prüfen, ob er den bisherigen Stoff verstanden
hat. Gegebenenfalls kann der Leser dadurch zum weiteren Nachdenken ange-
regt werden.

Zur Bearbeitung dieser Aufgaben brauchen keine zusätzlichen Tafelwerke
(Nautisches Jahrbuch, HO249-Tafeln) angeschafft zu werden. Die notwendigen Tafelauszüge und Lösungsanleitungen sind in einem Anhang vorhanden.
Lediglich der Besitz der Nautischen Tafeln von Fulst, die für jeden, der
ernsthaft astronomisch navigieren will, sowieso zum Standard-Repertoire
gehören, wird vorausgesetzt. Aber selbst die darin enthaltenen Tabellen
müssen nicht unbedingt aufgesucht werden, weil die meisten der ihnen zu-
grundliegenden Formeln ebenfalls von uns entwickelt werden. Damit kann
das vorliegende Buch nicht nur Studenten sondern auch im Berufsleben
stehenden Praktikern als Nachschlagwerk für alle in der Navigationspraxis wichtigen Formeln und Verfahren dienen.

Die Bewältigung dieser Aufgaben allein reicht allerdings nicht aus, den
Leser dadurch schon zu einem perfekten Navigator zu machen. Dazu ist
wesentlich mehr Übung und Zeit notwendig. Trotzdem glaube ich aufgrund
eigener langjähriger Erfahrungen sagen zu können, daß derjenige, der
sowohl den vorliegenden Text als auch die Aufgaben gründlich durch-
arbeitet und daneben so oft wie möglich gewissenhaft Gestirnsbeobachtungen mit den betreffenden Meßinstrumenten anstellt, schon sehr bald
in der Navigationspraxis erfolgreich bestehen wird.

Abschließend ist es mir ein Bedürfnis, allen Dienststellen und Personen,
die mich bei der Abfassung meiner Arbeit unterstützt haben, meinen auf-
richtigen Dank zu sagen. So danke ich insbesondere dem Deutschen Hydrographischen Institut in Hamburg und der Defense Mapping Agency in Washington für die freundliche Genehmigung, Auszüge aus den Tabellen nautischer Jahrbücher bzw. der HO249-Tafeln wiedergeben zu dürfen. Der

Firma Cassens und Plath in Bremerhaven habe ich für die Überlassung von
Fotografien einiger ihrer Navigationsgeräte zu danken. Herrn Dr.Bernhard
Berking, Professor an der Fachhochschule Hamburg, Abteilung Seefahrt,
bin ich für eine kritische Durchsicht des Manuskripts zu Dank verpflich-
tet. Und schließlich gilt mein Dank Frau Lilo Leder für das Übertragen
der zahlreichen Abbildungen nach meinen Vorstellungen in saubere Tusche-
zeichnungen.

Holzkirchen, im Herbst 1982   W.F. Schmidt

Der jetzt erforderlich gewordene Nachdruck dieses Buches hat es möglich
gemacht, die mir seit seinem Erscheinen bekannt gewordenen Unstimmigkei-
ten in einigen Formeln und Berechnungen zu korrigieren. Die Anregungen
dazu gehen zum Teil auf aufmerksame Leser zurück, denen ich an dieser
Stelle meinen Dank ausspreche.

Holzkirchen, im Sommer 1986   W.F. Schmidt

Erneut wurde ein Nachdruck dieses Werkes fällig, und damit bot sich aber-
mals die Gelegenheit, in der Zwischenzeit bekanntgewordene Fehler zu be-
richtigen. Diesmal ist aus dem Kreis der Leser, die entsprechende Hinwei-
se gegeben haben, Herr Reny O. Montandon aus der Schweiz hervorzuheben.
Ihm gebührt deshalb mein besonderer Dank.

Holzkirchen, im Sommer 1990   W. F. Schmidt

Inhaltsverzeichnis

1 Sphärische Trigonometrie

1.1 Das Kugelzweieck

Schneiden wir eine Kugel mit einer durch den Mittelpunkt M gehenden
Ebene, so erhalten wir auf der Kugel einen sogenannten Großkreis, dessen Radius r gleich dem Kugelradius ist. Liegen die Kugelpunkte A und
B diametral (vgl. Abb. 1.1), so lassen sich durch sie beliebig viele
Großkreise legen. Dagegen geht durch zwei nicht diametral liegende Kugelpunkte C und D nur genau ein Großkreis. Er setzt sich aus dem gros-
sen Bogen CABD und dem kleinen Bogen CD zusammen. Dieser kleine Bogen
ist die kürzeste Verbindung zwischen C und D. Dies ist leicht einzusehen, wenn wir uns durch C und D weitere auf der Kugel befindliche
Kreise gelegt denken, deren Mittelpunkte nicht mit dem Kugelmittelpunkt M zusammenfallen (solche Kreise heißen Klein- oder Nebenkreise).
Abb. 1.2 stellt den in die Zeichenebene gelegten Großkreisbogen b mit
dem Radius r und einen beliebigen Nebenkreisbogen b' mit dem Radius
r' < r dar. Man sieht hier sofort anschaulich, daß alle noch kürzeren
Kreisbögen als b durch CD nicht mehr auf, sondern innerhalb der Kugel
liegen und sich mit wachsendem Radius immer mehr der Sehne s zwischen

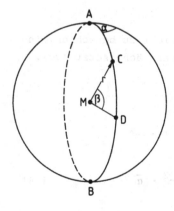

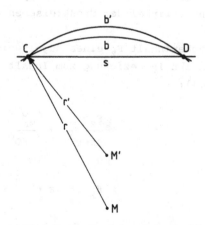

Abb.1.1. Das Kugelzweieck

Abb.1.2. Großkreisbogen b als kürzeste
Verbindung zwischen C und D

CD nähern. Da andererseits alle anderen Nebenkreisbögen durch CD kleinere Radien als den Kugelradius r haben, sind diese Bögen größer als b.

Entfernungen auf der Kugel werden wir i. a. längs solcher Großkreisbögen messen. Damit kommen wir zur Bestimmung der Länge eines Großkreisbogens b. Sie läßt sich mit seinem zugehörigen Zentriwinkel β (vgl.
Abb. 1.1) leicht in Zusammenhang bringen. Es ist

$$\frac{b}{\beta^{O}} = \frac{2\pi r}{360^{O}} \qquad \text{oder}$$

$$b = \frac{\beta^{O}}{180^{O}} \cdot \pi \cdot r \ . \qquad (1.1)$$

Mit der Abkürzung

$$\frac{\beta^{O}}{180^{O}} \cdot \pi = \bar{\beta} \quad , \qquad (1.2)$$

dem sogenannten Bogenmaß des Winkels β ($\bar{\beta}$ ist der Bogen des Zentriwin-
kels β auf der Einheitskugel, d. h. der Kugel mit r = 1) schreibt sich
(1.1):

$$b = \bar{\beta} \cdot r \ . \qquad (1.3)$$

Zwei sich schneidende Großkreise lassen auf der Kugeloberfläche vier
sogenannte Kugel- oder sphärische Zweiecke entstehen. Die Schnittwinkel zweier Großkreisbögen mißt man als die Winkel zwischen den Tangenten an die Großkreise im Schnittpunkt (Winkel α in Abb. 1.1) oder auch
als Schnittwinkel der Großkreisebenen.

Der Flächeninhalt F_Z eines Kugelzweiecks ist leicht zu berechnen, indem man ihn in Beziehung zum Inhalt der Kugeloberfläche setzt (vgl.
Abb. 1.1):

$$\frac{F_Z}{4\pi \cdot r^2} = \frac{\alpha^{O}}{360^{O}} \qquad \text{oder}$$

$$F_Z = \pi \cdot r^2 \cdot \frac{\alpha^{O}}{90^{O}} = 2r^2 \cdot \bar{\alpha} \qquad (1.4)$$

mit dem Bogenmaß $\bar{\alpha}$.

1.2 Das Kugeldreieck

Legen wir durch den Mittelpunkt M der Kugel eine dritte Ebene, die
den gemeinschaftlichen Durchmesser CC' der ersten beiden Ebenen schnei-
det, so zerfällt jedes Kugelzweieck in zwei Kugel- oder sphärische
Dreiecke; z. B. das Zweieck CAC'BC in die Dreiecke ABC und ABC' (vgl.
Abb. 1.3). Die drei Seiten des Kugeldreiecks ABC sind also Bögen von
Großkreisen, die sich außerdem in den entsprechenden Gegenpunkten A',
B', C' schneiden. Die in Grad- bzw. Bogenmaß gemessenen Seiten AB=c,
BC=a, AC=b und Winkel α, β, γ eines Dreiecks seien dabei immer kleiner
als 180°.

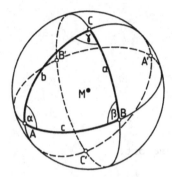

Abb.1.3. Das Kugeldreieck

Wir berechnen nun den Flächeninhalt F_{ABC} des Kugeldreiecks A, B, C.
Dabei berücksichtigen wir, daß dieses Dreieck mit jedem an einer Drei-
eckseite anliegenden Dreieck jeweils zu einem Kugelzweieck ergänzt
wird, dessen Flächeninhalt F_Z wir in Abschnitt 1.1 bereits berechnet haben
(vgl. Gl. 1.4). Es ist also:

$$F_{ABC} + F_{BCA'} = \pi \cdot r^2 \cdot \frac{\alpha^°}{90^°}$$

$$F_{ABC} + F_{AB'C} = \pi \cdot r^2 \cdot \frac{\beta^°}{90^°}$$

$$F_{ABC} + F_{ABC'} = \pi \cdot r^2 \cdot \frac{\gamma^°}{90^°}$$

Ersetzt man hierin das Dreieck ABC' durch das inhaltsgleiche sogenannte Gegendreieck A'B'C, so ergibt sich durch Addition dieser drei Gleichungen

$$2 \cdot F_{ABC} + (F_{ABC} + F_{BCA'} + F_{AB'C} + F_{A'B'C}) = \frac{\pi \cdot r^2}{90^\circ} \cdot (\alpha^\circ + \beta^\circ + \gamma^\circ).$$

Der in der Klammer stehende Ausdruck auf der linken Seite ist aber die Fläche $2\pi r^2$ der Halbkugel. Damit erhalten wir schließlich für den Flächeninhalt F_{ABC} des Kugeldreiecks ABC:

$$F_{ABC} = \frac{\pi \cdot r^2}{180^\circ} \cdot (\alpha^\circ + \beta^\circ + \gamma^\circ - 180^\circ) \quad . \tag{1.5a}$$

Den Ausdruck $\alpha^\circ + \beta^\circ + \gamma^\circ - 180^\circ$ bezeichnet man mit ε und nennt ihn den sphärischen Exzeß. Der Flächeninhalt des Kugeldreiecks schreibt sich damit:

$$F_{ABC} = \pi \cdot r^2 \cdot \frac{\varepsilon^\circ}{180^\circ} \tag{1.5b}$$

oder im Bogenmaß $\bar{\varepsilon}$ mit (1.2)

$$F_{ABC} = \bar{\varepsilon} \cdot r^2 \quad .$$

Da F_{ABC} immer positiv sein muß, folgt aus (1.5a) sofort:

$$\alpha^\circ + \beta^\circ + \gamma^\circ > 180^\circ \quad . \tag{1.6a}$$

Die Winkelsumme im sphärischen Dreieck ist also immer größer als 180°; sie ist außerdem - wie ohne Beweis mitgeteilt werden soll - immer kleiner als 540°, sodaß gilt:

$$180^\circ < \alpha^\circ + \beta^\circ + \gamma^\circ < 540^\circ \quad . \tag{1.6b}$$

Da im sphärischen Dreieck im Gegensatz zum ebenen auch die Seiten a, b, c durch Winkel gemessen werden, läßt sich entsprechend zu Gl. (1.6a) ebenfalls eine Beziehung für die Dreiecksseiten angeben. Wir haben dazu lediglich die selbstverständliche Voraussetzung zu berücksichtigen, daß auch im sphärischen Dreieck die Summe zweier Seiten stets größer als die dritte ist. Dann folgt aus Abb. 1.3, wenn wir außer dem Dreieck ABC noch das Nebendreieck A'BC betrachten:

$$BC < A'B + A'C \quad .$$

Da nun BC=a, A'B=180°-c und A'C=180°-b ist, heißt das: a < 360°-b-c oder

$$a + b + c < 360^{\circ} \quad . \tag{1.7}$$

Die Summe der Seiten eines sphärischen Dreiecks ist also immer kleiner als 360°.

Schließlich geben wir ohne Beweis noch zwei wesentliche Beziehungen an:
In sphärischen Dreiecken liegen gleichen Seiten gleiche Winkel gegenüber; liegt der größeren Seite der größere Winkel gegenüber.

1.3 Das rechtwinklige sphärische Dreieck

Wir nennen ein Kugeldreieck rechtwinklig, wenn es einen rechten Winkel hat. Analog wie beim ebenen rechtwinkligen Dreieck bezeichnen wir die den rechten Winkel einschließenden Seiten als Katheten, die gegenüberliegende Seite als Hypotenuse.

Ein ebenes rechtwinkliges Dreieck hat bekanntlich nur einen rechten Winkel. Ein rechtwinkliges Kugeldreieck dagegen kann zwei oder sogar drei rechte Winkel enthalten. Denkt man sich z. B. in Abb. 1.3 drei senkrecht zueinander durchgeführte Mittelpunktsschnitte, so daß die Kugeloberfläche in 8 gleiche Dreiecke zerlegt wird, dann betragen alle Seiten und Winkel eines jeden solchen Dreiecks 90°. Außer dem rechten Winkel können auch noch stumpfe Winkel im Kugeldreieck vorkommen, so daß die Hypotenuse kleiner als eine Kathete sein kann.

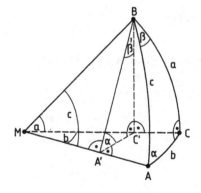

Abb.1.4. Zur Ableitung der Beziehungen zwischen Winkeln des rechtwinkligen Kugeldreiecks ABC, ($\beta > \beta'$).

Nach diesen Vorbemerkungen wollen wir nunmehr Beziehungen zwischen den Winkeln und Seiten eines rechtwinkligen Kugeldreiecks aufstellen. Dazu betrachten wir das Kugeldreieck ABC (Abb.1.4), dessen rechter Winkel bei C liegt und mit einem Punkt gekennzeichnet ist. Die Dreiecksecken sind

mit dem Kugelmittelpunkt M verbunden, so daß ein Kugelausschnitt dargestellt wird. Durch B ist die Ebene A'BC' so gelegt, daß sie senkrecht
auf der Ebene MAC und senkrecht auf MC steht. Dann treten die Kugeldrei-
eckswinkel α, $\gamma = 90^\circ$ im ebenen Dreieck A'BC' entsprechend bei A' und
C' auf. Aus Abb. 1.4 lesen wir nun unmittelbar die folgenden Beziehungen ab:

$$\sin \alpha \;=\; \frac{\overline{BC'}}{\overline{BA'}} \;=\; \frac{\overline{MB} \cdot \sin a}{\overline{MB} \cdot \sin c} \;=\; \frac{\sin a}{\sin c} \;, \tag{1.8}$$

$$\cos \alpha \;=\; \frac{\overline{A'C'}}{\overline{A'C}} \;=\; \frac{\overline{MA'} \cdot \tan b}{\overline{MA'} \cdot \tan c} \;=\; \frac{\tan b}{\tan c} \;, \tag{1.9}$$

$$\tan \alpha \;=\; \frac{\overline{BC'}}{\overline{A'C'}} \;=\; \frac{\overline{MC'} \cdot \tan a}{\overline{MC'} \cdot \sin b} \;=\; \frac{\tan a}{\sin b} \;. \tag{1.10}$$

Analog folgt für β:

$$\sin \beta \;=\; \frac{\sin b}{\sin c} \;, \tag{1.11}$$

$$\cos \beta \;=\; \frac{\tan a}{\tan c} \;; \tag{1.12}$$

weiterhin ist:

$$\tan \beta \;=\; \frac{\tan b}{\sin a} \;, \tag{1.13}$$

$$\cos c \;=\; \frac{\overline{MA'}}{\overline{MB}} \;=\; \frac{\overline{MA'}}{\overline{MC'}} \cdot \frac{\overline{MC'}}{\overline{MB}} \;=\; \cos b \cdot \cos a \;. \tag{1.14}$$

Ferner erhalten wir aus (1.9) mit (1.11) und (1.14):

$$\cos \alpha \;=\; \frac{\sin b}{\sin c} \cdot \frac{\cos c}{\cos b} \;=\; \sin \beta \cdot \cos a \;. \tag{1.15}$$

Auf ähnliche Weise entsteht aus (1.12):

$$\cos \beta \;=\; \sin \alpha \cdot \cos b \;. \tag{1.16}$$

Multiplikation von (1.15) mit (1.16) gibt

$$\cos \alpha \cdot \cos \beta \;=\; \sin \alpha \cdot \sin \beta \cdot \cos a \cdot \cos b \;,$$

und daraus wird nach Umordnen mit (1.14) schließlich:

$$\cos c \;=\; \cot \alpha \cdot \cot \beta \;. \tag{1.17}$$

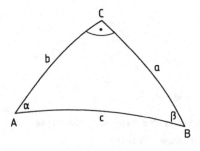 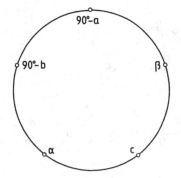

Abb.1.5. Zur Napierschen Regel

Diese 10 Hauptbeziehungen (1.8) bis (1.17) des rechtwinkligen Kugeldreiecks werden üblicherweise in der Napierschen Merkregel zusammengefaßt:

Schreibt man die Dreiecksstücke in der Reihenfolge, wie sie im Dreieck
vorkommen, unter Auslassen des rechten Winkels und Ersetzen der Katheten
durch ihre Komplementwinkel auf den Umfang eines Kreises (vgl. Abb. 1.5),
so ist immer der Kosinus eines Stückes gleich

1) dem Produkt der Kotangenten der anliegenden Stücke oder
2) dem Produkt der Sinus der nicht anliegenden Stücke.

Beispiel:

1) $\cos \alpha = \cot c \cdot \cot (90°-b) = \cot c \cdot \tan b$,   (vgl. (1.9)) ,

2) $\cos \alpha = \sin \beta \cdot \sin (90°-a) = \sin \beta \cdot \cos a$,   (vgl. (1.15)).

Die trigonometrischen Umrechnungsformeln für Komplementwinkel sind im
Anhang, Abschnitt 6.1.1, zusammengestellt.

Der Leser prüfe die Richtigkeit der Napierschen Regel an allen 10 Hauptbeziehungen (1.8) bis (1.17).

1.4 Das schiefwinklige sphärische Dreieck

Wird in dem schiefwinkligen Kugeldreieck ABC (vgl. Abb. 1.6) z. B. durch
C ein Großkreisbogen h gelegt, der auf AB senkrecht steht, so nennen wir
h die sphärische Höhe des Kugeldreiecks auf AB. Dadurch sind aus ABC
zwei rechtwinklige Kugeldreiecke entstanden, für die wir die in Kap. 1.3
entwickelten Beziehungen anwenden können. Es ist z. B.

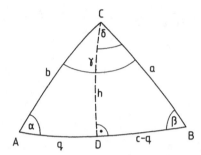

Abb.1.6. Zur Ableitung der sin- und cos-Sätze
im schiefwinkligen Kugeldreieck

$$\sin h \; = \; \sin a \cdot \sin \beta \; ,$$

$$\sin h \; = \; \sin b \cdot \sin \alpha \; .$$

Daraus folgt:

$$\sin a \; : \; \sin b = \sin \alpha : \sin \beta \; .$$

Durch eine andere sphärische Höhe, z. B. von A auf a, erhalten wir entsprechend

$$\sin b \; : \; \sin c = \sin \beta : \sin \gamma \; .$$

Diese beiden letzten Beziehungen können in eine einzige zusammengefaßt
werden:

$$\sin a \; : \; \sin b : \sin c = \sin \alpha : \sin \beta : \sin \gamma \; . \hspace{2cm} (1.18)$$

Dies ist der sphärische Sinussatz:

Im sphärischen Dreieck verhalten sich die Sinus der Seiten wie die Sinus
der gegenüberliegenden Winkel.

Seine Herleitung für stumpfwinklige Dreiecke wird genauso durchgeführt,
nur liegt in diesen Fällen die sphärische Höhe außerhalb des Dreiecks
ABC. Der Leser möge dies nachprüfen.

Weiterhin erhalten wir aus dem Dreieck CDB der Abb. 1.6:

$$\cos a \; = \; \cos h \cdot \cos (c-q)$$

und aus dem Dreieck ACD

$$\cos b \; = \; \cos h \cdot \cos q \; .$$

Diese beiden Beziehungen führen unter Anwendung des im Anhang mitgeteilten Additionstheorems für trigonometrische Funktionen (vgl. Gl. 6.6)
auf:

$$\cos a = \cos b \cdot \cos c + \cos b \cdot \sin c \cdot \tan q \quad .$$

Setzen wir hier aus Dreieck ACD

$$\tan q = \cos \alpha \cdot \tan b$$

ein, so ergibt sich:

$$\cos a = \cos b \cdot \cos c + \sin b \cdot \sin c \cdot \cos \alpha \quad . \tag{1.19}$$

Entsprechend erhalten wir für die anderen Seiten:

$$\cos b = \cos c \cdot \cos a + \sin c \cdot \sin a \cdot \cos \beta \quad , \tag{1.20}$$

$$\cos c = \cos a \cdot \cos b + \sin a \cdot \sin b \cdot \cos \gamma \quad . \tag{1.21}$$

Diese letzten drei Gleichungen sind die sphärischen Seitenkosinus-Sätze.
Der Leser möge sie auch für stumpfwinklige Kugeldreiecke herleiten.

Schließlich folgt aus dem Dreieck CAD der Abb. 1.6:

$$\cos \alpha = \cos h \cdot \sin (\gamma - \delta)$$

und aus dem Dreieck CBD:

$$\cos \beta = \cos h \cdot \sin \delta \quad .$$

Diese beiden Beziehungen führen unter Anwendung des im Anhang mitgeteilten
Additionstheorems für trigonometrische Funktion (vgl. Gl. 6.6) auf:

$$\cos \alpha = \cos \beta \cdot \sin \gamma \cdot \cot \delta - \cos \beta \cdot \cos \gamma \quad .$$

Setzen wir hier aus Dreieck CBD

$$\cot \delta = \cos a \cdot \tan \beta$$

ein, so ergibt sich:

$$\cos \alpha = - \cos \beta \cdot \cos \gamma + \sin \beta \cdot \sin \gamma \cdot \cos a \tag{1.22}$$

und durch zyklische Vertauschung der Buchstaben für die anderen Winkel:

$$\cos \beta = - \cos \gamma \cdot \cos \alpha + \sin \gamma \cdot \sin \alpha \cdot \cos b \quad , \qquad (1.23)$$
$$\cos \gamma = - \cos \alpha \cdot \cos \beta + \sin \alpha \cdot \sin \beta \cdot \cos c \quad . \qquad (1.24)$$

Diese letzten drei Beziehungen sind die sphärischen Winkelkosinus-Sätze. Auch sie möge der Leser für stumpfwinklige Kugeldreiecke herleiten.

1.5 Berechnung des schiefwinkligen sphärischen Dreiecks

Von den sechs Stücken eines sphärischen Dreiecks müssen drei vorgegeben sein, um die restlichen bestimmen zu können. Dazu reichen die in Abschnitt 1.4 hergeleiteten Sinus- und Kosinus-Sätze aus. Es sind dann sechs verschiedene Fälle möglich, die wir folgendermaßen lösen können:

Fall I : Gegeben sind die drei Seiten.
           Verfahren: Berechnung eines Winkels nach dem Seitenkosinussatz,
           der übrigen Winkel dann nach dem Sinus- oder Seitenkosinussatz.

Fall II : Gegeben sind die drei Winkel.
           Verfahren: Berechnung einer Seite nach dem Winkelkosinussatz,
           der übrigen Seiten dann nach dem Sinussatz.

Fall III: Gegeben sind zwei Seiten und ein Winkel.
     IIIa: Der Winkel liege zwischen beiden Seiten.
           Verfahren: Berechnung der dritten Seite nach dem Seitenkosinus-
           satz, der übrigen beiden Winkel dann nach dem Sinussatz.

     IIIb: Der Winkel liege einer der Seiten gegenüber.
           Verfahren: Berechnung der dritten Seite nach dem Seitenkosinus-
           satz durch Einführung eines Hilfswinkels (vgl. folgendes Bei-
           spiel), Berechnung der übrigen Winkel dann nach dem Sinussatz.

           Beispiel:
           Gegeben: a, b, α; gesucht: c, β, γ

           $$\cos a = \cos b \cdot \cos c + \sin b \cdot \sin c \cdot \cos \alpha$$
           $$\qquad = \cos b \cdot (\cos c + \tan b \cdot \sin c \cdot \cos \alpha) \quad .$$
           Bekanntlich ist

           $$\tan b \cdot \cos \alpha = \tan q \quad .$$

Damit entsteht

$$\cos a = \frac{\cos b}{\cos q} \cdot \cos (c-q) \ .$$

Da q aus tan q = tan b · cos α bekannt ist, finden wir c aus

$$\cos (c-q) = \frac{\cos a \cdot \cos q}{\cos b} \ ;$$

schließlich erhalten wir

$$\sin \beta = \frac{\sin b \cdot \sin \alpha}{\sin a} \ ; \quad \sin \gamma = \frac{\sin c \cdot \sin \alpha}{\sin a} \ .$$

Fall IV :   Gegeben eine Seite und zwei Winkel.

IVa: Die Winkel liegen beide an der gegebenen Seite.
Verfahren: Berechnung des dritten Winkels nach dem Winkel-
kosinussatz, der übrigen Seiten nach dem Sinussatz.

IVb: Der eine Winkel liege an der gegebenen Seite, der zweite ihr
gegenüber.
Verfahren: Berechnung des dritten Winkels nach dem Winkel-
kosinussatz unter Einführung eines Hilfswinkels (analog zu
Fall IIIb), Berechnung der übrigen Seiten dann nach dem Sinussatz.

In den Fällen IIIb und IVb kann es jeweils zwei Lösungen geben. In den
meisten praktischen Fällen ist allerdings aus der Natur der Aufgabe ersichtlich, welcher Wert zu wählen ist.

Abschließend sei noch auf den Zusammenhang zwischen sphärischer und
ebener Trigonometrie hingewiesen. Da die Ebene als Grenzfall einer Kugel
mit unendlich großem Radius aufgefaßt werden kann, gelingt für kleine
Seiten (aber beliebige Winkel!) die Überführung der sphärischen Sinus-
und Seitenkosinussätze in die entsprechenden Sätze der ebenen Trigonometrie (vgl. Anhang, Abschnitt 6.1.3.). Der Leser vollziehe dies nach unter
Beachtung der Näherungsausdrücke $\sin x = x - ...$, $\cos x = 1 - \frac{x^2}{2} + ...$
für kleine x.

Den entsprechenden Sachverhalt für die Flächeninhalte gibt der Satz von
Legendre, der hier ohne Beweis mitgeteilt wird:

Ein Kugeldreieck mit kleinen Seiten hat nahezu gleichen Flächeninhalt wie ein ebenes Dreieck mit gleich langen Seiten. Jeder Winkel des ebenen Dreiecks ist um ein Drittel des sphärischen Exzesses (s. Abschn. 1.2) kleiner als der entsprechende Winkel des Kugeldreiecks.

1.6 Aufgaben

1.1) Von einem Kugeldreieck sind bekannt

a) $a = 60^\circ$ $b = 60^\circ$ $c = 100^\circ$
b) $\alpha = 30^\circ$ $\beta = 90^\circ$ $\gamma = 90^\circ$
c) $a = 85^\circ$ $b = 82^\circ$ $\alpha = 75^\circ$
d) $\alpha = 46^\circ 10'$ $b = 61^\circ 24'$ $\gamma = 123^\circ 46'$

Man berechne die übrigen Stücke und den jeweiligen Dreiecksflächeninhalt, wenn der Kugelradius r = 6400 km beträgt.

1.2) Von einem gleichseitigen Kugeldreieck sind gegeben der Kugelradius r = 6400 km und der Flächeninhalt F = 64 339 817,55 km^2. Gesucht sind die Seiten und die Winkel.

2 Geographische Anwendungen der sphärischen Trigonometrie

2.1 Begriffsdefinitionen

Eine wichtige Anwendung findet die sphärische Trigonometrie in der Erd-
kunde. Zu diesem Zweck wollen wir uns zuerst einmal über die Gestalt der
Erde klar werden.

Unser Planet Erde dreht sich um seine eigene Achse. Diese Rotationsachse
durchstößt die Erdoberfläche an dem geographischen Nord- bzw. Südpol (NP
bzw. SP, vgl. Abb. 2.1.). Die zur Achse senkrechte, durch den Erdmittelpunkt gehende Ebene nennen wir Äquatorebene. Sie schneidet die Erdoberfläche im Äquator. Die Erdfigur wird häufig als Kugel angesehen. Dies
ist sie in Wirklichkeit nicht. Genau betrachtet ist die Erde ein ellip-
soidähnliches Gebilde, das an den Polen abgeplattet und am Äquator wulst-
artig aufgebaucht ist. Man bezeichnet diese Figur als Geoid, das wir für
unsere Zwecke durch eine Normfigur, das sogenannte internationale Erdellipsoid, in guter Näherung ersetzen wollen. Dieses internationale Erdellipsoid hat einen Äquatorradius

$$a = 6378,388 \text{ km} \quad,$$

einen Polradius

$$b = 6356,912 \text{ km}$$

und ein Volumen

$$V_{\ddot{o}} = 1,08332 \cdot 10^{12} \text{ km}^3 \quad.$$

Seine Abplattung ist

$$\frac{a-b}{a} = \frac{1}{297} \quad.$$

Die wirklichen Werte für den Äquator- und Polradius, 6378,163 km bzw. 6356,777 km, die heutzutage von Erdsatelliten bestimmt werden, weichen von diesen Normdaten geringfügig ab. Diese Vermessungen ergeben, daß die Erde genau genommen auch noch birnenförmig ist: Der Erdsüdpol liegt um etwa 25 m der Äquatorebene näher als der Ellipsoidsüdpol; der Erdnordpol ist hingegen fast 20 m weiter von der Äquatorebene entfernt. Abb. 2.1 veranschaulicht das in übertriebener Form, wobei die gestrichelte Linie den Schnitt durch das Erdellipsoid darstellen soll.

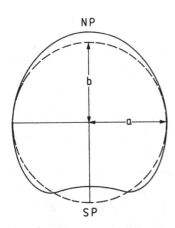

Abb.2.1. Vergleich der Birnengestalt der Erde mit dem Erdellipsoid

Trotz dieser komplizierten Erdgestalt genügt es in vielen praktischen Fällen, sie als Kugel zu approximieren. Wir wählen dazu diejenige, die mit dem internationalen Erdellipsoid volumengleich ist. Diese Erdkugel hat den Radius

$$R_{\ddot{o}}^{+} = 6371{,}221 \text{ km} \ . \tag{2.1}$$

Der Umfang eines Großkreises dieser Kugel beträgt demnach $2\pi \cdot R_{\ddot{o}}^{+}$, also gehört zu einem Grad ein Bogenstück von

$$\frac{2\pi \cdot 6371}{360} \text{ km} = 111{,}2 \text{ km} \tag{2.2}$$

und zu einer Winkelminute ein Bogenstück von

$$\frac{2\pi \cdot 6371}{360 \cdot 60} \text{ km} = 1{,}8532 \text{ km} \ . \tag{2.3a}$$

Diese Länge nennt man auch 1 Seemeile (sm). Es entspricht ($\hat{=}$) also auf einem Großkreis der Erdkugel:

$$1' \hat{=} 1 \text{ sm} \tag{2.3b}$$

Die Lage der Rotationsachse unserer Erdkugel bestimmt nun das System der
Koordinaten, durch die ein Punkt auf der Erdoberfläche beschrieben wird.

Denken wir uns durch Nord- und Südpol der Erdkugel Großkreise gelegt,
die also die Erdachse als gemeinsamen Durchmesser haben, so bezeichnet
man einen halben Großkreis als Meridian oder auch Mittagskreis, weil
- wie wir später sehen werden - alle auf einem Meridian liegenden Orte
denselben Ortsmittag haben. Den durch Greenwich laufenden Meridian wählen
wir als Bezugsmeridian.

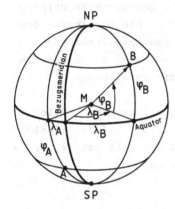

Abb.2.2. Geographische Länge λ und Breite φ

Unter der geographischen Breite φ eines Ortes verstehen wir nun den in
der Ortsmeridianebene vom Erdmittelpunkt M gemessenen Winkel φ zwischen
der Äquatorebene und dem von M gezogenen Ortsvektor. φ wird vom Äquator
aus von 0° - 90° gezählt und heißt nördliche oder südliche Breite, je
nachdem der Ort nördlich oder südlich vom Äquator liegt. φ tritt außerdem als Bogenstück des entsprechenden Ortsmeridians auf. In Abb.2.2 hat
B eine nördliche, A eine südliche Breite. Die durch den betreffenden Ort
parallel zum Äquator gelegten Ebenen schneiden die Erdkugel in sogenannten Breitenkreisen. Diese Breitenkreise sind bis auf den Äquator keine
Großkreise! Alle Orte auf einem solchen Breitenkreis haben gleiche geographische Breite. Der Äquator z. B. hat die geographische Breite $\varphi = 0^\circ$,
der Nordpol $\varphi = 90^\circ N$.

Unter der geographischen Länge λ eines Ortes verstehen wir den Neigungs-
winkel zwischen der Ortsmeridian- und der Bezugsmeridianebene. Dieser
Winkel tritt als Bogenstück des Äquators auf, das von den Schnittpunkten
des Orts- bzw. Bezugsmeridians begrenzt wird. λ wird vom Bezugsmeridian
aus bis 180° jeweils in östlicher bzw. westlicher Richtung gezählt. Der
Bezugsmeridian selbst hat die geographische Länge $\lambda = 0^\circ$. In Abb.2.2 hat
A westliche, B östliche Länge. Alle Orte desselben Meridians haben dieselbe geographische Länge.

Wir wollen nochmals betonen, daß sich diese Breiten- bzw. Längendefini-
tionen im wesentlichen nur auf die idealisierte Erdkugel beziehen. Die
Festlegungen der geographischen Länge und Breite auf der wirklichen Erdoberfläche dagegen beruhen auf astronomischen Messungen. Hierbei wird
zwischen der geozentrischen Breite φ' und der geographischen oder geodätischen Breite φ des Beobachtungsortes B unterschieden (vgl. Abb.2.3).
Die geodätische Breite φ ist gleich dem Winkel zwischen der Richtung der
Schwerkraft am Beobachtungsort und der Äquatorebene. Da φ als Winkel
zwischen der Richtung zum Himmelspol und der Horizontalebene am Beobachtungsort B die sogenannte Polhöhe ist (vgl. Kap.3), geschieht im Prinzip
die Bestimmung von φ durch Messung der Polhöhe bei B. Die Festlegung der
geographischen Länge λ dagegen erfolgt durch sehr exakte Zeitmessungen.
Doch wollen wir darauf nicht näher eingehen. Interessenten seien auf die
einschlägigen Lehrbücher der geodätischen Astronomie verwiesen.

Abschließend wollen wir festhalten, daß wir in den allermeisten Fällen
nicht zwischen φ und φ' unterscheiden, d. h. daß wir uns auf die ideale
Kugelgestalt der Erde beziehen. Dort, wo das nicht der Fall ist (z. B. in
Abschnitt 2.3), werden wir besonders darauf hinweisen.

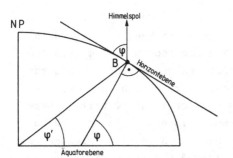

Abb.2.3. Geozentrische (φ') und
geodätische Breite φ

2.2 Großkreisnavigation

Markieren wir auf der Erdoberfläche einen Abfahrtsort A (φ_A, λ_A) und
einen Bestimmungsort B (φ_B, λ_B), so können wir durch diese beiden Orte
einen Großkreis legen. Das Bogenstück d dieses Großkreises soll als
kürzeste Distanz zwischen A und B stets kleiner als 180° sein. Weiterhin
wollen wir in Zukunft immer die Meridianteile zwischen den beiden Orten
und dem Nordpol betrachten. Diese beiden Stücke a und b bilden mit d
zusammen ein sphärisches Dreieck (s. Abb.2.4). In diesem Dreieck nennen
wir α den Anfangskurswinkel und $180^\circ-\beta$ den Endkurswinkel (Kurswinkel
wollen wir i. a. von der Nordrichtung aus immer im Uhrzeigersinn voll-

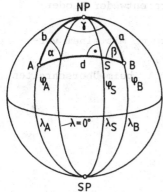

Abb.2.4. Kugeldreieck zur Großkreisnavigation

kreisig angeben). Der dritte Winkel γ ist nichts anderes als der Längen-
unterschied zwischen den beiden Orten. Genauer ist γ die Längendifferenz
Δλ, wenn beide Orte nur auf der westlichen (W) oder nur auf der östlichen
(E) Erdhalbkugel liegen, d. h.

$$\gamma = \Delta\lambda, \text{ wenn } \lambda_A \text{ und } \lambda_B \text{ gleichnamig sind.}$$

Liegt dagegen A auf der westlichen und B auf der östlichen Erdhalbkugel
(vgl. Abb.2.4) oder umgekehrt, so ist γ einfach die Summe der beiden
Längenangaben. Sollte dabei γ > 180° werden, so ist diese Summe von 360°
zu subtrahieren, da γ immer kleiner als 180° sein soll, d. h. also:

$$\gamma = \lambda_A + \lambda_B, \text{ wenn } \lambda_A \text{ und } \lambda_B \text{ ungleichnamig sind, bzw.:}$$

$$\gamma = 360° - (\lambda_A + \lambda_B), \text{ falls } \lambda_A + \lambda_B > 180° \quad .$$

Für die restlichen Seiten a und b gilt nun folgendes: Je nachdem, ob
die Orte auf der nördlichen oder südlichen Halbkugel liegen, drücken
sich a und b durch die Breiten φ verschieden aus: Es gilt für a bzw. b
auf der

Nordhalbkugel   (N) : $90° - \varphi_N$

Südhalbkugel   (S) : $90° + \varphi_S$.   *)

Nach diesen Vorbemerkungen wenden wir uns nun konkreten typischen Auf-
gabenstellungen zu:

Gegeben seien die beiden Orte A und B nach Länge und Breite. Gesucht ist

I   : die Distanz d zwischen A und B,

II a: der Anfangskurswinkel α,

II b: der Endkurswinkel 180°-β,

---

*) Zählt man nördliche Breiten positiv, südliche negativ und setzt fest, daß für a
bzw. b immer 90°-φ zu bilden ist, so entstehen automatisch diese Ausdrücke.

III : der Scheitelpunkt S (φ_S, λ_S), an dem der Kurs entweder E oder
      W ist,

IV a: der Schnittwinkel δ und die zugehörige Breite φ_Z mit einem vor-
      gegebenem Zwischenmeridian λ_Z (vgl. Abb.2.5),

IV b: der Schnittwinkel ε und die zugehörige Länge λ_O beim Überschreiten
      des Äquators $\varphi = 0$ (vgl. Abb.2.7).

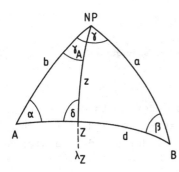

Abb.2.5. Schnittwinkel δ der Großkreisentfernung d
mit einem Zwischenmeridian λ_Z

Es leuchtet natürlich unmittelbar ein, daß die Fälle III und IV b nicht
immer behandelt werden können. Z. B. wäre es unsinnig, nach der Lösung
von IV b zu fragen, wenn A und B auf der nördlichen Erdhalbkugel liegen.

Im folgenden werden wir nun für die angegebenen Fälle die allgemeinen
Lösungsbeziehungen herleiten und anschließend damit zwei typische Beispiele behandeln.

Fall I: Zur Berechnung der Distanz d wenden wir den Seitenkosinussatz
(1.21) an:

$$\cos d = \cos a \cdot \cos b + \sin a \cdot \sin b \cdot \cos \gamma \quad . \qquad (2.4)$$

Liegen A und B auf der Nordhalbkugel, so ist a = 90°-φ_B und b = 90°-φ_A.
Wegen
$$\cos (90^O\text{-}\varphi) = \sin \varphi, \ \sin (90^O\text{-}\varphi) = \cos \varphi$$
(vgl. Anhang, Abschnitt 6.1.1) wird damit aus (2.4):

φ_A(N), φ_B(N): $\cos d = \sin \varphi_A \cdot \sin \varphi_B + \cos \varphi_A \cdot \cos \varphi_B \cdot \cos \gamma$.(2.4a)

Liegen A und B auf der Südhalbkugel, so ist a = 90°+φ_A und b = 90°+φ_B.
Wegen
$$\cos (90^O\text{+}\varphi) = -\sin \varphi, \ \sin (90^O\text{+}\varphi) = \cos \varphi$$
(vgl. Anhang, Abschnitt 6.1.1) entsteht wieder (2.4a).

Liegt dagegen A auf der nördlichen und B auf der südlichen Erdhalbkugel, so entsteht

$$\varphi_A(N),\ \varphi_B(S): \cos d = -\sin\varphi_A \cdot \sin \varphi_B + \cos \varphi_A \cdot \cos \varphi_B \cdot \cos \gamma \ . \quad (2.4b)$$

(2.4b) gilt natürlich ebenfalls, wenn A auf der südlichen und B auf der nördlichen Erdhalbkugel liegt.

Fall II a: Zur Berechnung des Anfangskurswinkels α wenden wir den Sinussatz (1.18) an:

$$\sin \alpha = \frac{\sin \gamma}{\sin d} \cdot \sin a \quad . \quad\quad\quad (2.5)$$

Liegt B auf der nördlichen Halbkugel, ist $a = 90^O - \varphi_B$ und aus (2.5) wird wegen $\sin (90^O - \varphi_B) = \cos \varphi_B$:

$$\sin \alpha = \frac{\sin \gamma}{\sin d} \cdot \cos \varphi_B \quad . \quad\quad\quad (2.5a)$$

Dasselbe Ergebnis erhalten wir wegen $\sin (90^O + \varphi_B) = \cos \varphi_B$, wenn φ_B auf der Südhalbkugel liegt.

Anzumerken bleibt noch, daß (2.5a) direkt den wirklichen Kurswinkel α für östliche Kurse angibt. Bei westlichen Kursen ist der Kurswinkel $180^O + \alpha$.

Fall II b: Ganz entsprechend wie im Fall II a berechnet sich der in den Endkurswinkel eingehende Winkel β aus:

$$\sin \beta = \frac{\sin \gamma}{\sin d} \cdot \sin b \quad , \quad\quad\quad (2.6)$$

woraus mit $b = 90^O \pm \varphi_A$ entsteht:

$$\sin \beta = \frac{\sin \gamma}{\sin d} \cdot \cos \varphi_A \quad . \quad\quad\quad (2.6a)$$

Die entsprechenden weiteren Überlegungen wie in Fall II a möge der Leser zur Übung selbst anstellen.

Fall III: Durch das zum Scheitelpunkt S führende Meridianstück s wird das sphärische Dreieck ABN in zwei rechtwinklige ASN bzw. BSN zerlegt (vgl. Abb.2.6), auf die die Napiersche Regel von Abschnitt 1.3 sofort angewandt werden kann. Es ist entweder

$$\sin s = \sin b \cdot \sin \alpha$$

oder   (2.7)

$$\sin s = \sin a \cdot \sin \beta$$

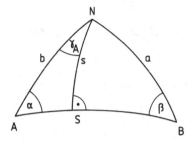

Abb.2.6. Scheitelpunkt S

Unter der Annahme, daß A, B und damit auch S entweder alle auf der nördlichen oder alle auf der südlichen Erdhalbkugel liegen, wird daraus wegen
$\sin (90^{\circ} \pm x) = \cos x$:

$$\cos \varphi_S = \cos \varphi_A \cdot \sin \alpha$$

oder   (2.7a)

$$\cos \varphi_S = \cos \varphi_B \cdot \sin \beta \quad .$$

Hieraus ist die Breite φ_S des Scheitelpunktes S zu ermitteln.

Bezeichnen wir mit γ_A den Längenunterschied zwischen λ_A und λ_S (vgl.
Abb.2.6), so erhalten wir

$$\cos b = \cot \alpha \cdot \cot \gamma_A \qquad\qquad (2.8)$$

oder wegen

$$\cos (90^{\circ} \pm \varphi_A) = \mp \sin \varphi_A$$

$$\cot \gamma_A = \mp \sin \varphi_A \cdot \tan \alpha \qquad\qquad (2.8a)$$

Das Minuszeichen gilt für südliche Breiten φ_A. Der so ermittelte Längenunterschied ist jetzt durch Addition bzw. Substraktion an λ_A anzubringen,
um die Länge λ_S des Scheitelpunktes zu bestimmen. Mit φ_S und λ_S liegt der
Scheitelpunkt nunmehr fest.

Fall IV a: Der Schnittwinkel δ mit einem vorgegebenen Zwischenmeridian
λ_Z läßt sich mittels des Winkelkosinussatzes (1.23) bestimmen (vgl.
Abb.2.5):

$$\cos \delta = -\cos \gamma_A \cdot \cos \alpha + \sin \gamma_A \cdot \sin \alpha \cdot \cos b \quad . \qquad (2.9)$$

Hierin ist γ_A wieder der Unterschied zwischen dem vorgegebenen Zwischen-meridian λ_Z und λ_A. Mit $b = 90° \mp \varphi_A$ wird $\cos (90° \mp \varphi_A) = \pm \sin \varphi_A$ und somit

$$\cos \delta = -\cos \gamma_A \cdot \cos \alpha \pm \sin \gamma_A \cdot \sin \alpha \cdot \sin \varphi_A \quad . \qquad (2.9a)$$

Das Minuszeichen vor dem zweiten Term auf der rechten Seite gilt für südliche Breiten φ_A.

Ist δ bekannt, dann läßt sich φ_Z mit Hilfe des Sinussatzes (1.18) angeben. Es ist

$$\sin z = \frac{\sin b}{\sin \delta} \cdot \sin \alpha \quad . \qquad (2.10)$$

Mit $z = 90° \mp \varphi_Z$ wird $\sin (90° \mp \varphi_Z) = \cos \varphi_Z$ und damit

$$\cos \varphi_Z = \frac{\cos \varphi_A}{\sin \delta} \cdot \sin \alpha \quad . \qquad (2.10a)$$

Damit ist der Schnittpunkt Z der Distanz d mit einem vorgegebenen Zwi-schenmeridian λ_Z bekannt.

Liegt auf dem Weg von A nach B ein Scheitelpunkt S vor, dann ist Z ein-facher aus einem rechtwinkligen Dreieck ZSN zu ermitteln. Der Leser be-rechne die allgemeinen Formeln, indem er den Längenunterschied γ_{ZS} zwi-schen λ_Z und λ_S vorgibt.

Fall IV b: Was die Äquatorüberquerung anbetrifft, so ermitteln wir zur Berechnung der Schnittlänge λ_0 aus dem rechtwinkligen sphärischen Drei-eck AED (vgl. Abb.2.7) den Längenunterschied γ_{Ao}.

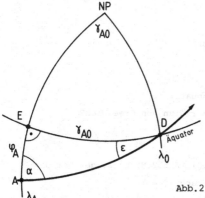

Abb.2.7. Äquatorüberschreitung von Süd nach Nord

Mit Hilfe der Napierschen Regel ist:

$$\cos\,(90^{\circ}-\varphi_{A}) = \cot\,\alpha \cdot \cot\,(90^{\circ}-\gamma_{Ao})$$

oder mit $\cot\,(90^{\circ}-\gamma_{Ao}) = \tan\,\gamma_{Ao}$ (vgl. Anhang, Abschnitt 6.1.1):

$$\tan\,\gamma_{Ao} = \tan\,\alpha \cdot \sin\,\varphi_{A} \qquad . \qquad\qquad (2.11)$$

Um λ_{o} zu erhalten, ist dieser Längenunterschied γ_{Ao} durch Subtraktion bzw. Addition an λ_{A} anzubringen. Den Schnittwinkel ε erhalten wir aus

$$\cos\,\varepsilon = \sin\,(90^{\circ}-\varphi_{A}) \cdot \sin\,\alpha$$

oder

$$\cos\,\varepsilon = \cos\,\varphi_{A} \cdot \sin\,\alpha \qquad . \qquad\qquad (2.12)$$

Der vorliegende Fall stellt eine Äquatorüberquerung von Süd nach Nord dar. Der Leser leite die entsprechenden Formeln für eine Äquatorüberquerung von Nord nach Süd ab.

Nach der Herleitung dieser allgemeinen Lösungsbeziehungen wollen wir nunmehr zwei typische Beispiele durchrechnen. Hierbei werden wir unsere Gedankengänge durch das Zeichnen geeigneter Skizzen unterstützen. Auch dem Leser wird das Zeichnen solcher Skizzen bei der Behandlung praktischer Probleme dringend empfohlen. Diese Skizzen sind eine wirksame Kontrolle allzu schematischer Anwendungen des allgemeinen Formelapparates.

Beispiel 1:

Ein Flugzeug fliegt von Rio de Janeiro ($\varphi_{R} = 22^{\circ}55'S$, $\lambda_{R} = 43^{\circ}9'W$) mit einer Geschwindigkeit $v = 900$ km/h auf dem kürzesten Wege nach Hamburg ($\varphi_{H} = 53^{\circ}33'N$, $\lambda_{H} = 9^{\circ}59'E$).

1. Wie groß ist die Distanz zwischen Rio und Hamburg?
2. Wie lange dauert der Flug?
3. Unter welchem Kurs fliegt das Flugzeug ab?
4. Wo und unter welchem Winkel überfliegt es den Äquator?
5. Wo und unter welchem Winkel überfliegt es den Meridian von Greenwich?
6. Unter welchem Kurs kommt es in Hamburg an?

1. Zur Berechnung der Distanz d zwischen R und H (vgl. Abb.2.8) benötigen wir den Längenunterschied $\gamma = \lambda_{R}+\lambda_{H} = 53^{\circ}8'$. Damit wird nach (2.4b)

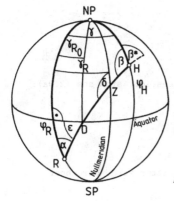

Abb.2.8. Flug von Rio (R) nach Hamburg (H)

$$\cos d = -\sin\varphi_R \cdot \sin\varphi_H + \cos\varphi_R \cdot \cos\varphi_H \cdot \cos\gamma \quad ,$$
$$d = \underline{89^\circ 22' (58'')}$$

Nach (2.3b) sind dies 5 363 sm. Da nach (2.3a) 1 sm = 1,8532 km ist, wird d = 9 939 km.

2. Durchschnittsgeschwindigkeit v, Distanz d und Zeit t hängen bekanntlich zusammen durch

$$v = \frac{d}{t} \quad .$$

Daraus folgt $t = \dfrac{d}{v} = \dfrac{9\ 939\ km}{900\ km/h} = \underline{11,043\ h} = (11^h\ 2^m\ 36^s)$.

Die Flugdauer beträgt rund 11 Stunden.

3. Der Abflugwinkel α errechnet sich aus (2.5a)

$$\sin \alpha = \frac{\sin \gamma}{\sin d} \cdot \cos \varphi_H \quad ,$$

$$\sin \alpha = \frac{\sin 53^\circ 8'}{\sin 89^\circ 8'} \cdot \cos 53^\circ 33' \quad ; \quad \alpha = \underline{28^\circ 23'} \quad .$$

Das Flugzeug fliegt unter dem Kurswinkel $28^\circ 23'$ ab.

4. Die Länge λ_o des Äquatorkreuzungspunktes D errechnet sich mit Hilfe (2.11):

$$\tan \gamma_{Ro} = \tan \alpha \cdot \sin \varphi_R \quad ,$$

$$\gamma_{Ro} = \underline{11^\circ 53'} \quad .$$

Der Äquator wird also auf $\lambda_o = 43^\circ 9'W - 11^\circ 53' = \underline{31^\circ 16'W}$ überflogen.

Der Schnittwinkel ε mit dem Äquator errechnet sich aus (2.12) zu:

$$\cos \varepsilon = \cos \varphi_R \cdot \sin \alpha \quad,$$

$$\varepsilon = \underline{64°2'}.$$

5. Der Schnittwinkel δ mit dem Meridian von Greenwich ($\lambda=0$) bestimmt sich aus (2.9a):

$$\cos \delta = -\cos\gamma_R \cdot \cos \alpha - \sin\gamma_R \cdot \sin \alpha \cdot \sin\varphi_R \quad,$$

$$\delta = \underline{140°13'}.$$

Die Breite φ_Z, unter der der Meridian von Greenwich geschnitten wird, berechnet sich aus (2.10a):

$$\cos\varphi_Z = \frac{\cos\varphi_R}{\sin \delta} \cdot \sin \alpha \quad,$$

$$\cos\varphi_Z = \frac{\cos 22°55'}{\sin 140°13'} \cdot \sin 28°23' \quad; \quad \varphi_Z = \underline{46°49'}.$$

Der Meridian von Greenwich wird auf φ_Z = 46°49'N unter einem Winkel δ = 140°13' überflogen.

6. Der Winkel β am Ankunftsort H errechnet sich aus (2.6a):

$$\sin \beta = \frac{\sin \gamma}{\sin d} \cdot \cos \varphi_R \quad,$$

$$\sin \beta = \frac{\sin 53°8'}{\sin 89°8'} \cdot \cos 22°55' \quad; \quad \beta^* = 47°28'.$$

($\sin\beta^*= \sin (180°-\beta^*)$) : $\beta = 180°-\beta^*$ = 132°32', weil der größeren Seite ($90°+\varphi_R$) der größere Winkel gegenüberliegen muß (vgl. Abschnitt 1.2 und Anhang, Abschnitt 6.1). Da der Kurswinkel von der Nordrichtung aus immer im Uhrzeigersinn vollkreisig angegeben wird, kommt das Flugzeug unter dem Kurswinkel β^*= 47°28' in Hamburg an.

Beispiel 2:

Ein Schiff fährt von Kapstadt (φ_K = 33°56'S, λ_K = 18°28'E) mit einer Geschwindigkeit v = 20 kn (1 kn = 1 sm/h) nach Melbourne (φ_M = 37°45'S, λ_M = 144°58'E) (vgl. Abb.2.9).

1. Wie groß ist die Distanz zwischen Kapstadt und Melbourne?
2. Wie lange dauert die Fahrt?
3. Unter welchem Kurs fährt das Schiff ab?
4. Wo ist der Scheitelpunkt der Fahrtroute?
5. Wo und unter welchem Winkel überquert es den Längenkreis 100°E?
6. Unter welchem Kurs kommt es in Melbourne an?

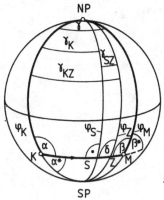

Abb.2.9. Fahrt von Kapstadt (K) nach Melbourne (M)

1. $\gamma = \lambda_M - \lambda_K = 126°30'$; nach (2.4a):

$$\cos d = \sin\varphi_K \cdot \sin\varphi_M + \cos\varphi_K \cdot \cos\varphi_M \cdot \cos \gamma$$

$d = \underline{92°46'}$

$d = \underline{5\ 566,7\ sm.}$

2. $t = \dfrac{d}{v} = \dfrac{5\ 566,7\ sm}{20\ sm/h} = 278,3\ h = \underline{11\ d\ 14^h\ 18^m.}$

3. Nach (2.5a) ist:

$$\sin \alpha = \frac{\sin \gamma}{\sin d} \cdot \cos\varphi_M$$

$\sin \alpha = \dfrac{\sin 126°30'}{\sin 92°46'} \cdot \cos 37°45' = 0,63634297,\quad \alpha^* = 39°31'.$

Da die Kurven d immer polwärts gekrümmt sind (vgl. Abschnitt 2.3), ist wegen $\sin \alpha^* = \sin (180°-\alpha^*)$ der Kurswinkel $\underline{\alpha = 140°29'.}$

4. Nach Gl.(2.8a) ist:

$\cot\gamma_K = -\sin\varphi_K \cdot \tan \alpha$, $\gamma_K = \underline{65°16'.}$

$\lambda_S = \lambda_K + \gamma_K = \underline{83°44'E.}$

Nach Gl.(2.7a):

$\cos\varphi_S = \cos\varphi_K \cdot \sin \alpha$ $\varphi_S = \underline{58°8'.}$

5. δ und φ_Z entweder aus dem rechtwinkligen sphärischen Dreieck NSZ oder aus (2.9a) bzw. (2.10a):

$$\cos \delta = -\cos\gamma_{KZ} \cdot \cos \alpha - \sin\gamma_{KZ} \cdot \sin \alpha \cdot \sin\varphi_K \quad .$$

$$\gamma_{KZ} = 100^\circ - 18^\circ 28' = 81^\circ 32' \quad ,$$
$$\delta = \underline{103^\circ 45'.}$$

$$\cos\varphi_Z = \frac{\cos\varphi_K}{\sin \delta} \cdot \sin \alpha \quad , \qquad \varphi_Z = \underline{57^\circ 4'.}$$

6. Nach (2.6a):

$$\sin \beta = \frac{\sin \gamma}{\sin d} \cdot \cos\varphi_K \quad .$$

$$(\sin \beta^* = \sin 180^\circ - \beta^*) \quad : \quad \beta = 180^\circ - \beta^* = \underline{138^\circ 7'.}$$

Da der Kurswinkel von der Nordrichtung aus immer im Uhrzeigersinn vollkreisig angegeben wird, kommt das Schiff unter dem Kurswinkel $\beta^* = 41^\circ 53'$ in Melbourne an.

Dieses letzte Beispiel hat gezeigt, daß bei weit voneinander entfernten Orten etwa gleicher Breite der Scheitelpunkt der Großkreisverbindung schon auf relativ hohen Breiten liegt, daß also ziemlich weit polwärts ausgeholt wird. Hierbei kann es vorkommen, daß aus meteorologischen oder anderen Gründen (z. B. Treibeisgebiete) nicht der komplette Großkreisbogen gesteuert werden kann. In einem solchen Fall wählt man eine höchste Breite φ_H, die nicht überschritten werden soll, steuert von A bis zum Schnittpunkt 1 des Großkreises mit φ_H, steuert sodann auf diesem Breitenkreis mit konstantem Kurs (E bzw. W) bis zum Punkt 2 und verläßt dort φ_H wieder auf dem Großkreisbogen bis B (vgl. Abb.2.10).
Die Längenunterschiede γ_1 bzw. γ_2, die zu den Ein- und Austrittspunkten 1 bzw. 2 gehören und die Teildistanzen d_1 bzw. d_2 lassen sich aus den Dreiecken A1N bzw. 2BN nach den in Abschnitt 1.5 mitgeteilten Methoden leicht ermitteln. Der Leser führe dies zur Übung durch.

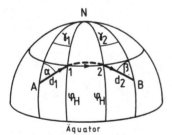

Abb.2.10. Navigation in Gefahrengebieten

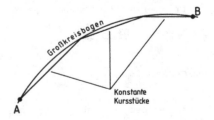

Abb.2.11. Approximation des Großkreises durch konstante Kursstücke

Bevor wir dieses Kapitel abschließen, möchten wir noch kurz eine Bemerkung zur Praxis der Großkreisnavigation machen. Das Fahren bzw. Fliegen auf einem Großkreis bedeutet, daß ständige Kursänderungen vorgenommen werden müssen. Dies ist natürlich sehr lästig. Daher wird in der Praxis häufig so verfahren, daß man den Großkreisbogen durch Sehnenstücke approximiert, auf denen jeweils stückweise der Kurs konstant ist (vgl. Abb.2.11). Manchmal genügen schon zwei Sehnenstücke (z. B. vom Abgangsort zum Scheitelpunkt und von da zum Bestimmungsort). Dabei helfen dem Navigator Tafelwerke (z. B. die Tafel 6 der Nautischen Tafeln von Fulst), die die Anzahl von Seemeilen als Funktion der Anfangsbreite φ_A und des (halbkreisigen) Kurswinkels α angeben, nach deren Zurücklegung beim Fahren auf einem Großkreis der rechtweisende Kurs um 1° zu ändern ist.

2.3 Die Karte als Navigationshilfsmittel

Unter dem Begriff Karte soll hier eine möglichst genaue verkleinerte Abbildung von Teilen der wirklichen Erdoberfläche verstanden werden. Die Frage, was unter dem Begriff "möglichst genau" verstanden werden soll, untersucht die Kartographie, indem sie sich des mathematischen Hilfsmittels der Flächentheorie aus dem Gebiet der Differentialgeometrie bedient (vgl. im Anhang, Abschnitt 6.3). Für den Kartenbenutzer ideal wäre natürlich eine Karte, die eine längentreue, also völlig unverzerrte Abbildung der Erdoberfläche darstellen würde. Eine solche Karte wäre sowohl winkel- als auch flächentreu. Die Kartographie gibt die enttäuschende und beweisbare Antwort:

Es ist unmöglich, eine Karte zu konstruieren, die die Erdoberfläche exakt abbildet. Bestimmte Kurven der Erdoberfläche allerdings können längentreu abgebildet werden.

Es gibt zwar beliebig viele Abbildungsfunktionen, die auf winkeltreue oder auf flächentreue Karten führen. Es ist aber nicht möglich, Karten zu konstruieren, die sowohl winkeltreu als auch flächentreu sind. Als Modell der Erde dient dabei entweder die Kugel oder das Rotationsellipsoid (vgl. Abschnitt 2.1).

Wir stellen uns daher im folgenden die wesentlich anspruchslosere Aufgabe, eine Karte zu konstruieren, die die Nachbarschaft des Äquators möglichst ähnlich wiedergibt und winkeltreu ist.

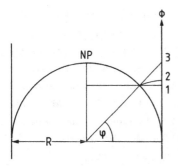

Abb.2.12. Drei Konstruktionsmöglichkeiten einer in Äquatornähe annähernd ähnlichen Karte

Dazu denken wir uns einen Zylinder mit der Erzeugenden Φ um die Erdkugel gelegt, der den Äquator berühren soll. Aus Abb.2.12 ist sofort ersichtlich, daß der Äquator als Zylinderberührungslinie längentreu abgebildet wird. Weiterhin soll eine auf dem Äquator als Bogenstück auftretende Längendifferenz Δλ in ihrer Längenabmessung für alle Breiten auf der Karte konstant bleiben. Das bewirkt, daß alle Meridiane als parallele Geraden auf der Zylinderfläche erscheinen. Für die Breite φ haben wir noch verschiedene Abbildungsmöglichkeiten. Wir können (vgl. Abb.2.12) z. B.

1) eine Projektion senkrecht zur Erdachse vornehmen, d. h.

$$\Phi = R \cdot \sin \varphi \quad ,$$

2) den Meridian auf den Zylinder abwickeln, d. h.

$$\Phi = R \cdot \varphi \quad ,$$

3) eine Projektion vom Kugelzentrum vornehmen, d. h.

$$\Phi = R \cdot \tan \varphi \quad .$$

In populärwissenschaftlichen Darstellungen wird oft diese dritte Projektionsmöglichkeit als Mercator-Projektion, d. h. als winkeltreue Abbildung dargestellt. Dies ist aber falsch. Denn die Kartographie zeigt, daß diese Abbildung nicht winkeltreu ist. Dies gilt übrigens von all diesen drei Abbildungen. Lediglich 1 ist flächentreu, die beiden anderen sind weder flächen- noch winkeltreu, also für praktische Navigationszwecke nicht zu gebrauchen.

Um einen für praktische Bedürfnisse geeigneten winkeltreuen Zylinderentwurf zu konstruieren, machen wir den Ansatz $\Phi = R \cdot \Phi^*(\varphi)$ und bestimmen

die Funktion $\Phi^*(\varphi)$ so, daß die Abbildung winkeltreu wird. Dabei müssen
nach der Flächentheorie (vgl. Anhang, Abschnitt 6.3.2) sogenannte Fundamentalkonstanten der abbildenden und der abgebildeten Flächen in einem
bestimmten Verhältnis zueinander stehen. Diese mathematischen Prozeduren,
die wir hier übergehen - aber im Anhang, Abschnitt 6.3.2 skizziert sind -,
führen dabei auf eine einfache Differentialgleichung

$$\frac{d\ \Phi^*(\varphi)}{d\varphi} = \frac{1}{\cos\varphi} \quad , \qquad\qquad (2.13)$$

die leicht integriert werden kann:

$$\frac{\Phi}{R} = \Phi^*(\varphi) = \int_0^\varphi \frac{d\varphi}{\cos\varphi} = \ln\tan\left(45^\circ + \frac{\varphi}{2}\right) \quad , \qquad (2.14)$$

worin ln der natürliche Logarithmus zur Basis e = 2,718282... ist. Dieser
Ausdruck, in dem die Breitenverzerrung unserer Karte enthalten ist, liegt
dem Entwurf von Mercator [*] zugrunde. Die Richtungen, die der Benutzer
dieser Karte entnimmt, stimmen mit denen der Wirklichkeit überein. In
dieser Karte stellen sich also konstante Kurslinien als Geraden, Großkreisbögen dagegen als polwärts gekrümmte Linien dar. Betonen möchten
wir nochmals, daß diesem Kartenentwurf das Kugelmodell der Erde zugrunde
liegt. Dies ist für sehr viele praktische Anwendungen ausreichend. Bei
manchen amtlichen Karten allerdings, in denen relativ kleine Gebiete der
Erdoberfläche in sehr großen Maßstäben dargestellt werden sollen, ist
dieser Mercatorentwurf auf das Ellipsoidmodell der Erde übertragen. Diese
sogenannte Gauß-Krüger-Projektion liefert aber wesentlich kompliziertere
Ausdrücke als (2.14) - es spielt hier die geodätische Breite (vgl. Abbildung 2.3) eine entscheidende Rolle -, auf die wir hier nicht näher
eingehen wollen. Interessenten seien auf die einschlägige Fachliteratur
zur Kartographie verwiesen.[**]
Um mit (2.14) praktisch Mercator-Karten zeichnen zu können, in denen Φ
in Winkelminuten eines Meridians (die nach Gl.(2.3b) auf der kugelförmigen Erdoberfläche den Seemeilen entsprechen) angegeben wird, drücken wir
den Erdradius R von Gl.(2.1) in Seemeilen aus, schreiben statt des natür-
lichen Logarithmus den besser zu handhabenden Logarithmus zur Basis 10
($\ln x = \ln 10 \cdot \lg x$ (vgl. Anhang, Abschnitt 6.2)), und erhalten damit

---

[*]   Sein wirklicher Name war Gerhard Kremer. Er lebte von 1512 bis 1594.

[**]   z. B. Hoschek: Mathematische Grundlagen der Kartographie,
       BI-Hochschultaschenbuch Nr. 443/443a, 1969.

$$\Phi \ ['] = \frac{\ln 10 \cdot 6371}{1,8532} \cdot \lg \tan (45° + \frac{\varphi}{2})$$

oder

$$\Phi \ ['] = 7915,9 \cdot \lg \tan (45° + \frac{\varphi}{2}) \quad . \tag{2.14a}$$

Dieser Ausdruck liegt für die Praxis tabelliert vor, z. B. in den Nautischen Tafeln von Fulst als Tafel 5: "Meridionalteile oder vergrößerte
Breite". In dieser Tafel sind als Funktion der Breite φ von zehn zu zehn
Winkelminuten die Φ-Werte angegeben. Man erkennt, wie mit zunehmendem φ
die Φ-Werte immer stärker anwachsen und bei $\varphi = 90°$ unendlich groß werden.

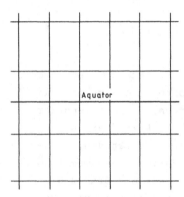

Aquator

Abb.2.13. Mercator-Netz

Das bedeutet in der Seekarte, daß die Breitenlinien für konstante $\Delta\varphi$-
Werte mit wachsendem φ immer stärker auseinanderrücken. Die von Breiten-
und Längenkreisen gebildeten Rechtecke werden immer länglicher verzerrt
(vgl. Abb. 2.13). Diese Verzerrung, die wir mit m bezeichnen wollen, ergibt sich nach der Flächentheorie (vgl. im Anhang, Abschnitt 6.3.2) zu

$$m = \frac{1}{\cos \varphi} \quad . \tag{2.15}$$

Dieser Ausdruck ist auch die rechte Seite von Gl.(2.13) und zeigt somit
einem Kenner der Differentialrechnung sofort die anschauliche Bedeutung
dieser Differentialgleichung. Die Verzerrung m kann der Leser aus
einer Mercator-Karte leicht selbst ermitteln, indem er mit einem beliebigen Maßstab prüft, wie lang eine Breitenminute, wie lang eine Längenminute ist und diese mit dem gleichen Maßstab gemessenen Längen L_b bzw.
L_l dividiert:

$$m = \frac{L_b}{L_l} \quad . \tag{2.15a}$$

Mit Hilfe von Gl.(2.14a) bzw. der nautischen Tafel 5 von Fulst können nun wirkliche Mercator-Netze gezeichnet werden. Dies wollen wir an einem konkreten Beispiel vorführen. *)

Beispiel:

Es soll eine Mercator-Netzkarte für einen Teil des Süd-Atlantiks von 10^OW bis 10^OE und von 45OS bis 30OS gezeichnet werden. Man wähle den Maßstab so, daß 1 Längenminute 1 mm lang wird.

Die W-E-Ausdehnung der Karte erstreckt sich über $10^O+10^O = 20^O$, dies sind 20·60'=1200'. Die Karte wird also 1200 mm breit. Diese Strecke wird in 20 gleiche Teile zu je 60 mm unterteilt. Für jeden Längengrad können dann die parallel verlaufenden Längenlinien gezeichnet werden.

Bezeichnen wir mit B_1 die Differenz der Φ-Werte zwischen $\varphi = 30^O$ und $\varphi = 31^O$, mit B_2 diejenige der Φ-Werte zwischen $\varphi = 30^O$ und $\varphi = 32^O$ usw., mit B_{15} diejenigen der Φ-Werte zwischen $\varphi = 30^O$ und $\varphi = 45^O$, so ergibt sich aus Gl.(2.14a) bzw. Fulst-Tafel 5:

$\varphi = 31^O$S: $\Phi = 1958,0'$ $\varphi = 32^O$S: $\Phi = 2028,4'$ $\varphi = 45^O$S : $\Phi = 3029,9'$

$\varphi = 30^O$S: $\underline{\Phi = 1888,4'}$ $\varphi = 30^O$S: $\underline{\Phi = 1888,4'}$ $\varphi = 30^O$S : $\underline{\Phi = 1888,4'}$

$B_1 = 69,6'$ $B_2 = 140,0'$ ..... $B_{15} = 1141,5'$

Unsere Karte wird also 1141,5 mm hoch. Wir zeichnen nun parallel zur Breitenlinie 30OS in den Abständen B_1, B_2, ... B_{15} mm die für jeden Breitengrad geradlinig verlaufenden Breitenlinien. Die für den Seemeilen-Abgriff notwendigen Einerminuten erhalten wir genau genug durch Unterteilung der Breitenkreisabstände in jeweils 60 gleiche Teile. Für genauere seitliche Minutenwerte wären dann die entsprechenden B-Werte z. B. im Abstand $\Delta\varphi = 10'$ zu ermitteln.

Dem Leser wird empfohlen, nach dieser Vorschrift zur Übung Mercator-Netze für verschieden hohe Breiten zu entwerfen.

Schließlich wollen wir uns noch mit den in Seemeilen ausgedrückten Abständen zwischen zwei Meridianen auf verschiedenen Breitenkreisen befassen. Dazu betrachten wir Abb.2.14.

Die Entfernung zwischen zwei Orten A und B auf dem Großkreis Äquator kann als Längenunterschied l wegen Gl.(2.3b) unmittelbar in Seemeilen angegeben werden. Es ist also auf dem Äquator z. B. für gleichnamige Längen:

$$|\lambda_A - \lambda_B| = 1['] = 1[sm] \quad .$$

_____

*) Vgl. auch: Müller/Krauß: Handbuch für die Schiffsführung. Bd.I, S.43 ff. Berlin, Heidelberg: Springer, 1970. - Dort finden sich ähnliche Beispiele.

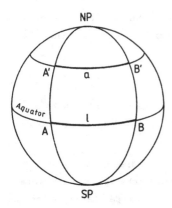

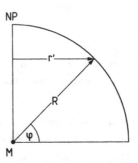

Abb.2.14. Längenunterschied l und   Abb.2.15. Zur Abhängigkeit des
Abweitung a   Breitenkreisradius r' von der
                                           geographischen Breite φ

Die Entfernung a [sm] zwischen zwei Orten A' und B', die auf einer
Breite φ ≠ O, jedoch auf den gleichen entsprechenden Längenkreisen lie-
gen, ist aber kleiner als l[sm]. Um wieviel sie kleiner ist, erläutert
Abb.2.15. Ein Breitenkreis als Nebenkreis mit dem Radius r' hat den Um-
fang 2πr'. Der Äquatorumfang dagegen ist 2πR. Es verhalten sich also die
Bogenstücke a und l wie die entsprechenden Kreisumfänge, d. h.

$$\frac{a}{l} = \frac{2\pi r'}{2\pi R} \quad .$$

Aus Abb.2.15 folgt unmittelbar, daß r' = R·cos φ ist. Damit erhalten wir
schließlich

$$a = l \cdot \cos \varphi \quad . \qquad (2.16)$$

Man nennt a die in Seemeilen gemessene Abweitung. Sie ist am Äquator
(φ = O) gleich dem in Winkelminuten gemessenen Längenunterschied l und
vermindert sich bei gleichem Längenunterschied l und wachsenden Breiten,
bis sie an den Polen (φ = 90°) verschwindet. Dies ist der Grund, warum
der Navigator Distanzen in Seemeilen immer am seitlichen Kartenrand der
Mercator-Karte und niemals am oberen oder unteren Kartenrand mit dem
Zirkel abzugreifen hat.

Auch Gl.(2.16) liegt für die Praxis tabelliert vor, z. B. als Tafel 4:
"Verwandlung von Abweitung in Längenunterschied" der Nautischen Tafeln
von Fulst. Die Handhabung dieser Tafel ist leicht, wenn wir immer vor
Augen haben, daß der Zahlenwert von a stets kleiner (oder höchstens

gleich) als der zugeordnete Zahlenwert von l ist. Z. B. entspricht
einem Längenunterschied l = 117,2' auf φ = 64°45' eine Abweitung a=50 sm,
auf φ = 41°40' eine Abweitung a=88 sm und auf φ = 0° selbstverständlich
eine Abweitung a=117,2 sm.

2.4 Besteckrechnung nach vergrößerter Breite

In der Navigation wird unter dem Begriff "das Besteck nehmen" die Bestimmung des Standortes nach Länge und Breite verstanden. Diese Bestimmung kann nun zeichnerisch oder rechnerisch durch Vorgabe verschiedener
Größen geschehen. Wenn wir auf der Erdoberfläche nur die kürzesten Wege
(auf Großkreisen) wählen würden, wären solche Besteckrechnungen prinzipiell mit den in Abschnitt 2.2 geschilderten Methoden durchführbar. Wir
haben aber in jenem Abschnitt auch festgestellt, daß in der Praxis i. a.
Großkreisbögen durch konstante Kursstücke approximiert werden. In einem
solchen Falle sind diese konstanten Kursstücke nicht mehr Teile eines
aus Großkreisbögen bestehenden sphärischen Dreiecks, und wir müssen zur
Standort- oder Kursbestimmung anders verfahren.

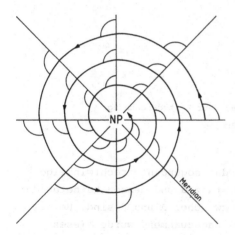

Abb.2.16. Konstanter Kurs als Loxodrome in
der Kegelprojektion der Erde

Doch zuvor wollen wir uns klarmachen, was es bedeutet, sich auf der Erdoberfläche mit konstantem Kurs fort zu bewegen. Tun wir dies in Gedanken
von einem Ausgangsort z. B. mit nord-südlichen Kursen auf einem Meridian
oder mit ost-westlichen Kursen auf einem Breitenkreis, so kehren wir nach
genügend langer Zeit wieder zum Ausgangsort zurück. Dies wird aber ganz
anders, wenn wir auf der Erdoberfläche konstante Kurse steuern, die von
den eben angegebenen verschieden sind. In diesem Fall kehren wir nicht
mehr zum Ausgangsort zurück, sondern bewegen uns spiralförmig um einen
der beiden geographischen Erdpole (vgl. Abb.2.16). Solche Kurven gleichen

Kurses nennt man Loxodrome. Da sie mit der Nordrichtung immer den gleichen Winkel bilden, stellen sie sich in der Mercatorkarte als leicht zu
zeichnende Geraden dar. Sie sind wohlgemerkt nicht die kürzeste Entfernung auf der Erdoberfläche. Dies sind bekanntlich Großkreisbögen, auch
Orthodrome genannt, die in der Mercatorkarte als polwärts gekrümmte Linien auftreten. Dagegen sind Orthodrome in sogenannten Großkreis- oder
gnomonischen Karten gerade Linien. In Großkreiskarten erscheinen Meridiane als zu einem Erdpol konzentrisch verlaufende Geraden, die Breitenkreise als die die Meridiane senkrecht schneidende gekrümmte Linien.

Nach diesen Vorbemerkungen wenden wir uns nun den beiden Grundaufgaben
der Besteckrechnung zu.

I. Grundaufgabe: Bekannt sei der Ausgangsort A nach Länge λ_A und Breite
φ_A, ein konstanter Kurs α und die zurückgelegte (Loxodrom)-Distanz d.
Gesucht wird der Endort E (φ_E, λ_E).

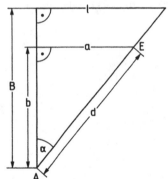

Abb.2.17. Kursdreieck zur Besteckrechnung
nach vergrößerter Breite

Dazu betrachten wir Abb.2.17. Sie stellt das sogenannte rechtwinklige
Kursdreieck dar, dessen Hypotenuse die Distanz d und dessen Katheten der
Breitenunterschied b und die Abweitung a zwischen A und E sind. Um die
Netzgrößenverhältnisse der Mercator-Karte nachzuahmen, wurde dieses
Kursdreieck zu einem ähnlichen Dreieck mit den Katheten Längenunter-
schied l und vergrößerter Breitenunterschied B vergrößert. Wir rechnen
also nicht den Längenunterschied in Abweitung um (aus Gründen, die erst
später verstanden werden können), sondern haben die Breitenminuten den
Mercatorkartenverhältnissen entsprechend "vergrößert".

Nunmehr erhalten wir den Breitenunterschied b mit Hilfe der ebenen Trigonometrie (vgl. Anhang, Abschnitt 6.1) aus:

$$b = d \cdot \cos \alpha   \quad .$$
(2.17)

Damit bekommen wir die geographische Breite des Endortes E

$$\varphi_E = \varphi_A + b \quad . \tag{2.18}$$

(Für andere Kurse α kann es vorkommen, daß b subtrahiert werden muß).
Den Längenunterschied l berechnen wir aus

$$l = B \cdot \tan \alpha \quad , \tag{2.19}$$

worin allerdings der vergrößerte Breitenunterschied B noch unbekannt
ist. Da aber φ_A und φ_E bekannt sind, bekommen wir

$$B = \Phi_E \pm \Phi_A \tag{2.20}$$

entweder mit Hilfe von Gl.(2.14a) oder der Tafel 5 von Fulst. Liegen
A und E beide auf der nördlichen oder beide auf der südlichen Erdhalbkugel (sind φ_A und φ_E gleichnamig), gilt in Gl.(2.20) das Minuszeichen;
liegen A und E auf verschiedenen Seiten des Äquators (sind φ_A und φ_E
ungleichnamig), gilt das Pluszeichen. Mit der Kenntnis von l erhalten
wir die geographische Länge des Endortes E bei östlichen (Pluszeichen)
bzw. westlichen Längen (Minuszeichen)

$$\lambda_E = \lambda_A \pm l \quad .$$

(Für andere Kurse α können sich die Vorzeichen umkehren. Man entwerfe
jeweils eine Verständnisskizze). Damit ist E nach Länge und Breite bekannt.

An einem konkreten Beispiel wollen wir diese I. Grundaufgabe vorrechnen.

Beispiel:

Ein Schiff fährt von Position $\varphi_A = 55°12'N$, $\lambda_A = 10°15'W$ rechtweisend einen Kurs
$\alpha = 320°$ (vgl. Abb.2.18). Wo befindet es sich nach 500 sm?

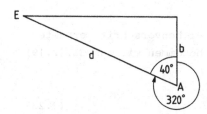

Abb.2.18. Zum Beispiel der I. Grundaufgabe

Gemäß Gl.(2.17) ist der Breitenunterschied

$$b = 500' \cdot \cos 40^{\circ} = 383' = 6^{\circ}23' \quad .$$

Den Besitzern der Fulst-Tafel nimmt die dortige Gradtafel 3 diese kleine Rechenarbeit ab. Wir finden in dieser Tafel für 40° und d = 500 den b-Wert 383. Damit wird

$$\varphi_E = 55^{\circ}12'N + 6^{\circ}23'(N) = \underline{61^{\circ}35'N} \quad .$$

Nach Gl.(2.20) ist in unserem Beispiel

$$\Phi_E = 4722,1 \qquad B = 733,2 \quad ,$$
$$\Phi_A = 3988,9$$

und aus Gl.(2.19) bekommen wir

$$l = 733,2 \cdot \tan 40^{\circ} = 615,23' = 10^{\circ}15' \quad .$$

Somit ist:

$$\lambda_E = 10^{\circ}15'W + 10^{\circ}15'(W) = \underline{20^{\circ}30'W} \quad .$$

II. Grundaufgabe: Bekannt sind Ausgangs- und Endort nach Länge und Breite. Gesucht werden der Kurs α und die Distanz d zwischen A und E. Maßgebend für das folgende ist wieder Abb.2.17.

Aus A (φ_A, λ_A) und E (φ_E, λ_E) bestimmen sich sofort der Breitenunterschied

$$b = |\varphi_E - \varphi_A| \tag{2.21}$$

und der Längenunterschied bei gleichnamigen Längen

$$l = |\lambda_E - \lambda_A| \quad . \tag{2.22}$$

Mit Gl.(2.20) und der dort angegebenen Vorzeichenvorschrift erhalten wir wieder die vergrößerte Breite B. Damit bekommen wir aus Gl.(2.19) den Kurswinkel α:

$$\tan \alpha = \frac{l}{B} \tag{2.23}$$

und mit α aus Gl.(2.17) die Distanz

$$d = \frac{b}{\cos \alpha} \cdot \qquad\qquad (2.24)$$

Auch diese II. Grundaufgabe wollen wir wieder an einem konkreten Beispiel vorrechnen.

Beispiel:

Es sind Kurs und Distanz von Position A ($\varphi_A = 43°10'N$, $\lambda_A = 10°12'W$) nach Position
E ($\varphi_E = 32°10'N$, $\lambda_E = 18°10'W$) zu berechnen (vgl. Abb.2.19).

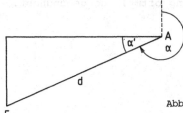

Abb.2.19. Zum Beispiel der II. Grundaufgabe

$$b = 43°10'N - 32°10'N = 11° \text{ (S)} \qquad (= 660')$$
$$l = 18°10'W - 10°12'W = 7°58' \text{ (W)} \qquad (= 478')$$
$$\Phi_A = 2876,8$$
$$\Phi_E = 2040,2 \qquad\qquad B = 836,6$$

$$\cot \alpha' = \frac{478}{836,6} = 0,57136 \rightarrow \alpha' = 60,258°$$
$$\alpha = 270° - 60,258° = \underline{209,7°}$$
$$d = \frac{660'}{\cos 29,742°} = 760,13' = \underline{760 \text{ sm}} \quad .$$

Bei sehr kleinen Breitenunterschieden, d. h. bei nahezu west-östlichen
Kursen wird tan α → ± ∞. In einem solchen Fall rechnet man sinnvollerweise mit der Abweitung a der beiden Orte, bezogen auf die mittlere
Breite φ_m, die sich stets als Mittelwert zwischen φ_A und φ_E ergibt (vgl.
auch den nächsten Abschnitt). D. h. also, dieses ganze Verfahren der
Besteckrechnung nach vergrößerter Breite wird nur bei größeren Breitenunterschieden (erfahrungsgemäß b > 5°) und auf hohen Breiten angewandt.

In allen anderen Fällen benutzt man das im nächsten Abschnitt beschrie-
bene Verfahren der Besteckrechnung nach Mittelbreite.

2.5 Besteckrechnung nach Mittelbreite

Befinden wir uns in nicht zu hohen Breiten, und ist der Breitenunterschied zwischen Ausgangsort A und Endort E relativ klein - die Praxis
zeigt, daß dies für Breitenunterschiede b < 5° der Fall ist - dann kann
das im vorigen Abschnitt entwickelte Besteckrechnungsverfahren nach vergrößerter Breite erheblich vereinfacht werden zu einem Näherungsverfah-
ren, das man Besteckrechnung nach Mittelbreite nennt.

Zu diesem Zweck approximieren wir das von Abweitung a, Breitenunterschied
b und Distanz d gebildete nicht ebene Kursdreieck lediglich durch ein
ebenes Dreieck, ohne den vergrößerten Breitenunterschied B in Anrechnung
zu bringen (vgl. Abb.2.20). Dies ist für kleine Distanzen kein allzu
großer Fehler und wird auch in der Landvermessung oftmals so gehandhabt.

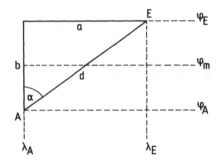

Abb.2.20. Kursdreieck zur Besteckrechnung
nach Mittelbreite

Die beiden im vorigen Abschnitt formulierten Grundaufgaben der Besteckrechnung lassen sich nun folgendermaßen behandeln.

I. Grundaufgabe: Ermittlung des Endortes E aus Kenntnis des Anfangs-
ortes A, des Kurses α und der Distanz d. Die Größen Breitenunterschied
und Abweitung erhalten wir aus:

$$b = d \cdot \cos \alpha \qquad\qquad (2.25)$$

bzw.

$$a = d \cdot \sin \alpha \qquad\qquad (2.26)$$

oder mittels der Gradtafel 3 von Fulst.

Befinden wir uns auf nördlichen Breiten, so ergibt sich mit (2.25)
sofort die Breite des Endortes E:

$$\varphi_E = \varphi_A + b \quad .$$

(Für andere Kurse α kann es vorkommen, daß b subtrahiert werden muß.
Entsprechendes gilt für südliche Breiten).

Um die Länge λ_E des Endortes zu bekommen, muß die in Seemeilen durch
(2.26) bekannte Abweitung in den entsprechenden Längenunterschied l nach
(2.16) umgewandelt werden. Wenn das Kursdreieck in Wirklichkeit eben
wäre (und nicht nur in der Näherung), dann wäre in (2.16) als Breite
diejenige des Endortes φ_E einzusetzen. Auf der nördlichen Erdhalbkugel
wäre die wirkliche Abweitung a^* des nicht ebenen Kursdreiecks dann
etwas größer als diejenige, die nach (2.26) aus dem ebenen Dreieck aus-
gerechnet wird, und die wir vorübergehend mit a_E bezeichnen wollen,
aber natürlich kleiner als die entsprechende zu φ_A gehörende a_A. In
Zeichen

$$a_E < a^* < a_A \quad .$$

Der Längenunterschied, der - bezogen auf φ_E - zu a_E ermittelt würde,
wäre also kleiner als der zu dem wirklichen a^* ermittelte.

Um diese Ungenauigkeit zu korrigieren, bezieht man das nach (2.26) berechnete a_E, für das wir jetzt wieder a schreiben wollen, auf die "mittlere Breite φ_m" zwischen φ_A und φ_E (vgl. Abb.2.20)

$$\varphi_m = \varphi_A + \frac{b}{2} \qquad\qquad (2.27)$$

und bekommt also für den Längenunterschied l nach (2.16) mit (2.27):

$$l = \frac{a}{\cos \varphi_m} \quad . \qquad\qquad (2.28)$$

Damit ist also die Länge des Endortes

$$\lambda_E = \lambda_A + l \quad ,$$

womit E nach Länge und Breite bestimmt ist. (Für andere Kurse α oder
anderes λ_A kann es vorkommen, daß l subtrahiert werden muß. Entsprechendes gilt für die südliche Erdhalbkugel).

An einem konkreten Beispiel soll diese I. Grundaufgabe behandelt werden.

Beispiel:

Wir steuern von Position A ($\varphi_A = 50^\circ 12'N$, $\varphi_A = 5^\circ 6'W$) einen rechtweisenden Kurs von 310°. Wo befinden wir uns nach 30 sm?

Nach (2.25) und (2.26) bzw. nach Gradtafel 3 von Fulst (vgl. Abb.2.21):

$$b = 30 \cdot \cos 50^\circ = 19,3'; \quad \frac{b}{2} = 9,65' \quad ;$$
$$a = 30 \cdot \sin 50^\circ = 23 \text{ sm} \quad ;$$
$$\varphi_E = 50^\circ 12'N + 19,3'(N) = \underline{50^\circ 31,3'N} \quad .$$

Nach (2.27):

$$\varphi_m = 50^\circ 12'N + 9,65' = 50^\circ 21,7'N \quad .$$

Aus (2.28) bzw. der Fulsttafel 4:

$$l = \frac{23}{\cos 50^\circ 21,7'} = 36,1 \quad ,$$
$$\lambda_E = 5^\circ 6'W + 36,1'(W) = \underline{5^\circ 42,1W} \quad .$$

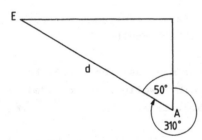

Abb.2.21. Zum Beispiel der I. Grundaufgabe (Mittelbreite)

II. Grundaufgabe: Ermittlung des Kurses α und der Distanz d aus der Kenntnis des Anfangs- und Endortes.

Nach Abb.2.20 ergeben sich aus den bekannten (gleichnamigen) Längen und (gleichnamigen) Breiten des Anfangs- bzw. Endortes sofort die Breiten- und Längenunterschiede.

$$b = | \varphi_E - \varphi_A | \qquad (2.29)$$
$$l = | \lambda_E - \lambda_A | \quad . \qquad (2.30)$$

Die Mittelbreite φ_m errechnet sich dann aus (2.27):

$$\varphi_m = \varphi_A + \frac{b}{2}$$

und damit aus (2.28) die Abweitung:

$$a = l \cdot \cos \varphi_m \quad .$$

Der Kurswinkel ergibt sich aus

$$\tan \alpha = \frac{a}{b} \qquad\qquad (2.31)$$

und schließlich die Distanz d entweder aus (2.25) oder (2.26) zu

$$d = \frac{b}{\cos \alpha} \quad ; \quad d = \frac{a}{\sin \alpha} \quad .$$

Bei annähernd west-östlichen Kursen berechnet man wegen sehr kleiner b-Werte d sinnvollerweise aus der zweiten Formel!

d und α hätten wir auch aus der Gradtafel 3 von Fulst ermitteln können, indem wir die Seite gesucht hätten, auf der die berechneten a- und b-Werte nebeneinanderstehen.

Ein konkretes Beispiel soll auch für diese II. Grundaufgabe vorgerechnet werden.

<u>Beispiel:</u>

Mit welchem Kurs gelangt man von Position A (φ_A = 55°59'N, λ_A = 16°23'E) nach Position E (φ_E = 54°36'N, λ_E = 14°39'E), und wie groß ist die Distanz (vgl. Abb.2.22)?

$$b = 55°59' - 54°36' = 1°23'(S) = 83'(S) \quad ,$$
$$l = 16°23' - 14°39' = 1°44'(W) = 104'(W) \quad ,$$

$$\frac{b}{2} = 41,5' \quad \varphi_m = 54°36' + 41,5' = 55°17,5' \quad ,$$

$$a = l \cdot \cos \varphi_m = 104 \cdot \cos 55°17,5' = 59,2 \text{ sm} \quad ,$$

$$\tan \alpha' = \frac{a}{b} = \frac{59,2}{83} = 0,713314 , \quad \alpha' = 35,5°, \quad \alpha = 215,5° \quad .$$

$$d = \frac{b}{\cos \alpha} = 102 \text{ sm} \quad .$$

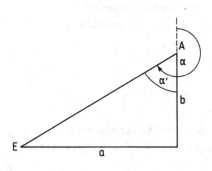

Abb.2.22. Zum Beispiel der II. Grundaufgabe (Mittelbreite)

Zum Abschluß wollen wir noch mitteilen, wie man für kleine Breitenunterschiede eigene Seekartennetze konstruieren kann, ohne die in Abschnitt 2.3
eingeführten vergrößerten Breiten zu benötigen. Die vereinfachte Konstruktion hier beruht im wesentlichen auf Beziehung (2.28):

$$\cos \varphi_m = \frac{a}{l} \quad .$$

Dazu zeichnen wir durch einen vorgegebenen Bezugsort O zwei aufeinander
senkrecht stehende Linien φ_O bzw. λ_O, die wir Bezugsbreite bzw. Bezugslänge nennen (vgl. Abb.2.23). Sodann wählen wir auf λ_O einen geeigneten
Maßstab für den dem Problem angepaßten Breitenunterschied b, z. B. 0,5 cm
$\hat{=}$ 1' (= 1 sm) für b = 30' (= 30 sm). Daraufhin ziehen wir durch O eine
schräge Hilfslinie, die mit der Geraden φ_O den Mittelbreitenwinkel φ_m =
$\varphi_O + \frac{b}{2}$ einschließt. Auf ihr markieren wir die Anzahl der gewünschten Längenminuten in sm (z. B. indem wir die auf λ_O gewählten sm durch Zirkel-
schläge auf die Hilfslinien übertragen). Die Projektionen dieser Markie-
rungen auf die Bezugsbreite φ_O sind dann dort die verkürzten Längenminuten
wie auf einer entsprechenden Seekarte. Wenn wir diese projizierten Strecken
in sm ausmessen, ergeben sich also die auf φ_m bezogenen Abweitungen a zum
Längenunterschied l.

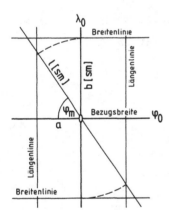

Abb.2.23. Konstruktion einer Leernetzkarte für kleine
Breitenunterschiede (Mittelbreite)

Der Leser zeichne zur Übung solche vereinfachten Seekartennetze für
verschiedene Bezugsbreiten (z. B. $\varphi_O = 0°$, $30°$, $60°$) mit jeweils gleichem Maßstab für b = 30' (1 Breitenminute $\hat{=}$ 0,5 cm).

2.6 Aufgaben

2.1) Um wieviel Seemeilen ist die Distanz auf dem Breitenkreis größer als
     auf dem Großkreisbogen von Porto in Portugal ($\lambda_p = 8°38'$W) bis Istan-

bul (λ_I = 28°59'E), wenn für beide Orte φ = 41°N ist? Welche Breite
hat der Scheitel des Großkreisbogens?

2.2) Ein Schiff fährt von San Francisco (φ_F = 37°45'N; λ_F = 122°27'W)
auf dem kürzesten Wege nach Yokohama (φ_Y = 35°28'N; λ_Y = 139°28'E).
Wie groß ist diese Distanz? Mit welchem Kurs verläßt es San Fran-
cisco? Unter welchem Kurswinkel und auf welcher Breite kreuzt es
den Gegenmeridian von Greenwich? Wie groß ist die Entfernung bis
dorthin?

2.3) Ein Schiff fährt von Rio de Janeiro (φ_R = 22°55'S; λ_R = 43°9'W) in
der Richtung NNE ab. Wo und unter welchem Kurswinkel passiert es
den Äquator, wenn es a) auf einem Großkreisbogen, b) auf einer Loxodrome (mit konstantem Kurswinkel) fährt? Welche Distanzen hat es
bis zu den jeweiligen Kreuzungspunkten zurückgelegt?

2.4) Ein Schiff verläßt Lissabon (φ_L = 38,7°N; λ_L = 9,2°W) mit Kurs NW.
Wo würde es sich nach 2000 sm befinden, wenn es a) auf einem Groß-
kreisbogen, b) mit konstantem Kurs fahren würde?

2.5) Ein Schiff, das sich momentan in Position φ_1 = 35°18'N; λ_1 = 55°45'W
befindet, empfängt den Notruf eines in Position φ_2 = 36°24'N; λ_2 =
53°30'W sinkenden Dampfers. Wann kann es mit 25 Kn Geschwindigkeit
bei ihm sein, und welchen Kurs hat es bis zu ihm zu steuern?

2.6) Ein Schiff verläßt Lissabon (φ_L = 38,7°N; λ_L = 9,2°W) mit konstantem
Kurs WNW und 20 Kn Geschwindigkeit. Nach 2^{h}42^m empfängt man von ihm
einen Notruf. Wo befindet es sich zu dieser Zeit?

2.7) Von Greenwich (φ_G = 51°29'N) sendet ein Sender für Flugnavigations-
zwecke einen schmalgebündelten Peilstrahl aus, der sich auf einem
Großkreis ausbreitet. Am Nordkap (φ_N = 71°10'N; λ_N = 26°E) werden
die Peilzeichen optimal empfangen. Welche Distanz legen die elektromagnetischen Wellen bis zum Nordkap zurück? In welche Richtung sendet Greenwich, und aus welcher Richtung empfängt Nordkap? Welchen
konstanten Kurs müßte ein Flugzeug von Greenwich bis zum Nordkap
fliegen, und welche Strecke würde es dabei zurücklegen?

3 Astronomische Anwendungen der sphärischen Trigonometrie

Beobachten wir nachts den Lauf der Gestirne, so haben wir den Eindruck, als ob sie an der Oberfläche einer riesigen Kugel befestigt seien, in deren Mittelpunkt wir uns mitsamt der Erde befinden. Diese Himmelskugel scheint sich im Laufe eines Tages um eine Achse, die sogenannte Himmels- oder Weltachse zu drehen, die als Verlängerung der Erdachse gedacht werden kann. - Daß dem in Wirklichkeit nicht so ist, daß sich die Erde um den Fixstern Sonne bewegt, die Sonne um den Mittelpunkt unserer Galaxis, diese Galaxis, unser Milchstraßensystem, wiederum gegenüber anderen Galaxien usw., dies alles ist für unsere Navigationsbetrachtungen auf oder in unmittelbarer Nähe unserer Erdoberfläche von untergeordneter Bedeutung.- Für unsere im folgenden betrachteten Probleme reicht das eingangs erwähnte geozentrische Weltmodell mit einer fiktiven beliebig groß angenommenen Himmelskugel und den darauf projizierten Gestirnen bei weitem aus.

Auf den ersten Blick scheint es, daß in einem solchen Modell die Erd- abmessungen als verschwindend klein gegenüber der unendlich groß ge- dachten Ausdehnung der Himmelskugel vernachlässigt werden könnten. Dies ist aber gerade bei den praktischen Navigationsanwendungen nicht mög- lich. Im Gegenteil, es sind dann etliche Einflüsse, die auf die end- lichen Erdabmessungen zurückzuführen sind, zu berücksichtigen.

In diesem geozentrischen Weltmodell wollen wir nun zunächst sinnvolle Systeme einführen, in denen die Lagen der Gestirne als Koordinaten fest- gelegt werden können.

3.1 Koordinatensysteme in der Astronomie

3.1.1 Das Horizontalsystem

Denkt man sich durch den Beobachtungsort B (vgl. Abb. 3.1) auf der Erd- oberfläche senkrecht zur Lotrichtung eine Ebene gelegt, so schneidet

diese die scheinbare Himmelskugel in einem Kreis, dem sogenannten
scheinbaren Horizont. Dieser in Abb. 3.1 nicht gezeichnete Kreis ist
in unserem System <u>kein</u> Großkreis. Dagegen schneidet die hierzu parallele Ebene durch den Erdmittelpunkt M die scheinbare Himmelskugel
in einem Großkreis, dem sogenannten wahren Horizont. Der auf dieser

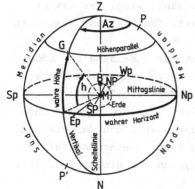

Abb.3.1 Horizontalsystem

Ebene senkrechte Durchmesser, die Verlängerung des Erddurchmessers des
Beobachtungsortes B, heißt Scheitellinie. Sie trifft die Himmelskugel
in dem senkrecht über dem Beobachter liegenden Zenit Z und seinem Gegen-
punkt, dem Nadir N. [*)] Alle durch die Scheitellinie gelegten Großkreise
heißen Scheitel- oder Vertikalkreise oder einfach Vertikale. Auf dem
wahren Horizont nennen wir den in der rechtweisenden Nordrichtung
liegenden Punkt den Nordpunkt Np. Entsprechend führen wir Südpunkt Sp,
Ostpunkt Ep und Westpunkt Wp ein. Nordpunkt Np und Südpunkt Sp sind nicht
zu verwechseln mit dem geographischen Nordpol NP bzw. Südpol SP. Man be-
achte auch die verschiedene Schreibweise der Abkürzungen. Der Vertikal-
kreis durch Np und Sp heißt Himmelsmeridian. Er setzt sich zusammen aus
dem Nordmeridian (Halbkreis Z Np N) und dem Südmeridian (Halbkreis Z Sp
N). Die Kreisfläche des Himmelsmeridians steht natürlich auf der des
wahren Horizonts senkrecht und schneidet sie in der Mittagslinie Np Sp.
Die Lage eines Gestirns G in diesem System wird nun durch die folgenden
zwei Koordinaten festgelegt:

wahre Höhe h: dies ist der Abstand des Gestirns vom wahren Horizont,
gemessen entweder als Bogen auf dem durch G gehenden Vertikal oder als
entsprechender Mittelpunktswinkel;

[*)]Den Teil der Scheitellinie von B bis N nennt man auch einfach Lot.

Azimut Az: dies ist der Winkel am Zenit Z, gemessen von der Nordrichtung
aus im Uhrzeigersinn zwischen dem Himmelsmeridian und dem Gestirnsver-
tikal oder der Bogen des wahren Horizontes zwischen dem Gestirnsver-
tikal und dem Himmelsmeridian.

Die wahre Höhe h wird i.a. in Grad gemessen, wobei sie in Richtung zum
Zenit positiv, in Richtung zum Nadir negativ gezählt wird. Das Azimut
wird von 0° bis 360° vom Nordpunkt über Ostpunkt, Südpunkt und Westpunkt
gezählt.

Da i.a. die Lage eines Gestirns im wesentlichen durch Messung des Höhen-
winkels und durch Peilung des Azimuts bestimmt werden kann, bezeichnet
man manchmal dieses Koordinatensystem auch als "Meßsystem" (vgl. Kap. 4).
Der Nachteil des Horizontalsystems ist, daß sich die Koordinaten h und
Az jedes Gestirns im Laufe des Tages ständig verändern, und daß sie von
Beobachtungsort zu Beobachtungsort verschieden sind. Dieser Nachteil
fällt bei dem nun zu besprechenden Äquatorialsystem zum großen Teil fort.

3.1.2 Das Äquatorialsystem

Denken wir uns die Ebene des Erdäquators vergrößert, so schneidet diese
die scheinbare Himmelskugel im sogenannten Himmelsäquator (vgl. Abb.3.2).

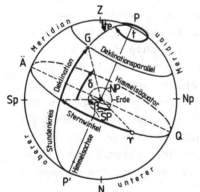

Abb.3.2 Äquatorialsystem

Die auf dieser Ebene senkrecht stehende Rotationsachse $\overline{\text{NP SP}}$ der Erde
durchstößt in ihrer Verlängerung als sogenannte Himmels- oder Weltachse
die scheinbare Himmelskugel im oberen (P) und unteren Pol (P'). Durch
P und P' denken wir uns Großkreise gelegt, deren eine Hälfte wir Stundenkreise nennen. Einen dieser Großkreise, der gleichzeitig durch Nord-
bzw. Südpunkt geht, kennen wir schon. Er ist der in Abschnitt 3.1.1 bereits definierte Himmelsmeridian. In unserem Äquatorialsystem setzt er

sich zusammen aus dem oberen Meridian PÄ Sp P' und dem unteren Meridian
P Np QP'. Die Lage eines Gestirns G kann nun in diesem System durch
folgende zwei Koordinaten angegeben werden:

Abweichung oder Deklination δ: Dies ist der Bogen auf dem durch G gehenden Stundenkreis vom Äquator aus bis G gemessen bzw. der entsprechende
Mittelpunktswinkel. δ wird in Richtung P als nördliche, in Richtung P'
als südliche Deklination bezeichnet und nimmt nur Werte zwischen 0° und
90° an. Alle Punkte auf einem Abweichungs- oder Deklinationsparallel,
der ein Nebenkreis ist, haben gleiches δ. Auf der Erde entsprechen
diesen Abweichungsparallelen die Breitenkreise.

Ortsstundenwinkel t: Er wird am Pol vom oberen Meridian im Uhrzeigersinn
bis zum Stundenkreis durch das Gestirn G gezählt. Da t Werte über 180°
annehmen kann, rechnet man bei manchen praktischen Anwendungen mit einem
westlichen (t_w) bzw. östlichen (t_e) Stundenwinkel. Ist $t > 180^O$, wie in
Abb. 3.2, so ist $t_e = 360^O - t$; dagegen ist für $t < 180^O$ $t_w = t$.[*)]
Wir definieren also:

$$\text{Für} \quad 0^O \leq t < 180^O \text{ ist } t_w = t,$$
$$\text{für } 180^O \leq t < 360^O \text{ ist } t_e = 360^O - t \quad . \qquad\qquad\left.\right\} (3.1)$$

Da sich die meisten Gestirne auf Deklinationsparallelen um die Himmels-
achse bewegen (von geringfügigen Störungen sprechen wir später in
Abschnitt 3.3.1), haben wir mit der Wahl von δ eine für jedes Gestirn
annähernd unveränderliche Koordinate gefunden. Anders ist dies bei
unserem Ortsstundenwinkel t. Diese Koordinate wächst mit fortschrei-
tender Zeit, weil wir sie von dem oberen Meridian aus messen, der mit
dem Beobachter fest liegen bleibt, während sich die Himmelskugel scheinbar dreht. Zur eindeutigen Lagebestimmung des Gestirns ist daher die
Angabe des Beobachtungsortes (nach Länge und Breite) und der Beobachtungszeit erforderlich.

Dies ändert sich allerdings dann, wenn die zweite Koordinate von einem
wohl definierten Punkt aus gezählt wird, der sich mit der Himmelskugel
scheinbar mitdreht. Als solchen wählt man denjenigen, in dem die Sonne
zu Frühlingsanfang steht. Dieser auf dem Himmelsäquator liegende Punkt
heißt daher auch Frühlingspunkt oder Widderpunkt (ϒ). Der von diesem
Punkt auf dem Himmelsäquator im Uhrzeigersinn bis zum Schnittpunkt mit

---

[*)] t_w bzw. t_e werden bisweilen auch als Meridianwinkel bezeichnet.

dem Gestirnsstundenkreis gemessene Bogen bzw. sein entsprechender
Mittelpunktswinkel heißt Sternwinkel β. Er ist für jedes Gestirn eine
zweite unveränderliche Koordinate. In der Astronomie wird diese Winkel-
koordinate - auf Abb. 3.2 bezogen - entgegen dem Uhrzeigersinn gemessen
und als Rektaszension oder gerade Aufsteigung mit α bezeichnet. Der Zusammenhang zwischen β und α ist also einfach:

$$\beta + \alpha = 360^{\circ} \qquad\qquad (3.2)$$

und kann dazu verwendet werden, aus astronomischen Gestirnstabellen die
dort angegebene Rektaszension in unseren Sternwinkel β umzurechnen, der
in den nautischen Jahrbüchern für Navigationszwecke vorzugsweise benutzt
wird.

Somit haben wir nun in β und δ unveränderliche Koordinaten unserer Gestirne gefunden, die in den einschlägigen Sterntabellen tabelliert vorliegen.

Will man nun an einem bestimmten Ort zu einer bestimmten Zeit den auf
diesen Ort bezogenen Ortsstundenwinkel des Gestirns wissen, so hat man
lediglich zu dem tabellarisch angegebenen Sternwinkel β noch den Ortsstundenwinkel des Frühlingspunktes ϒ hinzuzufügen. (Die Deklination des
Frühlingspunktes ist Null). Es gilt also für einen bestimmten Beobachtungsort zu einer bestimmten Zeit:

$$t = \beta + \Upsilon t \quad . \qquad\qquad (3.3)$$

Sollte hierbei t > 360° werden, so sind 360° zu subtrahieren. Die praktische Ermittlung von Gestirnskoordinaten werden wir später in Abschnitt
3.2.5 besprechen.

Für den Leser außerordentlich wichtig ist es, sich nun mit den neu
eingeführten Bezeichnungen und ihrer Lage in den beiden Koordinaten-
systemen eingehend vertraut zu machen. Dazu ist es sinnvoll, beide
Koordinatensysteme unter weitgehender Vernachlässigung der Perspektive
ineinander zu zeichnen (vgl. Abb. 3.3) und anhand dieser Zeichnung die
einwandfreie Beherrschung aller bisherigen Größen in ihrer Lage zu einander zu üben.

Es gibt noch zwei andere wichtige Koordinatensysteme, die in der Astronomie oft gebraucht werden. Es sind dies das Ekliptikalsystem zur Positionsbestimmung von Körpern unseres Sonnensystems und das galaktische
System zur Untersuchung der räumlichen Verteilung der Fixsterne in unserer Milchstraße. Da wir diese Systeme aber für unsere irdischen Navigationszwecke nicht benötigen, wollen wir auf sie nicht näher eingehen.
Im folgenden wollen wir uns also lediglich mit dem Horizontal- und dem

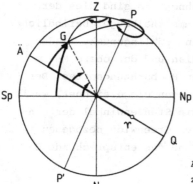

Abb.3.3 Die beiden unbeschrifteten Koordinatensysteme
zur Aneignung der zugehörigen Begriffe

Äquatorialsystem befassen und in diesem Zusammenhang insbesondere Beziehungen zwischen den "Meßkoordinaten" h und Az des einen Systems und
den "Tabellenkoordinaten" δ und t des anderen aufzeigen.

3.2 Beziehungen zwischen beiden Koordinatensystemen

3.2.1 Polfigur

Um mit den verschiedenen im vorigen Kapitel neu eingeführten Begriffen
näher vertraut zu werden, wollen wir als erstes das Äquatorialsystem
von einem Standort betrachten, der sich senkrecht über dem oberen Pol P
befinden soll. Von da aus sehen wir nun Abb. 3.2 als ein Bild, das Polfigur genannt wird und schematisch in Abb. 3.4 dargestellt ist. In dieser
Abbildung ist der obere Pol P der Mittelpunkt eines Kreises mit dem
Himmelsäquator als Umfang. Die in Abb. 3.2 auftretenden Stundenkreise
bzw. oberen Meridiane stellen sich in dieser Polfigur als Radien dar.

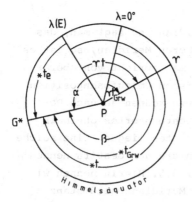

Abb.3.4 Polfigur

Vier dieser Radien sind in Abb. 3.4 eingezeichnet. Es sind dies der Stundenkreis durch das auf der nördlichen Himmelshalbkugel befindlich gedachte Gestirn G, der Stundenkreis durch den Frühlingspunkt ϒ, der obere durch Greenwich (λ = 0°) gedachte Meridian und der obere Meridian des auf östlicher Länge (λ(E)) gedachten Beobachtungsortes. Der obere Meridian von Greenwich (λ = 0°) ist deswegen eingezeichnet, weil für ihn in den einschlägigen Tabellenwerken die Stundenwinkel der einzelnen Gestirne tabelliert vorliegen. Diese auf Greenwich bezogenen Stundenwinkel wollen wir mit t_{Grw} bezeichnen und das entsprechende Gestirnszeichen davorsetzen (vgl. Abb. 3.4).

Um nun für einen anderen Beobachtungsort, der entweder auf östlicher oder westlicher Länge liegt, den Ortsstundenwinkel zu ermitteln, hat man einfach zu dem Greenwichstundenwinkel t_{Grw} die Länge des Beobachtungsortes zu addieren bzw. zu subtrahieren, wie sofort anschaulich aus Abb. 3.4 folgt. D.h. in einer Formel zusammengefaßt:

$$t = t_{Grw} \pm \lambda \begin{pmatrix} E \\ W \end{pmatrix} \quad . \tag{3.4}$$

Ferner erkennen wir aus Abb. 3.4 unmittelbar die bereits früher mitgeteilten Beziehungen zwischen östlichem bzw. westlichem Stundenwinkel und t, d.h. Gl. (3.1), ferner diejenige zwischen Sternwinkel, Frühlingspunkt-Stundenwinkel und t, d.h. Gl. (3.3) und schließlich den Zusammenhang zwischen Rektazension α und Sternwinkel β, d.h. Gl. (3.2).

Bei allen späteren praktischen Ermittlungen irgendwelcher Gestirnskoordinaten empfiehlt es sich für den Anfänger zur Kontrolle immer, eine Polfigur zu skizzieren.

3.2.2 Meridianfigur

Befindet sich das Gestirn gerade im Himmelsmeridian, so sagt man, das Gestirn kulminiert. Ist es genauer gesagt im oberen Meridian, so ist es in der höchsten Stellung seiner Umlaufbahn und man spricht von oberer Kulmination (OK), entsprechend bei seiner untersten Umlaufbahnposition von unterer Kulmination (UK). Diese Kulminationen können je nach Deklination δ des Gestirns und Breite φ des Beobachtungsortes oberhalb (vgl. Abb. 3.5) oder unterhalb des wahren Horizontes liegen. Eine solche Seitenansicht unserer Abb. 3.3 mit einem kulminierenden Gestirn nennen wir Meridian-Figur. Diese zeigt zur Hälfte Abb. 3.5. Hierin nennen wir den Winkel bzw. Bogenabstand Gestirn-Zenit die Meridianzenitdistanz z_o.

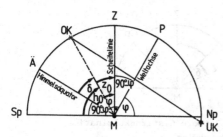

Abb.3.5 Halbe Meridianfigur

Da h_o die über dem wahren Horizont zu messende wahre Höhe des kulminierenden Gestirns ist, haben wir:

$$z_o = 90° - h_o \quad .$$

(3.5)

Da die vom Zenit Z zum Erdmittelpunkt M laufende Scheitellinie durch den
Beobachtungsort geht, ist unmittelbar aus Abb. 3.5 ersichtlich, daß der
Winkel zwischen der Scheitellinie und dem Teil ÄM des Himmelsäquators
die geographische Breite φ ist. Damit können wir aus Abb. 3.5 sofort
einen einfachen Zusammenhang zwischen der Deklination δ des kulminierenden Gestirns, seiner Meridianzenitdistanz z_o und der geographischen
Breite φ ablesen. Es ist nämlich

$$\varphi = z_o + \delta \quad .$$

(3.6)

Wenn es uns also gelingt, die wahre Höhe h_o eines kulminierenden Gestirns zu messen und zum Kulminationszeitpunkt die Gestirnsdeklination
zu ermitteln, so können wir dann nach (3.5) und (3.6) die geographische Breite bestimmen, auf der wir uns gerade befinden. Wir werden
später in Abschnitt 5.1.2 auf dieses "Breitenverfahren" noch eingehend zu
sprechen kommen. Gl. (3.6) gilt nicht nur für Gestirne mit nördlicher
Deklination, wie in Abb. 3.5 gezeichnet, sondern auch für solche mit
südlicher, wenn nur folgende Vorzeichenregel beachtet wird:
Gleichlaufende Winkelrichtungspfeile haben gleiches, entgegengesetzt
laufende umgekehrtes Vorzeichen.
Hierbei werden die Winkelrichtungspfeile für Breite φ und Deklination δ
vom Himmelsäquator aus gezeichnet, derjenige für die Meridianzenitdistanz z_o vom Gestirn aus. So ist z.B. in Abb. 3.6:

$$\varphi = \delta - z_o$$

(3.6a)

und in Abb. 3.7:

$$\varphi = z_o - \delta \quad .$$

(3.6b)

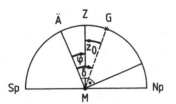

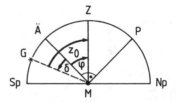

Abb.3.6 Obere Gestirnskulmination
im Nordmeridian

Abb.3.7 Obere Gestirnskulmination
im Südmeridian

Ferner lesen wir aus Abb. 3.5 noch unmittelbar ab, daß sowohl die wahre
Äquatorhöhe, d.h. der Winkel Sp M Ä, als auch die Pol-Zenit-Distanz, d.h.
der Winkel ZMP, gleich 90° - φ, dem Breitenkomplement, sind. Und
schließlich ist die wahre Polhöhe, d.h. der Winkel P M Np gleich der
geographischen Breite φ:

$$\text{Polhöhe = geographische Breite} \qquad . \qquad (3.7)$$

Gerade diese letzte Beziehung heißt aber doch: Befindet sich ein Gestirn im oberen Pol P, was für den Polarstern ungefähr zutrifft, so
erhalten wir durch Messung dieser wahren Gestirnshöhe unmittelbar die
geographische Breite des Beobachtungsortes. Da der Polarstern nicht
genau in P steht, sind noch geringfügige Korrekturen anzubringen. Auch
zu diesem weiteren "Breitenverfahren" werden wir später in Abschnitt
5.1.1 genaueres erfahren.

3.2.3 Auf- und Untergang der Gestirne.

Unter dem wahren Auf- bzw. Untergang eines Gestirns wollen wir den
Zeitpunkt verstehen, zu dem der Gestirnsmittelpunkt den wahren Horizont
passiert. Davon wohl zu unterscheiden ist der Begriff des sichtbaren
Auf- bzw. Untergangs; das ist der Zeitpunkt, zu dem das Gestirn an der
Kimm auftaucht bzw. verschwindet. Mit ihm werden wir uns später in Abschnitt 3.4.3 befassen, ebenso mit der Berechnung dieser Auf- bzw. Untergangszeiten. Hier wollen wir uns lediglich anhand unserer bisherigen
Begriffskenntnisse klar machen, welche Beziehungen zwischen der Gestirnsdeklination δ und der geographischen Breite φ bestehen, um sagen zu können, ob ein Gestirn überhaupt auf dieser Breite aufgeht oder untergeht.
Dazu betrachten wir Abb. 3.8. In ihr sind 4 verschiedene Gestirnsbahnen
skizziert. Man nennt die über dem wahren Horizont befindlichen Bahnbögen
Tagbögen (dick ausgezogen), diejenigen unterhalb von ihm Nachtbögen
(dick gestrichelt). Weiterhin wird das Stück des wahren Horizonts zwischen dem Aufgangspunkt und dem Ostpunkt Morgenweite, das entsprechende

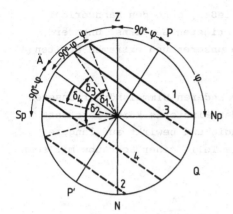

Abb. 3.8 Zum Auf- und Untergang verschiedener Gestirne

zwischen Untergangspunkt und Westpunkt Abendweite genannt. Tag- und Nachtbogen sind nur gleich, wenn das Gestirn im Himmelsäquator steht, wenn also seine Deklination $0°$ ist. Ist die Deklination nördlich, so ist der Tagbogen größer als der Nachtbogen, umgekehrt ist es bei südlicher Deklination.

Gestirne, die überhaupt nicht untergehen (Gestirn 1 in Abb. 3.8), nennen wir Zirkumpolarsterne. Ihre Deklination muß nach Abb. 3.8 gleichnamig mit der geographischen Breite und größer als das Breitenkomplement sein. D.h. also:
Kein Untergang (Zirkumpolar): δ gleichnamig mit φ und $\delta > 90° - \varphi$ (Gestirn 1).

Dagegen müssen Gestirne, die überhaupt nicht aufgehen (Gestirn 2 in Abb. 3.8), eine gegenüber der geographischen Breite ungleichnamige Deklination haben, die ebenfalls größer als das Breitenkomplement ist, d.h.:
Kein Aufgang: δ ungleichnamig mit φ und $\delta > 90° - \varphi$ (Gestirn 2).

Schließlich können alle Gestirne, die auf- und untergehen (Gestirne 3 und 4 in Abb. 3.8) nördliche oder südliche Deklinationen haben, die aber immer kleiner als das Breitenkomplement sein müssen. D.h. also:
Auf- und Untergang: δ gleich- oder ungleichnamig mit φ und $\delta < 90° - \varphi$ (Gestirne 3 und 4).

Berücksichtigen wir, daß der scheinbare Umlauf von $360°$ eines Gestirnes rund 24 Stunden benötigt, so wird nach den bisherigen Ausführungen nunmehr auch der Begriff des Stundenwinkels klar. Wenn er in Zeit ausgedrückt wird ($15° \triangleq 1h$), so ist er gleich der Zeit (genauer der Gestirnszeit), die seit der letzten oberen Kulmination des Gestirns verstrichen ist.

Wir wollen diesen Abschnitt nicht beschließen, ohne den Bahnverlauf
des für die astronomische Navigation wichtigsten Gestirns, unserer
Sonne, zu verschiedenen Jahreszeiten, in unseren und extremen Breiten
etwas genauer zu studieren.

Leider hat unsere Sonne - ebenso wie die anderen Himmelskörper unseres
Sonnensystems - im Gegensatz zur Masse der Fixsterne keine konstante
Deklination. Diese ändert sich also ständig und bewirkt auf längere
Zeiträume gesehen, Umlaufsbahnen, die als Teile einer Schraube mit sehr
kleiner Ganghöhe gedacht werden können.

Abb.3.9a Sonnenbahn zur Tag- und
Nachtgleiche ($\varphi=54^0$, $\delta=0^0$, 21. März
oder 23.September)

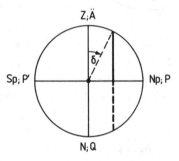

Abb.3.9b Sonnenbahn zur Sommersonnenwende
($\delta=23,5^0$ N, $\varphi=0^0$, 21.Juni)

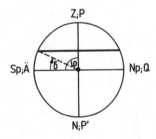

Abb.3.9c Sonnenbahn zur Sommersonnenwende ($\delta=23,5^0$ N, $\varphi=90^0$, 21.Juni)

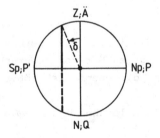

Abb.3.9d Sonnenbahn zur Wintersonnenwende
($\delta=23,5^0$ S, $\varphi=0^0$, 21.Dezember)

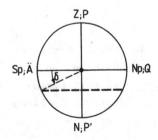

Abb.3.9e Sonnenbahn zur Wintersonnenwende
($\delta=23,5^0$ S, $\varphi=90^0$, 21.Dezember)

Zu Frühlingsanfang, am 21. März, steht die Sonne im Himmelsäquator.
Ihre Deklination ist 0°, sie geht im Ostpunkt auf, im Westpunkt unter.
Tag- und Nachtbogen sind gleich lang. Wir haben die Zeit der Tag- und
Nachtgleiche, das sogenannte Frühlings-Äquinoktium. Dies zeigt schema-
tisch Abb. 3.9a für eine Breite $\varphi = 54^O$.

Mit nun wachsender nördlicher Deklination wachsen in unseren Breiten
auch die Tagbögen. Am 21. Juni ist die nördliche Deklination am größten
($\delta=23,5^O$N), d.h. wir haben in unseren Breiten die größte Morgen- bzw.
Abendweite (Bahn 3 in Abb. 3.8). Es ist der längste Tag und die kürzeste
Nacht (Sommersonnenwende oder Sommersolstitium). Abb. 3.9b zeigt den
entsprechenden Bahnverlauf am Äquator $\varphi = 0^O$ (senkrecht aus dem Horizont
auftauchende und in ihm verschwindende Sonne), Abb. 3.9c am Nordpol
$\varphi=90^O$ (kein Sonnenuntergang, Mitternachtssonne)[*]. Von diesem Tag an
nimmt die Deklination ab und ist am 23. September wieder 0°. Wiederum
haben wir Tag- und Nachtgleiche, das Herbst-Äquinoktium. Der Bahnverlauf der Sonne ist der gleiche wie in Abb. 3.9a. Von nun ab bewegt sich
die Sonne südlich des Himmelsäquators, ihre südliche Deklination wächst
und erreicht am 21. Dezember den größten Wert ($\delta = 23,5^O$S). Zu diesem
Zeitpunkt haben wir in unseren Breiten den kürzesten Tag und die längste
Nacht (Wintersonnenwende oder Wintersolstitium, Bahn 4 in Abb. 3.8). Den
Bahnverlauf in den extremen Breiten $\varphi = 0^O$ und $\varphi = 90^O$ zeigen Abb. 3.9d
bzw. 3.9e (kein Aufgang, Polarnacht). Von nun an nähert sich die Sonne
mit kleiner werdender südlicher Deklination wieder dem Äquator, den sie
am 21. März erreicht, und das Spiel beginnt von neuem.

Der Leser skizziere in ähnlicher Weise zur Übung Bahnverläufe eines
Gestirns mit zeitlich konstanter Deklination anläßlich einer gedachten Flugreise vom Nordpol in südlicher Richtung bis zum Südpol.

3.2.4 Das sphärisch-astronomische Grunddreieck

Nunmehr wenden wir uns dem allgemeinen Fall zu, Beziehungen zwischen
den Koordinaten Höhe h, Azimut Az des Horizontalsystems und Deklination
δ, Ortsstundenwinkel t des Äquatorialsystems zu finden. Dazu betrachten
wir Abb. 3.10. In ihr sind für ein Gestirn G die Koordinaten beider Systeme eingezeichnet. Wir erkennen unmittelbar ein sphärisches Dreieck

---

[*] Daß am Äquator das ganze Jahr hindurch Tag und Nacht jeweils gleich lang sind,
kann sich der Leser aus den Abbn. 3.9b und 3.9d klar machen. Entsprechend verdeutlichen Abbn. 3.9c und 3.9e, daß am Nordpol etwa ein halbes Jahr nur Tag und die
andere Jahreshälfte nur Nacht herrschen.

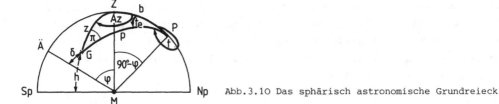

Abb.3.10 Das sphärisch astronomische Grundreieck

ZPG, das sogenannte sphärisch-astronomische Grunddreieck, [*] in dem alle genannten Größen implizit vorkommen. Den Großkreisbogen z als Teil eines Vertikals durch G nennt man Zenitdistanz; es ist

$$z = 90^\circ - h \quad . \tag{3.8}$$

Der Großkreisbogen p als Teil des Stundenkreises durch G heißt Poldistanz; es ist

$$p = 90^\circ - \delta \quad . \tag{3.9}$$

Schließlich ist der Großkreisbogen b als Teil des Himmelsmeridians die Polzenitdistanz; für sie gilt

$$b = 90^\circ - \varphi \quad . \tag{3.10}$$

In diesem sphärischen Dreieck ZPG treten die Winkel Azimut Az, Stundenwinkel t (in Abb. 3.10 genauer t_e) und der parallaktische Winkel π auf. π ist für das folgende von untergeordneter Bedeutung. Dagegen werden in Zukunft häufig Ausdrücke für das Azimut und die Höhe benötigt, die in der Praxis mit gemessenen Azimut- und Höhenwinkeln verglichen werden sollen. Daher wenden wir uns nunmehr der Berechnung von Höhe und Azimut zu, die mit Hilfe der in Abschnitt 1.4 aufgestellten Sinus- und Kosinussätze leicht gelingt.

3.2.4.1 Berechnung der wahren Höhe

Mit Hilfe der sphärischen Seitenkosinussätze (1.20) erhalten wir aus Abb. 3.10 sofort:

$$\cos z = \cos b \cdot \cos p + \sin b \cdot \sin p \cdot \cos t_{(e)} \quad , \tag{3.11a}$$

---

[*] Bisweilen wird dieses Dreieck mit dem auf die Erdoberfläche projizierten gemeinsam als nautisch-astronomisches Grunddreieck bezeichnet. (Vgl. z.B. Stein, W.: Astronomische Navigation, S.57ff. Bielefeld: Klasing, 1974).
Wir wollen dagegen für diese beiden Dreiecke verschiedene Bezeichnungsweisen verwenden und die Projektion unseres sphärisch-astronomischen Grunddreiecks auf die Erdoberfläche (vgl. Abschn. 5.3.1) nautisch-astronomisches Erddreieck nennen.

woraus mit (3.9) und 3.10) entsteht:

$$\cos z = \sin \varphi \cdot \sin \delta + \cos \varphi \cdot \cos \delta \cdot \cos t_{(e)} \quad . \quad (3.11b)$$

Wegen cos z = sin h kann hieraus mittels eines modernen Taschenrechners
mit vorgegebenen φ, δ und t sofort die wahre Höhe h berechnet werden.
(Ein Rechenschieber reicht dazu für die in der Praxis geforderten Ge-
nauigkeiten nicht aus!). Für die Berechnung von h ohne Taschenrechner
sind auch hier Tabellen entwickelt worden (z.B. Nautische Tafel 17 von
Fulst). Allerdings muß dazu (3.11b) in rein positive Terme mit der sogenannten Semiversusfunktion (6.1) umgeformt werden, um eventuell in
(3.11b) auftretende Subtraktionen, die in der Praxis häufig fehlerbehaftet sind, zu vermeiden. Dieses Umformen von (3.11b) kann folgendermaßen geschehen: [*] Nach Gl. (6.8) ist

$$\cos t = 1 - 2 \cdot \sin^2 \frac{t}{2} = 1 - 2 \cdot \text{sem } t \quad . \quad (3.12)$$

Dies in (3.11b) eingesetzt gibt unter Verwendung von (6.6):

$$\cos z = \cos (\varphi-\delta) - 2 \cdot \cos \varphi \cdot \cos \delta \cdot \text{sem } t \quad .$$

Schreiben wir nun entsprechend (3.12) für cos z und cos (φ - δ):

$$\cos z = 1 - 2 \cdot \text{sem } z$$

und

$$\cos (\varphi - \delta) = 1 - 2 \cdot \text{sem } (\varphi - \delta) \quad ,$$

so bekommen wir schließlich

$$\text{sem } z = \text{sem } (\varphi - \delta) + \text{sem } y \qquad (3.13)$$

mit der Abkürzung

$$\text{sem } y = \cos \varphi \cdot \cos \delta \cdot \text{sem } t \quad .$$

Gl.(3.13), die nur aus positiven Termen besteht, ist in der Fulst-
Tafel 17 tabelliert. Um mit dieser für die Praxis sehr wichtigen Tafel
vertraut zu werden, wollen wir kurz ein numerisches Beispiel vorführen.

---

[*] Vgl. auch Müller/Krauß: Handbuch für die Schiffsführung.
Bd.I, S.321ff. Berlin, Heidelberg: Springer, 1970. - Dort finden sich noch andere,
in nautischen Kreisen heute weniger benutzte Höhenformeln.

(Bei Vorhandensein eines Taschenrechners kann das Endergebnis mit
(3.11b) kontrolliert werden). Hierbei ist für den sem $(\varphi-\delta)$-Term in
(3.13) folgende Vorzeichenregel zu beachten, die sich leicht anhand von
Abb. (3.10) einsehen läßt:
Ist δ gleichnamig mit φ, so hat δ ein positives Vorzeichen, es ist also
$(\varphi-\delta)$ zu bilden; ist δ ungleichnamig mit φ, so hat δ ein negatives Vorzeichen, es ist also $(\varphi+\delta)$ zu bilden. Man vergleiche auch die sem-Um-
rechnungsformeln von Abschn. 6.1.1.

Beispiel:

Es ist die wahre Höhe h eines Gestirns zu berechnen, für das auf der Breite $\varphi=50^\circ$ 40'N
die Deklination $\delta=12^\circ$ 50'N und der Ortsstundenwinkel t = 320° 6' beträgt.
Schreiben wir die gegebenen Größen unter Beachtung von t > 180°, d.h. t_e = 39° 54',
in folgender Reihenfolge mit den danebenstehenden logarithmischen Funktionstermen
untereinander, so können wir unmittelbar die Nautische Tafel 17 von Fulst benutzen:

t_e = 39° 54' ; in der 39° Tafel der NT 17: lg sem t = 9,06602

φ = 50° 40'N ; " " 50° " " " " : lg cos φ = 9,80197

δ = 12° 50'N ; " " 12° " ." " " : lg cos δ = 9,98901

                                                     lg sem y = 8,85700

direkt neben der lg sem-Spalte befindet sich: sem y = 0,07194

$\varphi-\delta$=37° 50' ; in der 37° Tafel der NT 17: sem$(\varphi-\delta)$ = 0,10510

                        z = 49° 46' ↤ ← sem z = 0,17704

                        h = 90° - z = 40° 14'

Dieser Rechengang entspricht der logarithmischen Berechnung von Gl. (3.13) mit der
Spezialtafel NT17, wobei unter Umständen zwischen den angegebenen Tafelwerten interpoliert werden muß.

3.2.4.2 Berechnung des Azimuts

Aus Abb. 3.10 folgt für die Berechnung des Azimuts unter Verwendung des Seitenkosinus-
satzes

$$\cos p = \cos z \cdot \cos b + \sin z \cdot \sin b \cdot \cos Az \qquad (3.14a)$$

oder mit (3.9) und (3.10):

$$\cos Az = \frac{\sin \delta - \sin h \cdot \sin \varphi}{\cos h \cdot \cos \varphi} \qquad . \qquad (3.14b)$$

Da hierin die wahre Höhe h vorkommt, nennt man (3.14b) auch oft schlag-
wortartig die Höhen-Azimutformel. Prinzipiell könnte hieraus das Azimut
berechnet werden, wenn unter Vorgabe von φ, δ und t vorher die wahre
Höhe h berechnet würde. Um diesen Schönheitsfehler zu vermeiden, bilden
wir zunächst mit Hilfe des Sinussatzes (1.18)

$$\sin z : \sin p = \sin t_{(e)} : \sin Az \quad ,$$

woraus mit (3.8), (3.9) und (3.10)

$$\cos h = \frac{\cos \delta \cdot \sin t}{\sin Az}_{(e)} \qquad (3.15)$$

entsteht. Dies und (3.11b) für sin h in (3.14b) eingesetzt, gibt nach einer längeren Rechnung [*] schließlich

$$\cot Az = \frac{1}{\sin t_{(e)}} \cdot (\tan \delta \cdot \cos \varphi - \sin \varphi \cdot \cos t_{(e)} \quad . \qquad (3.16a)$$

Hierin hängt das Azimut nunmehr direkt von der Deklination, der geographischen Breite und dem Ortsstundenwinkel ab. Gl. (3.16a) wird daher auch oft als Zeit-Azimutformel bezeichnet. Für praktische Bedürfnisse wird diese Gleichung noch etwas anders geschrieben. Nach Abschn. 6.1.1 ist

$$\frac{1}{\sin t} = \operatorname{cosec} t \quad \text{und} \quad \frac{1}{\cos \varphi} = \sec \varphi \quad ;$$

damit wird aus (3.16a):

$$\cot Az \cdot \sec \varphi = \tan \delta \cdot \operatorname{cosec} t_{(e)} - \tan \varphi \cdot \cot t_{(e)} \quad . \qquad (3.16b)$$

Setzt man hierin

$$\cot Az \cdot \sec \varphi = C$$

$$\tan \delta \cdot \operatorname{cosec} t = B$$

$$- \tan \varphi \cdot \cot t = A \quad ,$$

so schreibt sich (3.16b) nunmehr

$$C = B + A \quad . \qquad (3.16c)$$

Diese Gleichung zur Berechnung des Azimuts ist in den sogenannten ABC-Tafeln 19 von Fulst tabelliert. Wer im Besitz eines Taschenrechners ist, wird kaum mit der sehr umständlich zu handhabenden ABC-Tafel arbeiten, sondern das Azimut aus (3.16a) bestimmen, wobei folgende leicht einzusehende Vorzeichenregel zu beachten ist:

---

[*] Diese längere Zwischenrechnung wird z.B. vorgeführt in: Stein, W.: Astronomische Navigation, S.105. Bielefeld: Klasing, 1974.

Sind φ und δ gleichnamig, so steht vor dem ersten Term in der Klammer von (3.16a) ein Plus-Zeichen, bei ungleichnamigen φ und δ ein Minus-Zeichen. Das Ergebnis ist dann ein viertelkreisiges Azimut, das nach der Lage der übrigen Zustandsgrößen zueinander in ein vollkreisiges um-zuwandeln ist. Für die Benutzer der ABC-Tafeln sind diese Umwandlungs-regeln unterhalb der jeweiligen C-Seiten angegeben, die für die Az-Be-rechnung mittels Taschenrechner ebenfalls gelten.

Um die Benutzung der ABC-Tafeln dem Leser zu erklären, schildern wir zu-erst ihre allgemeine Handhabung, die dann anschließend an einem konkreten Zahlenbeispiel verfolgt werden kann.

Mit t_e bzw. t_w und φ entnimmt man Tafel A den A-Wert, der für t_e bzw. t_w $< 90^\circ$ ein Minus-Zeichen, für t_e bzw. $t_w > 90^\circ$ ein Plus-Zeichen enthält. Sodann bekommt man aus der A gegenüberliegenden Tafel B mit t_e bzw. t_w und δ den B-Wert, der positiv ist, wenn δ und φ gleichnamig sind, an-dernfalls negativ. Die entsprechenden Vorzeichenregeln sind übrigens auf den betreffenden Tabellenseiten angegeben.

Nach Addition der A- und B-Werte sucht man den so ermittelten C-Wert in der φ-Reihe auf und findet senkrecht über ihm am oberen Tafelrand das viertelkreisige Azimut. Ist $C > 0$, so ist das Azimut gleichnamig mit φ, für $C < 0$ entsprechend ungleichnamig. Man notiert diesen sich so er-gebenden Namen vor der Azimutzahl. Den Namen des Stundenwinkels schreibt man hinter die Azimutzahl. Er gibt den Sinn an, in dem das Azimut vier-telkreisig zu zählen ist. Liest man z.B. bei östlichem Stundenwinkel und negativem C-Wert für nördliche Breite die Azimutzahl 28° ab, so heißt dies also $S28^\circ E$, was einem vollkreisigen Azimut $Az = 152^\circ$ entspricht.

Das Arbeiten mit den ABC-Tafeln ist deshalb so umständlich, weil man ständig zweidimensional interpolieren muß. Kommen zudem Werte in der Tafel nicht vor - sie ist nur auf Werte $\varphi \leq 75^\circ$ und $\delta \leq 63^\circ$ begrenzt -, so muß Az doch wieder nach Gl. (3.16a) berechnet werden.

Trotzdem wollen wir zum besseren Vertrautwerden mit dieser Fulst-Tafel 19 ein konkretes numerisches Beispiel angeben.

Beispiel:

Für ein Gestirn sei $t_w = 47,6^\circ$, $\delta = 18,6^\circ N$. Wie groß ist das Azimut dieses Gestirns auf der Breite $\varphi = 29^w S$? Für diese Werte ermittelt man in der oben angegebenen Reihen-folge

$$A = -0,51$$
$$B = -0,45$$
$$C = -0,96$$

Damit bekommt man: Az (viertelkreisig) = N 50° W, d.h.

$\qquad\qquad\qquad$ Az (vollkreisig) = $\underline{310^\circ}$.

Die in diesem Abschn. 3.2.4 geschilderten Berechnungen der wahren Höhe
eines Gestirns und seines Azimuts bilden den Kern einer jeden allgemeinen Ortsbestimmung mit Hilfe der Gestirne. Darüber und insbesondere
über den dann anzustellenden Vergleich mit Höhenwinkelmessungen werden
wir in Kap. 5 genaueres erfahren.

3.2.5 Ermittlung der Gestirnskoordinaten aus dem Nautischen Jahrbuch

In Abschnitt 3.1.2 lernten wir Deklination δ und Ortsstundenwinkel t als
Koordinaten des Äquatorialsystem kennen, die in den einschlägigen Tabellenwerken für die zur Beobachtung wichtigsten Gestirne vorliegen.
Ein solches Tabellenwerk, das für jedes Jahr vom Deutschen Hydrographischen Institut (DHI) neu herausgegeben wird, ist das Nautische Jahrbuch. Es stellt gewissermaßen einen Flugplan der Beobachtungsgestirne
dar. Jede Buchseite ist einem Tag des laufenden Jahres gewidmet (vgl.
Abschn. 6.4.2). Auf ihr finden wir Deklination und Greenwich-Stunden-
winkel - das ist nach Gl. (3.4) der Ortsstundenwinkel für $\lambda = 0^\circ$ - für
Sonne, Mond, Frühlingspunkt und die Planeten Venus, Mars, Jupiter, Saturn. Diese Koordinaten sind für jede Stunde der mittleren Greenwichzeit (MGZ) angegeben (zum Zeitbegriff siehe Abschn. 3.4). Für zeitliche
Zwischenwerte haben wir zu interpolieren. Diese Arbeit nehmen uns weitgehend die am Ende des Buches befindlichen immerwährenden grünen Schalttafeln ab (vgl. Abschn. 6.4.3). Da die Sternkoordinaten Sternwinkel β
und Abweichung δ sich über mehrere Tage kaum ändern, sind diese in der
Reihenfolge abnehmender Sternwinkel von etwa 50 Fixsternen jeweils nur
alle 2 Tage des Jahres aufgeführt. Allerdings tragen diese Sterne lediglich Nummern, deren zugeordnete Namen auf einer gelben eingelegten
Karte zu finden sind.

Das Arbeiten mit diesem Jahrbuch, d.h. das Aufsuchen von Gestirns Koordinaten wollen wir am sinnvollsten gleich an typischen Zahlenbei-
spielen üben.

Sonne
Wie groß sind Deklination δ und Ortsstundenwinkel t der Sonne für einen auf $\lambda = 6^\circ$
18'W befindlichen Beobachter am 19.8.57 um $12^h \ 30^m \ 42^s$ MGZ?

Auf der Jahrbuchseite 19.8.57 finden wir für Sonne und 12^h MGZ die Koordinaten
$t_{Grw} = 359^\circ \ 6,6'$ und $\delta = 12^\circ \ 46,8'$N. Auf der grünen Schalttafelseite 30^m steht
als t_{Grw}-Zuwachs für $30^m \ 42^s$ der Wert: $7^\circ \ 40,5'$. Damit ergibt sich folgender
Rechengang:

für 12^h MGZ	: t_{Grw}	$= 359°$ 6,6'
für 30m 42s	: Zuwachs =	$7°$ 40,5'

für 12^h 30^m 42^s MGZ	: t_{Grw}	$= 366°$ 47,1' $= 6°$ 47,1'
nach Gl.(3.4)	: λ(w)	$= -6°$ 18'

für 12^h 30^m 42^s MGZ	: $\underline{t}$	$= 0°$ 29,1'

Da $t < 180°$ ist, liegt nach Gl.(3.1) ein westlicher Stundenwinkel $t_w = t$ vor.
Unterhalb der Spalte "Abw." für die Sonne am 19.8.57 befindet sich der Unt. = 0,8',
d.h. der Unterschied von einem stündlich angegebenen δ-Wert bis zum nächsten. Für
diesen Unt. = 0,8' finden wir in der 30^m-Schalttafel in der daneben befindlichen
Spalte den Verbesserungswert "Verb. = 0,5'" für das δ der Sonne. Da am 19.8.57 das
δ der Sonne mit wachsender Zeit kleiner wird, ist dieser Verb.-Wert von dem 12^h-Wert
abzuziehen. Es ist also

$$\text{für } 12^h\ 30^m\ 42^s\ : \underline{\delta} = 12°\ 46,8'N - 0,5' = \underline{12°\ 46,3'N}$$

Mond

Wie groß sind Deklination δ und Ortsstundenwinkel t des Mondes für einen auf $\lambda = 10°3'E$
befindlichen Beobachter am 20.8.57 um 11^h 31^m 11^s MGZ?

Am 20.8.57 um 11^h gibt das Jahrbuch für den Mond folgende Koordinaten: $t_{Grw} = 55°$ 31,8'
und $\delta = 20°$ 5,3'N.
In der 31^m-Schalttafel steht als t_{Grw}-Zuwachs für 31^m 11^s der Wert: $7°$ 26,4'. Außerdem
ist aber noch der neben dem 11^h-Wert stehende "Unt. = 7,5'" zu berücksichtigen, der
den Unterschied des wahren t_{Grw}-Stundenwertes zu einem mittleren t_{Grw}-Stundenwert bedeutet. Mit diesem Wert finden wir in der 31^m-Schalttafel eine Verbesserung Verb. =
3,9'. Damit ergibt sich folgender Rechengang:

für 11^h MGZ	: t_{Grw}	$= 55°$ 31,8'
für 31m 11s	: Zuwachs =	$7°$ 26,4'+ 3,9'(Verb.)

für 11^h 31^m 11^s MGZ	: t_{Grw}	$= 63°$ 2.1'
nach Gl.(3.4)	: λ(E)	$=+10°$ 3,0'

für 11^h 31^m 11^s MGZ	: $\underline{t}$	$= 73°$ 5,1'

Da $t < 180°$ ist, haben wir nach Gl.(3.1) wiederum einen westlichen Stundenwinkel $t_w=t$.
Neben dem 11^h-Wert für δ steht "Unt. = 0,3'", der Unterschied zwischen dem 11^h- u.12^h-Wert
für δ. In der 31^m-Schalttafel finden wir neben dem Unt. = 0,3'-Wert die Verbesserung
Verb. = 0,2'. Diese ist zu dem 11^h-Wert von δ zu addieren, da die Monddeklination zu
dieser Zeit gerade wächst. Es ist also

$$\text{für } 11^h\ 31^m\ 11^s\ : \underline{\delta} = 20°\ 5,3'N + 0,2' = \underline{20°\ 5,5'N}$$

Nach Abschnitt 3.2.1 und Abb. 3.4 zeigt Abb. 3.11 die Polfigur für dieses Beispiel.

Planeten Venus, Mars, Jupiter, Saturn

Wie groß sind Deklination und Ortsstundenwinkel der Venus ($\female$) für einen auf $\lambda = 20°$
10'W befindlichen Beobachter am 19.8.57 um 5^h 32^m 16^s MGZ?

Nach den bisherigen genauen Beschreibungen der Koordinatenentnahmen geben wir gleich
kommentarlos den Rechengang an:

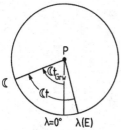
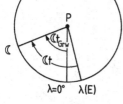
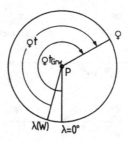

Abb.3.11 Polfigur für Mondbeispiel   Abb.3.12 Polfigur für Venusbeispiel

19.8.57   : für 5^h MGZ   : t_{Grw} = $222^°$ 50,6'

             für 32m 16s   : Zuwachs   = + $8^°$ 4,0'

             für Unt.= -0,2'   : Verb.   = -   0,2'
_____
             für 5^h 32^m 16^s MGZ   : t_{Grw} = $230^°$ 54,4'

             nach Gl.(3.4)   : λ(w)   = $20^°$ 10,0'
_____
             für 5^h 32^m 16^s MGZ   : t   = $210^°$ 44,4'

Da t > $180^°$ ist, liegt nach Gl.(3.1) der östliche Stundenwinkel t_e = $360^°$ - $210^°$ 44,4'
= $149^°$ 15,6' vor.

19.8.57   : für 5^h : δ = $1^°$ 11,1'N

             für Unt. = 1,3'   : Verb.   = -   0,7'
_____
             für 5^h 32^m 16^s : δ = $1^°$ 10,4'N

Nach Abschn. 3.2.1 und Abb. 3.4 zeigt Abb. 3.12 die Polfigur für dieses Beispiel.

Fixsterne

Wie groß sind Deklination und Ortsstundenwinkel des Sirius für einen auf λ = $8^°$ 4'E
befindlichen Beobachter am 19.8.57 um 19^h 30^m 10^s?

Aus der gelben Einlegetafel des Jahrbuches ersehen wir, daß Sirius die Stern-Nr. 29
hat. Für diese Stern-Nr. lesen wir am 19.8.57 folgende Koordinaten ab:
Sternwinkel β = $259^°$ 10,9', Deklination δ = $16^°$ 39,4'S. Da δ für einen Fixstern praktisch den ganzen Tag über konstant ist, ist für unseren Beobachtungszeitpunkt

$$\delta = 16^° 39,4'S .$$

Zur Berechnung des Ortsstundenwinkels für Sirius ermitteln wir zuerst den Greenwichstundenwinkel des Frühlingspunktes, verwandeln diesen mit dem Sternwinkel nach Gl.
(3.3) in den Greenwichstundenwinkel für Sirius und erhalten damit nach Anbringen der
Beobachtungslänge den Ortsstundenwinkel für Sirius. Im einzelnen sieht also der Rechengang folgendermaßen aus:

19.8.57 :

für 19^h MGZ		: γt_{Grw}	= 252° 51,5'
für 30^m 10^s		: Zuwachs	= 7° 33,7'
		β	= 259° 10,9'
für 19^h 30^m 10^s		: t_{Grw}	= 518° 96,1'
			= 159° 36,1'
nach Gl.(3.4)		: λ(E)	= + 8° 4,0'
für 19^h 30^m 10^s MGZ	: t		= 167° 40,1'

Da t <180° ist, liegt nach Gl.(3.1) ein westlicher Stundenwinkel t_w = t vor. Nach Abschnitt 3.2.1 und Abb. 3.4 zeigt Abb. 3.13 die Polfigur für dieses Beispiel.

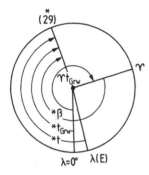

Abb.3.13 Polfigur für Siriusbeispiel

Mit der Kenntnis der Gestirnskoordinatenbestimmung haben wir nunmehr einen weiteren wesentlichen Baustein für unsere praktischen astronomischen Navigationsverfahren in der Hand. Eine solche Gestirnskoordinatenbestimmung als "Tabellenkoordinaten" (vgl. die Bemerkungen am Ende von Abschn. 3.1.2) steht am Anfang jeder astronomischen Navigationsrechnung.

3.3 Die Bewegungen der Himmelskörper unseres Sonnensystems

Nachdem wir bisher nur unser geozentrisches Weltsystem betrachtet haben, in dem sich alle Himmelskörper an der riesigen Weltkugel scheinbar um die Erde bewegen, wollen wir uns in diesem Abschnitt auch mit der wirklichen Bewegung der Gestirne befassen. Dabei beschränken wir uns auf die Mitglieder unseres Sonnensystems und auch hier nur auf die für die astronomische Navigation wichtigsten. Wir werden dabei in der Wechselbetrachtung von scheinbaren und wirklichen Bewegungen eine Reihe neuer - in der Astronomie bekannter - Begriffe kennenlernen und vor allem tiefere Zusammenhänge zwischen ihnen erkennen.

3.3.1 Die wirklichen und scheinbaren Bewegungen von Sonne und Erde

Unser Sonnensystem besteht aus einem Zentralgestirn, der Sonne, um das
mehrere Planeten - darunter die Erde - mit eventuellen Monden umlaufen.
Der Fixstern Sonne, der gegenüber den Planetenbewegungen meist als fest-
stehend betrachtet wird, ist dies genau genommen aber nicht. Unsere
Sonne bewegt sich in Wirklichkeit mitsamt ihren Planeten um den Mittelpunkt des Milchstraßensystems mit einer Geschwindigkeit von rund 250 km/
sec. Trotz dieser ungeheuer großen Geschwindigkeit benötigt sie ungefähr 250 Millionen Jahre zu einer Umrundung des Milchstraßenzentrums.
Außerdem besitzt sie noch eine Eigenbewegung. Sie eilt mit etwa 19,4 km/
sec in Richtung auf das Sternbild Herkules zu. Da wir hier - wie gesagt-
aber nur die wirklichen Bewegungen der Planeten gegenüber der Sonne betrachten wollen, können wir diese wirklichen Bewegungen der Sonne und
auch die vorhandene Rotation um ihre Achse unberücksichtigt lassen.
Wenden wir uns also der wirklichen Bewegung der Planeten, insbesondere
der Erde um die Sonne zu.

Johannes Kepler [1] erkannte aus Tycho Brahes [2] umfangreichem Beobach-
tungsmaterial zwei damit zusammenhängende Planetengesetze:

1. Keplersches Gesetz:
Die Planetenbahnen sind Ellipsen, in deren einem (gemeinsamem) Brenn-
punkt F_1 die Sonne steht (vgl. Abb. 3.14).

2. Keplersches Gesetz:
Die Verbindungslinie Planet-Sonne überstreicht in gleichen Zeiten
gleichgroße Flächen. - In Abb. 3.15 sind die in gleichen Zeiten über-
strichenen Flächen S_1 und S_2 gleich groß.

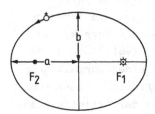

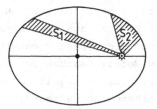

Abb.3.14 1. Keplersches Gesetz   Abb.3.15 2. Keplersches Gesetz

---

[1] Johannes Kepler, Astronom, geb. 27.12.1571 in Weil der Stadt (Württemberg),
gest. 15.11.1630 in Regensburg

[2] Tycho Brahe, dänischer Astronom, geb. 14.12.1546 in Knudstrup auf Schonen,
gest. 24.10.1601 in Prag.

Schließlich fand Kepler noch einen wichtigen Zusammenhang zwischen der
großen Halbachse a (s. Abb. 3.14) einer Planetenbahn und der Umlaufzeit
T des Planeten:

3. Keplersches Gesetz:

Die Quadrate der Umlaufzeiten zweier Planeten verhalten sich wie die
Kuben ihrer großen Bahnhalbachsen.
Wählen wir z.B. Erde ($\oplus$) und Venus ($\female$), so heißt dies in Gleichungsform:

$$\frac{T_{\oplus}^2}{T_{\female}^2} = \frac{a_{\oplus}^3}{a_{\female}^3} \; . \tag{3.17}$$

Beziehen wir uns nun im folgenden auf den Umlauf unserer Erde um die
Sonne, so heißt der größte Kreis, in dem die Ebene der elliptischen
Erdumlaufsbahn die Himmelskugel schneidet, Ekliptik. Außerdem dreht
sich die Erde während ihres Umlaufs um die Sonne zusätzlich wie ein
Kreisel um ihre eigene Achse. Die Achse dieses Erdkreisels steht nicht
senkrecht auf der Erdbahnebene; sie weicht von der Senkrechten zur Ekliptik um etwa 23° 27' ab. Dies ist also auch der Winkel, den die Ebenen von Ekliptik und Himmelsäquator miteinander bilden.Wegen der Kreisel-
wirkung behält die Erdachse während des jährlichen Umlaufs der Erde um
die Sonne ihre Richtung im Raume - relativ zu den Fixsternen - bei und
bildet mit der Bahnebene der Erde einen Winkel von $90^{\circ} - 23^{\circ}$ 27' $= 66^{\circ}$
33'. So zeigt also die Erde abwechselnd einmal der Sonne mehr den Nord-
pol und einmal mehr den Südpol. Damit können nach Abb. 3.16 die einzelnen Jahreszeiten für die nördliche Erdhalbkugel leicht verstanden
werden. Andererseits zerren vor allem Sonne und Mond mit ihren Anzieh-
hungskräften am Äquatorwulst der Erde und versuchen, sie aus ihrer
schiefen Lage aufzurichten. Dieses von Sonne und Mond auf die Erde aus-
geübte Drehmoment bewirkt nun nach bekannten Gesetzen der Physik, daß
die Erdachse diesem Drehmoment rechtwinklig ausweicht (vgl. Abb. 3.17).
So beschreibt die Rotationsachse der Erde den Mantel eines Doppelkegels,
des sogenannten Präzessionskegels, dessen Spitze im Erdmittelpunkt ruht,
und dessen feststehende Achse senkrecht auf der Ebene der Ekliptik steht.
Der halbe Öffnungswinkel des Präzessionskegels ist gleich der Schiefe
der Ekliptik, also etwa 23° 27'. Die ständige Lageänderung der Erdrotationsachse bewirkt nun natürlich eine ständige Veränderung der Lage der
Erdäquator- und damit der Himmelsäquator-Ebene. Dies führt schließlich
zu einer ständigen Verlagerung des Frühlings (Υ) - und Herbst (Ω) -
Punktes. Die so durch Mond und Sonne verursachte Verschiebung des Frühlingspunktes längs der Ekliptik - entgegengesetzt der scheinbaren jährlichen Bewegung der Sonne - heißt Lunisolarpräzession. Ihre Größe läßt

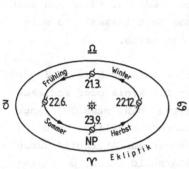
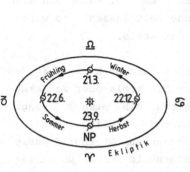

Abb.3.16 Der Verlauf der Jahreszeiten   Abb.3.17
auf der nördlichen Erdhalbkugel in der   Zur Präzession und Nutation der Erde
Ebene der Ekliptik

sich leicht abschätzen, wenn man weiß, daß ein voller Umlauf der Erdachse auf dem Mantel des Präzessionskegels rund 25800 Jahre dauert.
Teilen wir die Anzahl der Winkelsekunden eines Umlaufs durch diese Zahl,
so erhalten wir einen Wert, der etwas über 50"/Jahr liegt:

$$\frac{360° \cdot 60' \cdot 60"}{25800 \text{ Jahre}} = 50"/\text{Jahr (Präzess.Konstante).} \qquad (3.18)$$

D.h. also, der Frühlingspunkt wandert pro Jahr ungefähr 50" in der oben
angegebenen Richtung weiter, wobei eine Verschiebung von rund 30" pro
Jahr allein durch den Mond wegen dessen geringer Erdentfernung verursacht wird. Außer dieser Präzession treten noch weitere, aber wesentlich
kleinere periodische Störungen der Erdachsenrichtung auf, die von
der veränderlichen Stellung von Sonne und Mond und anderen Einflüssen
hervorgerufen werden. Alle diese kleinen periodischen Schwankungen faßt
man in der Astronomie unter dem Begriff Nutation zusammen. Durch diese
Nutationsstörungen beschreibt die Rotationsachse der Erde keinen glat-
ten, sondern einen leicht gewellten Präzessionskegel (vgl. Abb. 3.17).

Diese ständige Verlagerung des Frühlingspunktes hat nun praktische Kon-
sequenzen. Alle Karten und Tafelwerke, in denen die auf den Frühlingspunkt bezogenen Koordinaten Sternwinkel β bzw. Rektaszension α vorkommen,
müssen in regelmäßigen Abständen korrigiert werden. Für die später in
Abschn. 5.3.2.2 noch zu besprechenden "HO 249-I-Tafeln für ausgewählte
Fixsterne" wird dies etwa alle 5 Jahre, für Sternkarten etwa alle 50

Jahre durchgeführt. Genau genommen muß also bei jeder Sternwinkel- bzw.
Rektaszensionsangabe mitgeteilt werden, auf welche Epoche bzw. auf welches Äquinoktium sie sich bezieht, damit die entsprechenden jährlichen
Feinkorrekturen an diese Größen angebracht werden können. Würde man sich
z.B. mit einer Sternkartenkorrektur jahrtausende Zeit lassen, so wäre
kein Sternbild mehr an seinem alten Platz auf der Karte.

Schon im Altertum kannte man ein etwa 18° breites Band am Himmel, in dessen Mittelebene die Ekliptik liegt, und das wir Tierkreis oder Zodiakus
nennen. Man teilt den Tierkreis in 12 gleich große, d.h. etwa 30° lange
Tierkreissternbilder (vgl. Abb. 3.18). Der wandernde Frühlingspunkt
steht heute im Sternbild Fische kurz vor der Grenze zum Sternbild Wasser-
mann. Vor etwa 4000 Jahren befand er sich im Sternbild Stier, um Christi
Geburt im Widder. Daher kommt der heute nicht mehr zutreffende Name Widderpunkt. Für eine Durchwanderung eines Sternbildes braucht der Frühlingspunkt nach Gl.(3.18) etwa 2000 Jahre.

Kehren wir zu unserer ursprünglichen Betrachtungsweise der scheinbaren
Sonnenbewegung zurück, so erkennen wir nach Abb. 3.18 sehr deutlich, daß
von der Erde aus betrachtet die Sonne diesen Zodiakus im Laufe eines
Jahres scheinbar durchwandert. Wir übertragen diese Vorstellung wieder
in unser geozentrisches System (vgl. Abb. 3.19).

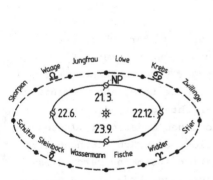

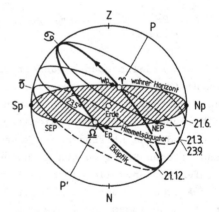

Abb.3.18 Der Tierkreis (Zodiakus)   Abb.3.19 Die Ekliptik im geozentrischen
                                                   Äquatorialsystem

Markieren wir an dieser Himmelskugel alle 24 Stunden die Stellung der
Sonne, so ergibt die Verbindungslinie dieser Punkte eine fiktive, sich
über ein Jahr erstreckende Bahn, nämlich die Ekliptik. Ausgehend von dem
Schnittpunkt dieser Ekliptik mit dem Himmelsäquator, dem Frühlingspunkt
ϒ, in dem die Sonne am 21. März zur Zeit des Frühlingsäquinoktiums steht,

bewegt sie sich auf einer schraubenlinienförmigen Umlaufbahn mit zunehmender nördlicher Deklination in Richtung zum oberen Pol (vgl.
auch Abschn. 3.2.3 mit der Abb. 3.8). Am 21. Juni erreicht sie ihre
höchste Umlaufbahn (in Abb. 3.19 eingezeichnet) mit dem Aufgang in
fast nordöstlicher und dem Untergang in fast nordwestlicher Richtung.
Der Sommer auf der Nordhalbkugel beginnt, wir haben Sommersonnenwende
oder Sommersolstitium im Wendekreis des Krebses als nördlichem Wendekreis ($\varphi = 23^{\circ} 27'N$). Von da ab bewegt sich die Sonne auf ihrer schrau-
benförmigen Umlaufbahn mit abnehmender Deklination wieder "abwärts" in
Richtung des unteren Pols P', steht am 23. September zu Herbstbeginn im
Himmelsäquator im Waagepunkt (Ω) zur erneuten Tag- und Nachtgleiche
(Herbstäquinoktium) und erreicht am 21. Dezember mit der größten süd-
lichen Deklination ihre tiefste Umlaufsbahn (in Abb. 3.19 eingezeichnet).
Auf der Nordhalbkugel beginnt der Winter, wir haben Wintersonnenwende
(Wintersolstitium) im Wendekreis des Steinbocks als südlichem Wendekreis
($\varphi = 23^{\circ} 27'S$). Die Sonne mit ihrem kleinsten Tagbogen geht fast in süd-
östlicher Richtung auf und fast in südwestlicher Richtung unter. Den
Zeitraum zwischen zwei Durchgängen des Sonnenmittelpunktes durch den
(mittleren) Frühlingspunkt nennt man tropisches Jahr. Wir kommen auf
diesen Zeitbegriff später in Abschn. 3.4.1.3 zurück. Den soeben geschilderten Sachverhalt zeigt in anderer Darstellungsweise Abb. 3.20. Sie ist
gewissermaßen eine in die Ebene abgewickelte Zylinderprojektion des aus
Abb. 3.19 ersichtlichen Gebietes zwischen den Wendekreisen des Steinbocks
und des Krebses. Die verschiedenen Zeiträume zwischen den jeweiligen
Äquatordurchgängen beruhen auf dem ellipsenförmigen Umlauf der Erde um
die Sonne. Denn es steht (vgl. Abb. 3.16) - auf die Nordhalbkugel bezogen - die Erde im Sommer am sonnenfernsten Punkt (Aphel) und im Winter
am sonnennächsten Punkt (Perihel). Nach dem zweiten Keplerschen Gesetz
bewegt sie sich im Aphel am langsamsten und im Perihel am schnellsten.

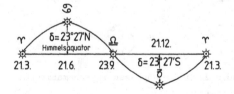

Abb.3.20 Die Änderung der Sonnendeklination
während eines tropischen Jahres

3.3.2 Die Bewegungen des Erdmondes

Unser Erdmond bewegt sich als nicht selbstleuchtender Himmelskörper auf
einer kreisähnlichen Ellipsenbahn im gleichen Sinn um die Erde, wie die
Erde um die Sonne läuft. Die Mondentfernung von der Erde schwankt zwischen
356410 km im Perigäum, dem erdnächsten Punkt und 406740 km im Apogäum,

dem erdfernsten Punkt der Bahn. Die mittlere Entfernung beträgt 384400km,
also rund 60 Erdradien. Diese schwankenden Entfernungen bewirken, daß
uns die Mondscheibe von der Erde aus im Perigäum unter einem größeren
Winkel (33,6') als im Apogäum (29,4') erscheint. Im Mittel sehen wir sie
unter einem Winkel von 31', sie ist damit scheinbar fast genau so groß
wie die Sonnenscheibe (im Mittel 32'). Die Bahnebene des Mondes ist um
etwa 5° 9' gegen die Ekliptik geneigt. Die Umlaufszeit des Mondes um die
Erde wird Monat genannt. Je nachdem, auf welchen Punkt oder auf welche
Linie man einen vollen Umlauf bezieht, ergeben sich verschiedene Monats-
längen.

Die Zeitspanne z.B., die der Mond braucht, um scheinbar zu ein und dem-
selben Fixstern zurückzukehren, ist etwa 27,32 Tage lang und heißt side-
rischer Monat. (Vgl. Positionen 1 und 2 in Abb. 3.21).

Der Zeitraum, den der Mond braucht, um wieder in der gleichen Position
zur Sonne zu stehen, ist etwa 29,53 Tage lang und heißt synodischer
Monat (vgl. Positionen 1 und 3 in Abb. 3.21). Der synodische Monat ist
um etwa 2,2 Tage länger als der siderische. Nach einem synodischen Monat
kehrt die gleiche Mondphase wieder. Die Entstehung der Mondphasen ist
aus Abb. 3.22 zu ersehen.

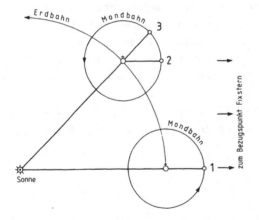
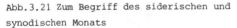
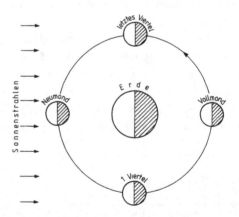

Abb.3.21 Zum Begriff des siderischen und   Abb.3.22 Die Mondphasen in schematischer
synodischen Monats   Darstellung

Der Mond rotiert ebenfalls um eine Achse, aber diese Rotation ist gebunden, d.h. die Rotationsdauer ist gleich der Zeit des Umlaufs um die
Erde. Daher wendet der Mond der Erde stets die gleiche Seite zu. Dies
ist auf die Gezeitenreibung zurückzuführen. Infolge der Erdanziehung
entstanden seinerzeit auf der nicht völlig erstarrten Mondoberfläche

Flutwellen, durch deren Wanderung die ursprüngliche Mondrotation so
lange abgebremst wurde, bis der Flutberg stets an der gleichen Stelle
der Mondoberfläche blieb.

Dadurch, daß die Bahnebene des Mondes um etwa 5° 9' gegen die Ekliptik geneigt ist, sind die in Abb. 3.22 skizzierten Mondphasen im allgemeinen vollständig zu sehen. Jedoch gibt es zeitweise Konstellationen,
in denen Sonne, Mond und Erde in einer geraden Linie stehen. Dann kann
es vorkommen, daß - von der Erde aus gesehen - ein Himmelskörper ganz
oder teilweise (partiell) von dem anderen verdeckt wird. Und zwar passiert das genau dann, wenn sich der Mond in der Nähe der Ebene der Ekliptik befindet.

Schiebt sich beispielsweise in den angegebenen Stellungen der Mond zwischen Erde und Sonne (vgl. Abb. 3.23), so verdeckt er die Sonne für
kurze Zeit, und wir haben eine Sonnenfinsternis. In dem Kernschattenbe-
reich ist die Sonne i.a. überhaupt nicht zu sehen; im Bereich des ring-
förmigen Halbschattens sieht ein darin befindlicher Beobachter die Sonne
nur partiell verfinstert. Wie man sich anhand von Abb. 3.22 leicht klar-
macht, kann eine Sonnenfinsternis nur zur Zeit des Neumondes eintreten.
Steht andererseits die Erde zwischen Sonne und Mond in den oben angegebenen Positionen, dann befindet sich der Mond im Schatten der Erde,
und wir haben eine Mondfinsternis. Wir erkennen aus Abb. 3.22, daß eine
Mondfinsternis nur zur Zeit des Vollmondes eintreten kann.

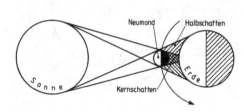

Abb.3.23

Zur Entstehung einer Sonnenfinsternis

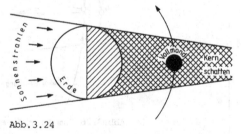

Abb.3.24

Zur Entstehung einer Mondfinsternis

3.3.3 Die Bewegungen der Planeten

Die Planeten sind ebenfalls wie unser Erdmond nicht selbstleuchtende
Himmelskörper. Ihre nächtliche Sichtbarkeit beruht darauf, daß sie von
der Sonne angestrahlt werden. Alle Planeten laufen im gleichen Sinne
wie die Erde um die Sonne gemäß den in Abschn. 3.3.1 mitgeteilten Keplerschen Gesetzen.

Man unterscheidet je nach Lage der Umlaufbahn der Planeten zu derjenigen
der Erde die inneren Planeten Merkur, Venus und die äußeren Planeten
Mars, Jupiter, Saturn, Uranus, Neptun, Pluto.[*] Zwischen der Mars- und
der Jupiterbahn befinden sich mehrere tausend sehr kleine, z.T. winzige
Planetoiden. Dies sind ebenfalls nicht selbstleuchtende Himmelskörper
mit gleichem Umlaufsinn wie die Planeten um die Sonne.

Für praktische Navigationszwecke werden von all diesen aufgezählten Planeten und Planetoiden nur die mit bloßem Auge am besten sichtbaren benutzt, nämlich Venus, Mars, Jupiter und Saturn. Abb. 3.25 gibt einen
Eindruck von den maßstäblich verkleinerten Entfernungen dieser Planeten.
Ihre Umlaufzeiten um die Sonne sind stark verschieden. Während z.B.
die Venus nur 0,62 Erdjahre für einen Umlauf benötigt, sind dies bei
Mars bereits 1,88, bei Jupiter 11,86 und bei Saturn 29,46 Erdjahre.
Die Bahnebenen unserer Beobachtungs-Planeten weichen nur geringfügig
von der Lage der Ekliptik ab. D.h. die Bahnebene von Venus ist nur um

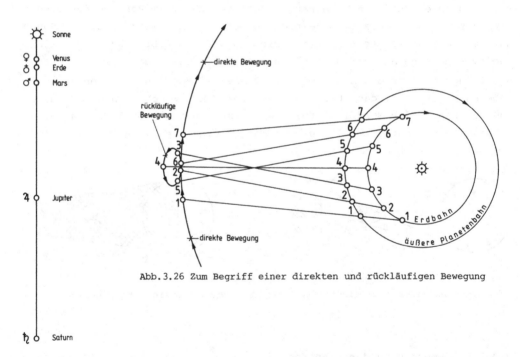

Abb.3.26 Zum Begriff einer direkten und rückläufigen Bewegung

Abb.3.25 Maßstäblich verkleinerte Entfernungen einiger Planeten von der Sonne

---

[*] Die oftmals zur Abkürzung verwendeten Zeichen der für unsere Beobachtungszwecke
wichtigsten Planeten sind aus Abb. 3.25 zu ersehen.

$3,4^{\circ}$, diejenige von Mars um $1,8^{\circ}$, diejenige von Jupiter um $1,3^{\circ}$ und diejenige von Saturn um $1,3^{\circ}$ gegen die Ekliptik geneigt. Wir finden also diese Planeten innerhalb unseres in Abschn. 3.3.1 besprochenen Zodiakus. Von der Erde aus gesehen können bei Planeten außer der direkten oder rechtläufigen Bewegung auch rückläufige oder retrograde Bewegungen vorkommen. Die direkte Bewegung verläuft im Bereich der Ekliptik entgegen der Drehrichtung der Himmelskugel von West nach Ost, die rückläufige Bewegung dagegen von Ost nach West. Dadurch kann es von der Erde aus gesehen zu scheinbar schleifenförmigen Planetenbahnstücken kommen. Abb. 3.26 verdeutlicht das Zustandekommen der direkten und rückläufigen Bewegung der Planeten am Beispiel einer äußeren Planetenbahn.

Schließlich spielt der Begriff der Konstellation beim Studium unseres Planetensystems noch eine wichtige Rolle. Darunter versteht man die von der Erde aus gesehene Stellung der Sonne zum Mond oder zu den Planeten. Zur genaueren Definition der Konstellation benutzt man die Größe der Elongation. Das ist bei in der Ekliptik befindlichen Gestirnen - und das gilt praktisch für die uns interessierenden Planeten - der Winkel, den die vom Erdbeobachter zur Sonne und zum Gestirn gezogenen Verbindungslinien einschließen. Abb. 3.27 soll dies genauer verdeutlichen. Hier sind verschiedene Planetenkonstellationen eingetragen, für die als jeweilige Elongation der Winkel

$$\varepsilon_{\nu} = \measuredangle \, SEP_{\nu} \quad (\nu=1,2,\ldots,9) \qquad (3.19)$$

zu verstehen ist. Im einzelnen kennt man folgende Konstellationen:

P_1 : Opposition (Gegenschein) : $\varepsilon_1 = 180^{\circ}$
P_2 : Trigonalschein : $\varepsilon_2 = 120^{\circ}$
P_3 : Quadratur (Geviertschein) : $\varepsilon_3 = 90^{\circ}$
P_4 : Sextilschein : $\varepsilon_4 = 60^{\circ}$
P_5 : Konjunktion (Gleichschein): $\varepsilon_5 = 0^{\circ}$

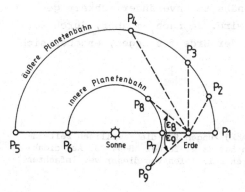

Abb.3.27 Planetenkonstellationen

Die inneren Planeten können niemals in Opposition kommen. Sie erreichen
nur eine größte westliche (ε_8) bzw. östliche (ε_9) Elongation. Statt
dessen haben sie zwei Konjunktionen, eine obere (Planet hinter der Sonne,
d.h. P_6) und eine untere (Planet zwischen Sonne und Erde, d.h. P_7).
Der innere Beobachtungsplanet ist für uns die Venus. Ihre größte westliche bzw. östliche Elongation beträgt etwa 47°. Sie geht bei großer
östlicher Elongation im Westen als Abendstern nach der Sonne unter und
bei großer westlicher Elongation vor der Sonne als Morgenstern auf. Wie
man ebenfalls aus Abb. 3.27 ersieht, kann die Venus auf ihrer Bahn der
Erde sehr nahe kommen, aber auch sich sehr weit entfernen. Dabei wird
sie natürlich je nach Lage zur Erde verschieden hell erscheinen, aber
auch - ähnlich wie unser Erdmond - verschiedene Phasen haben.

Damit wollen wir den kurzen Einblick in die Bewegungen der Himmelskörper unseres Sonnensystems abschließen. Wir konnten natürlich nur die
für die Navigationsbetrachtungen wichtigsten Gesichtspunkte aus dem weit
größeren Gebiet der Astronomie unseres Sonnensystems herausgreifen. Derjenige, der tiefer in diese außerordentlich interessante Materie eindringen will, sei auf die einschlägige Fachliteratur verwiesen.

3.4 Die Zeit

3.4.1 Allgemeine Zeitbegriffe

Unter dem Begriff Zeit verstehen wir bekanntlich entweder einen Zeitpunkt, den wir durch hochgestellte Abkürzungszeichen für Stunden (h),
Minuten (m) und Sekunden (s) angeben (z.B. am 15.9.1968 um $16^h 45^m 10^s$)
oder eine Zeitspanne, die wir durch entsprechende in gleicher Höhe ge-
schriebene Abkürzungen bezeichnen (z.B. eine Dauer von 7 h = 7 Stunden).[*]

Zur Messung der Zeit benötigen wir ein reproduzierbares und möglichst
konstantes Zeitmaß. In der Rotation der Erde bietet sich ein reproduzierbares Zeitmaß an, über dessen angenäherte Unveränderlichkeit genaueres in Abschn. 3.4.1.2 mitgeteilt wird. Je nachdem aber, durch welches Ereignis wir eine volle Umdrehung der Erde festlegen, ergeben sich
unterschiedliche Zeitmaße.

---

[*] In der Navigationspraxis werden häufig die Abkürzungen für die jeweiligen Zeitein-
heiten weglassen. Man schreibt z.B. statt 8h 54m 3s einfacher 08-54-03. Aus didak-
tischen Gründen wollen wir hier und in späteren Beispielen von dieser vereinfachten
Schreibweise absehen.

Benutzen wir zur Festlegung des Zeitmaßes z.B. die Zeitspanne zwischen zwei oberen oder unteren Kulminationen eines bestimmten Fixsterns (dessen Ort von der Eigenbewegung des Sterns befreit ist), so erhalten wir den Sterntag oder auch siderischen Tag. Welche der Kulminationen hierzu gewählt werden, ist Vereinbarungssache. In der Astronomie sind dies üblicherweise die oberen, bei uns hier werden es für Navigationszwecke die unteren Gestirnskulminationen sein. (Mehr Einzelheiten zum Begriff der Sternzeit werden wir in Abschn. 3.4.1.2 erfahren). Legen wir dagegen als Zeitmaß die Zeitspanne zweier entsprechender Sonnenkulminationen fest, erhalten wir den Sonnentag, den wir in 24 gleiche Teile (Stunden genannt) zu je 60 Minuten zu je 60 Sekunden einteilen können.

3.4.1.1 Bürgerliche Zeitbegriffe

Da nach den Keplerschen Gesetzen (vgl. Abschn. 3.3.1) die Erde ungleichmäßig um die Sonne umläuft, bewegt sich vom geozentrischen Standpunkt des Sonnenbeobachters die Sonne ebenfalls ungleichmäßig. D.h. aber, daß der wahre Sonnentag kein konstantes Zeitmaß ist. Aus diesem Grunde führt man eine sogenannte fiktive mittlere Sonne ein, die gleichmäßig längs des Himmelsäquators in derselben Zeit, in der die wahre Sonne die Ekliptik durchwandert, umlaufend gedacht wird. Die Zeitspanne zwischen zwei unteren Kulminationen dieser gedachten mittleren Sonne nennen wir dann einen mittleren Sonnentag, den wir ebenfalls in 24 Stunden zu je 60 Minuten zu je 60 Sekunden unterteilen wollen. Bei Zeitangaben nach der mittleren Sonne sprechen wir in Zukunft von mittlerer Zeit.
Um nun ein anschauliches Bild für unsere angestrebte Zeitmessung zu bekommen, betrachten wir einen Ausschnitt unserer Polfigur aus Abschn. 3.2.1 (vgl. Abb. 3.28).[*] Wir zeichnen lediglich Teile des oberen und unteren Meridians, die zusammen den Himmelsmeridian unseres Beobachtungsortes ergeben und den Stundenkreisbogen durch die augenblickliche Sonnenposition. Dann gibt uns der im Uhrzeigersinn gezählte Winkel τ zwischen diesem Stundenkreis und dem unteren Meridian ein Maß dafür, wie weit die Sonne auf ihrem täglichen Umlauf seit der unteren Kulmination gewandert ist. Man nennt τ den Zeitwinkel, dessen einer Schenkel als Stundenkreis gewissermaßen wie ein Uhrzeiger umläuft. Unter dem Begriff Zeit wollen wir also anschaulich diesen Zeitwinkel verstehen.
Den Zeitwinkel der wahren Sonne nennen wir wahre Ortszeit (WOZ), denjenigen der gedachten mittleren Sonne mittlere Ortszeit (MOZ) des Beobachtungsortes. Die mittlere Ortszeit des Nullmeridians heißt auch mittlere Greenwichzeit (MGZ).

---

[*] Vgl. auch: Stein, W.: Astronomische Navigation, S.70ff. Bielefeld: Klasing, 1974.

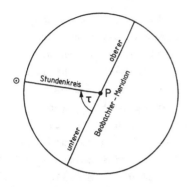

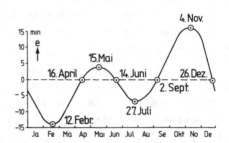

Abb.3.28 Der Zeitwinkel τ als
anschauliches Zeitmaß

Abb.3.29 Die Zeitgleichung e

Die Differenz zwischen MOZ und WOZ, also der Zeitbetrag, der zur Anzeige
einer Uhr mit mittlerer Ortszeit hinzugefügt werden muß, um wahre Ortszeit zu erhalten, heißt Zeitgleichung und wird mit e bezeichnet. D.h.
also:

$$MOZ \quad +e \quad = \quad WOZ \tag{3.19}$$

Die Werte der Zeitgleichung e sind beispielsweise für das laufende Jahr
- bezogen auf 12^h MGZ - auf der ersten roten Seite des Nautischen Jahrbuches angegeben.[*] Für positives e ist nach (3.19) WOZ > MOZ. Das bedeutet, daß eine nach mittlerer Sonnenzeit laufende Uhr dann gegenüber
einer nach wahrer Sonnenzeit laufenden Sonnenuhr nachgeht. Abb. 3.29
zeigt den jährlichen Verlauf der Zeitgleichung e.

Der eigenartige Verlauf der Zeitgleichung kann durch zwei sich überla-
gernde Effekte mit verschiedenen Perioden erklärt werden. Die in der
Zeitgleichung enthaltene jährliche Periode wird durch die ungleichmäßige Bewegung der Sonne längs der Ekliptik verursacht, die halb-
jährliche kommt dadurch zustande, daß die Ekliptik gegen den Himmelsäquator geneigt ist.

Verschiedene auf unterschiedlichen Längenkreisen der Erdoberfläche befindliche Beobachter haben nun, wie wir wissen, jeweils verschiedene auf
die Erdkugel bezogene Zenitrichtungen und damit i.a. auch verschiedene
Himmelsmeridiane. Damit hat nach Abb. 3.28 jeder Beobachter seinen ei-

---

[*] Diese Darstellungsweise (3.19) ist erst seit 1977 im Nautischen Jahrbuch üblich.
Vorher war dagegen bis einschließlich 1976 dort die Angabe WOZ - MOZ =-e zu finden.
Dieser Vorzeichenwechsel von e ist bei eventuellen Aufgaben für frühere Jahre zu be-
achten!

genen Zeitwinkel τ und damit seine eigene Ortszeit. Für alle Beobachtungsorte gleicher geographischer Länge dagegen ist dieser Zeitwinkel
aber gleich. Demgegenüber besteht zwischen Orten verschiedener geographischer Länge ein Zeitunterschied (ZU). Dieser Zeitunterschied kann
leicht ermittelt werden, wenn man sich vorstellt, daß die Sonne für
einen scheinbaren Umlauf von 360° 24 Stunden zu je 60 Minuten zu je 60
Sekunden benötigt. Ein Unterschied von $\frac{360^O}{24} = 15^O$ geographischer Länge
entspricht also einem Unterschied von 1 h in den entsprechenden Ortszeiten. In unseren geographischen Breiten entspricht damit einer Ost-
West-Differenz von rund 300 m eine Zeitdifferenz von 1 Sekunde. Für das
bürgerliche Leben, insbesondere für das moderne Wirtschafts- und Ver-
kehrsleben sind diese vielen Ortszeiten aber außerordentlich unpraktisch.
Daher werden auf der Erde größere Gebiete als Zeitzonen, die in der Nähe
bestimmter Bezugsmeridiane liegen, zusammengefaßt und für diese eine Einheitszeit, die Zonenzeit (ZZ) festgelegt. Diese Zonenzeiten sind jeweils
um volle Stunden gegen die Weltzeit (vgl. Abschn. 3.4.1.2) verschieden,
die wir für unsere navigatorischen Zwecke auch vereinfacht mittlere
Greenwichzeit (MGZ) mit dem Nullmeridian von Greenwich als Bezugsmeridian nennen wollen.

Nun ist noch zu ermitteln, in welcher Weise Zeitunterschiede (ZU) zu berücksichtigen sind. Dazu machen wir in Gedanken von unserem Beobachtungsort aus Blitzflüge einmal nach Ost und das andere Mal nach West. Bei unserem Flug zu einem östlicher gelegenen Zielort ist dort der Tagesablauf
viel weiter fortgeschritten als am Startort; wir finden am Zielort eine
spätere Zeit vor, d.h. wir haben den Zeitunterschied (ZU) zu addieren.
Dagegen ist bei unserem Flug zu einem westlicher von uns gelegenen Ort
der Tagesablauf noch längst nicht so weit fortgeschritten; wir finden
eine frühere Zeit vor, d.h. ZU ist zu subtrahieren. Damit lautet die
Merkregel für Zeitverwandlungen:

Man ermittle zunächst den Zeitunterschied (ZU) durch Umrechnung des
geographischen Längenunterschiedes Δλ in Zeitmaß ($1^O \doteq 4m, 1' \doteq 4s$;
$1 h \doteq 15^O, 1 m \doteq 15', 1 s = 15''$) z.B. mit den Tabellen 6.4.1.1 und
6.4.1.2 im Anhang. Dieser Zeitunterschied ist sodann zu $\begin{smallmatrix}\text{addieren}\\\text{subtrahieren}\end{smallmatrix}$
beim Übergang zur Zeit eines $\begin{smallmatrix}\text{östlicher}\\\text{westlicher}\end{smallmatrix}$ gelegenen Ortes.

Das gilt natürlich auch sinngemäß für die Umrechnung der sich um volle
Stunden unterscheidenden Zonenzeiten. Dies kann man unmittelbar aus
Abb. 3.30 ersehen, die speziell die Umrechnung von MGZ (nullte Zeit-
zone) durch Subtraktion bzw. Addition aus westlich bzw. östlich von
Greenwich ($\lambda=0^O$) gelegenen Zeitzonen angibt. Die Zahlen in der ersten
Spalte geben hierin die Grenzlängengrade, die Zahlen der zweiten Spalte

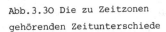

7,5°		
	0°	0 h
7,5°		
	15° E/W	± 1 h
22,5°		
	30° E/W	± 2 h
37,5°		
	45° E/W	± 3 h
52,5°		
	60° E/W	± 4 h
67,5°		
	75° E/W	± 5 h
82,5°		
	90° E/W	± 6 h
97,5°		
	105° E/W	± 7 h
112,5°		
	120° E/W	± 8 h
127,5°		
	135° E/W	± 9 h
142,5°		
	150° E/W	± 10 h
157,5°		
	165° E/W	± 11 h
172,5°		
	180° E/W	± 12 h
172,5°		

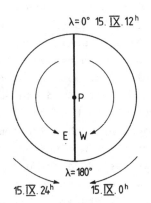

Abb.3.30 Die zu Zeitzonen gehörenden Zeitunterschiede

Abb.3.31 Blitzflüge zur Datumsgrenze

die Bezugslängengrade der einzelnen Zeitzonen an. In der dritten Spalte schließlich befinden sich die Zeitunterschiede, wobei sich die Pluszeichen auf östliche und die Minuszeichen auf westliche Zeitzonen (von Greenwich aus gesehen) beziehen. Die in den einzelnen Zonen oder Ländern tatsächlich benutzten Zeiten differieren teilweise aus verschiedenen Gründen mit den oben definierten Zonenzeiten. Die Zone des Meridians von 15° Ost umfaßt einen großen Teil von Mitteleuropa. Ihre zugehörige Zonenzeit heißt mitteleuropäische Zeit (MEZ). Sie ist durch Gesetz für Deutschland als Einheitszeit festgelegt. Die sich daran anschließende westliche Zeitzone hat westeuropäische Zeit (WEZ), die entsprechende sich östlich anschließende osteuropäische Zeit (OEZ).

In der Seefahrt wird diese Zonenzeit (ZZ) durchgehend benutzt. Sie ist die Bordzeit, nach der sich das Leben an Bord eines Schiffes abspielt, und nach der die Borduhren gestellt werden. Für Gestirnsbeobachtungen dagegen wird immer die MGZ benutzt; sie ist die Beobachtungszeit (BUZ), nach ihr werden alle Beobachtungsuhren gestellt.[*]

In diesem Zusammenhang müssen wir noch eine Zeitänderung besprechen, deren Verständnis häufig gedanklich Schwierigkeiten bereitet. Es handelt sich um die Überschreitung des 180. Längengrades, der sogen. (theore-

---

[*] Da das Ziffernblatt einer Beobachtungsuhr nur die Zahlen von 1 bis 12 enthält, ist z.B. bei einer Stellung des Stundenzeigers auf 4 - unter der Voraussetzung größerer Zeitunterschiede zwischen MGZ und ZZ - nicht unmittelbar zu erkennen, ob es sich um die BUZ 4^h oder 16^h handelt. Erst durch Vergleich und Umrechnung mit der Zonenzeit der Borduhr ist das eindeutig feststellbar.
Solche Ungewißheiten werden für Studenten der astronomischen Navigation als Zeitfallen manchmal in Prüfungsaufgaben eingebaut. Unsere Aufgaben dagegen sind davon unbelastet

tischen) Datumsgrenze. (Die tatsächliche Datumsgrenze verläuft strecken-
weise geringfügig anders, wie aus jedem Atlas ersichtlich ist). Dazu
betrachten wir Abb. 3.31. Wir befinden uns in Gedanken auf dem 0-ten
Längengrad z.B. am 15.9. 12^{00} mittags und wandern blitzschnell in Gedanken sowohl in östlicher als auch in westlicher Richtung um die halbe
Erde.

Nach Abb. 3.30 erreichen wir dann in westlicher Richtung den 180. Längengrad am 15.9. um 0^h, dagegen in östlicher Richtung am 15.9. um 24^h,
d.h. am 16.9. um 0^h. Es sind daher - je nachdem, aus welcher Richtung
wir bei $\lambda=180^0$ eintreffen - zwischen beiden Längengradüberschreitungen
24 h Zeitunterschied vorhanden. Daraus ergibt sich folgende Regel, die
durch Abb. 3.32 illustriert wird:

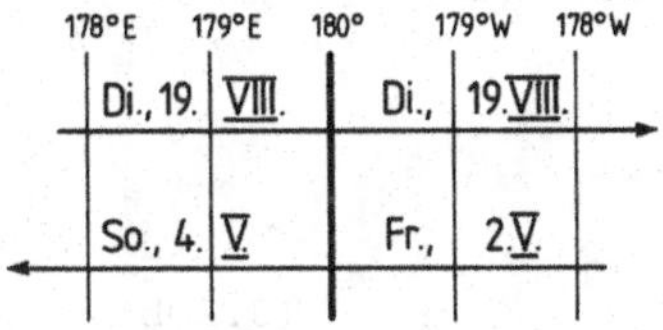

Abb.3.32 Überschreitungen der Datumsgrenze

Beim Überschreiten der Datumsgrenze mit östlichem Kurs ist dasselbe
Datum zweimal zu zählen; beim Überschreiten mit westlichem Kurs hat
ein Tagesdatum auszufallen.

Dies wollen wir uns in dem bekannten sinnigen Spruch[*] merken:

> "Von Ost nach West halt's Datum fest!
> Von West nach Ost spring getrost!"

Bevor wir dieses Kapitel beschließen, werden wir uns noch etwas näher
mit den verschiedenen Zeitverwandlungen vertraut machen. Wir wählen
dazu wieder konkrete numerische Beispiele, denen wir die allgemeine
Umwandlungsprozedur voranstellen.

1a <u>MOZ in WOZ</u>

   nach (3.19) war: WOZ = MOZ + e

   Bsp.: Wie groß ist WOZ, wenn am 21. Januar MOZ = $0^h\ 8^m$ und nach dem Nautischen
   Jahrbuch e = -11 m ist?

   (3.19a) liefert sofort WOZ = $23^h\ 57^m$, aber am 20. Januar!

   Daher empfiehlt es sich bei Zeitumwandlungen immer, den Tag für die
   umgewandelte Zeit mit anzugeben.

---

[*] Vgl. auch: Müller/Krauß: Handbuch für die Schiffsführung. Bd.I, S.123ff.
           Berlin, Heidelberg: Springer 1970.

1b <u>WOZ in MOZ</u>

Aus (3.19a) folgt: MOZ = WOZ - e

<u>Bsp.</u>: Wie groß ist MOZ, wenn am 18. März WOZ = 23^h 57^m und nach dem Nautischen Jahrbuch e = -8 m ist?

(3.19b) liefert sofort MOZ = 23^h 57^m - (-8m) = 0^h 5^m am 19. März

2a <u>MGZ in MOZ</u>

Nach unserer Merkregel für die Anbringung der Zeitunterschiede (ZU) haben wir ZU beim Übergang zur Zeit eines östlicher gelegenen Ortes zu subtrahieren. D.h. also

$$\text{MOZ } (\lambda_W^E) \; = \; \text{MGZ} \pm \text{ZU} \tag{3.20a}$$

<u>Bsp.</u>: Wie groß ist MOZ, wenn am 19.8. auf $\lambda = 105^\circ$ 15'W MGZ = 5^h 45^m ist?

Nach Tab. 6.4.1.1 entspricht 105° 15' einem ZU = 7h 1m; damit wird

MOZ = 5^h 45^m - 7h 1m = 22^h 44^m am 18.8.!

2b <u>MOZ in MGZ</u>

Aus (3.20a) folgt sofort durch Umformung

$$\text{MGZ} = \text{MOZ } (\lambda_W^E) \mp \text{ZU} \quad . \tag{3.20b}$$

<u>Bsp.</u>: Wie groß ist MGZ, wenn am 18.8. auf $\lambda = 45^\circ$ 45'E MOZ = 13^h 4^m ist?

45° 45' $\triangleq$ 3h 3m: MGZ = 13^h 4^m - 3h 3m = 10^h 1^m am 18.8.!

3a <u>MGZ in ZZ</u>

Da hier der ZU i.a. nur volle Stunden beträgt, ist

$$\text{ZZ} = \text{MGZ} \pm n \; (_W^E) \; h \quad , \tag{3.21a}$$

worin n = 1,2,...,12 die Nummer der n-ten Zeitzone bedeutet.

<u>Bsp.</u>: Welche Zonenzeit herrscht am 20.8. auf $\lambda = 156^\circ$ 15'E, wenn MGZ = 15^h 14^m ist?

Nach Abb. 3.30 liegt 156° 15' in der 10-ten Zeitzone, d.h. also n = 10. Damit wird

ZZ = 15^h 14^m + 10 h = 1^h 14^m am 21.8.!

3b <u>ZZ in MGZ</u>

Durch Umformung von (3.21a) bekommen wir

$$\text{MGZ} = \text{ZZ} \mp n \; (_W^E) \; h$$

<u>Bsp.</u>: Welche MGZ herrscht am 19.8. auf $\lambda = 107^\circ$ 15'W, wenn dort ZZ = 20^h 14^m ist?

107° 15' liegt in der 7-ten Zeitzone, d.h. also MGZ = 20^h 14^m + 7h = 3^h 14^m am 20.8.!

Außer diesen 6 wichtigsten Zeitverwandlungen zählen wir der Vollständig-keit halber noch 6 weitere auf, die sich aber alle auf die bisher mit-geteilten zurückführen lassen.

4a <u>MOZ in ZZ</u>

Es ist nach 2b zuerst MOZ in MGZ umzuwandeln, sodann nach 3a MGZ in
ZZ.

4b <u>ZZ in MOZ</u>

Es ist nach 3b zuerst ZZ in MGZ umzuwandeln, sodann nach 2a MGZ in
MOZ.

5a <u>WOZ in ZZ</u>

Es ist nach 1b zuerst WOZ in MOZ umzuwandeln, sodann nach 4a MOZ in
ZZ.

5b <u>ZZ in WOZ</u>

Es ist nach 4b zuerst ZZ in MOZ umzuwandeln, sodann nach 1a MOZ in
WOZ.

6a <u>WOZ in MGZ</u>

Es ist nach 1b zuerst WOZ in MOZ umzuwandeln, sodann nach 2b MOZ in
MGZ.

6b <u>MGZ in WOZ</u>

Es ist nach 2a zuerst MGZ in MOZ umzuwandeln, sodann nach 1a MOZ in
WOZ.

Der Leser möge sich zur Übung für diese letzten 6 Zeitumwandlungen eigene numerische Beispiele ausdenken.

3.4.1.2 Wissenschaftliche Zeitbegriffe

Für wissenschaftliche Zwecke verwendet man noch andere Zeitbegriffe,
deren Kenntnis für unsere navigatorischen Probleme nicht unbedingt notwendig ist. Trotzdem sollen sie hier kurz erwähnt werden, weil manche
zur Navigation benutzten Gestirnsflugpläne - auch Ephemeriden genannt -
mit diesen Begriffen operieren, und vor allem die Zusammenhänge der verschiedenen Zeitbegriffe untereinander und mit den in Abschn. 3.4.1.1 er-
klärten bürgerlichen aufgezeigt werden sollen.

Sternzeit

Als Einheit der Sternzeit betrachtet man den Zeitraum zwischen zwei aufeinanderfolgenden <u>oberen</u> Kulminationen des Frühlingspunktes. Diese Einheit nennt man Sterntag.

Der Sterntag wird eingeteilt in 24 Stunden zu je 60 Minuten zu je 60
Sekunden.

Der Zusammenhang zwischen Sternzeit und mittlerer Sonnenzeit ist folgendermaßen einzusehen. In Abschn. 3.3.1 erfuhren wir, daß sich eine gedachte mittlere Sonne scheinbar relativ zum Frühlingspunkt in 1 Jahr =
365 Tagen um $360^O \triangleq 24h$ von Westen nach Osten bewegt. Der Sterntag - als
Zeitspanne zweier oberer Frühlingspunktkulminationen - ist daher um
$\frac{24h}{365}$ = 3m 56s (genau 3m 56,56s) mittlerer Sonnenzeit kürzer als der mittlere Sonnentag, der die Grundlage der bürgerlichen Zeitrechnung ist.
Die Sternzeituhr geht pro Monat um etwa 2h vor gegenüber der gewöhn-
lichen nach mittlerer Sonnenzeit gehenden Uhr.

Die wissenschaftliche Bestimmung der Sternzeit, die natürlich eine Ortszeit ist, erfolgt über die Beobachtung von Zeitsternen, die in der Nähe
des Himmelsäquators liegen, und deren Koordinaten mit höchster Genauigkeit bekannt sind. Die Sternzeit für einen bestimmten Beobachtungsort ist im Augenblick der oberen Kulmination des Sternes gleich dessen
Rektaszension α (Gradmaß in Zeitmaß ausgedrückt), da dann der Stundenwinkel des Sternes gleich Null ist. Zwischen Sternzeit Θ, Rektaszension
α und Stundenwinkel *t des Sternes besteht also die einfache Beziehung:

$$\Theta = \alpha + {*}t \qquad . \qquad\qquad (3.22)$$

Diese Beziehung ist für die Astronomen von größter praktischer Bedeutung, wenn sie z.B. ein aus Ephemeriden ausgewähltes Gestirn am Fernrohr einstellen.

Mit Hilfe unseres Nautischen Jahrbuches können wir sehr leicht für ein
interessierendes Datum die zu einer bestimmten MGZ gehörende mittlere
Sternzeit finden. Dazu erinnern wir uns der eingangs erwähnten Definition, daß die Einheit der Sternzeit der Zeitraum zwischen zwei aufeinanderfolgenden <u>oberen</u> Kulminationen des Frühlingspunktes ist. Da der
Frühlingspunkt die Rektaszension α = 0 hat, ist nach (3.22)

$$\Theta = {\Upsilon}t \qquad , \qquad\qquad (3.22a)$$

d.h. der Stundenwinkel des Frühlingspunktes (in Zeit umgerechnet) ist
gleich der Sternzeit Θ. Das Nautische Jahrbuch enthält nun für jede
Stunde im Jahr zur MGZ den zugehörigen Greenwichstundenwinkel des Frühlingspunktes. So finden wir z.B. (vgl. Abschn. 6.4.2) am 19. August 1957
um 14^h MGZ die auf dem Greenwichmeridian gültige Sternzeit

$$\Theta = 177^O \; 39,2' \triangleq 11^h \; 50^m \; 37^s \qquad .$$

Eventuelle Zwischenwerte können leicht mit Hilfe der Beziehungen

24 h mittlere Sonnenzeit = (24h + 3m 56,56s) Sternzeit,
24 h Sternzeit   = (24h - 3m 55,91s) mittlere Sonnenzeit

oder auf eine Stunde umgerechnet:

1 h mittlere Sonnenzeit = (1h + 9,86s) Sternzeit,
1 h Sternzeit   = (1h - 9,83s) mittlere Sonnenzeit

interpoliert werden.

In diesem Zusammenhang wollen wir noch eine einfache Methode mitteilen,
wie in unseren Breiten auf der nördlichen Erdhalbkugel nachts schnell
ganze Sternzeitstunden abgeschätzt werden können.[*]

Dazu benutzen wir den Stern β des Sternbildes Cassiopeia. Er ist der
letzte Stern, bei dem unser Schreibgerät stehen bleiben würde, wenn
wir das bekannte W der Cassiopeia in Gedanken am Himmel nachziehen
würden. Die Rektaszension α von β-Cassiopeia ist ungefähr gleich Null.
Damit ist nach (3.22) die Sternzeit ungefähr gleich dem Stundenwinkel
(in Zeitmaß) von β-Cassiopeia. Verbinden wir in Gedanken β-Cassiopeia
mit dem Polarstern (den man leicht mit Hilfe des großen Bären findet,
und der nach Gl. (3.7) etwa die Höhe über der Kimm hat, die der geogr.
Breite φ_B des Beobachtungsortes entspricht), dann erhalten wir den Stun-
denzeiger einer "Himmelssternuhr", deren Ziffernblatt und Stundenzeiger-
umlaufsrichtung wir uns so am Himmel vorstellen, wie es Abb. 3.33 zeigt.

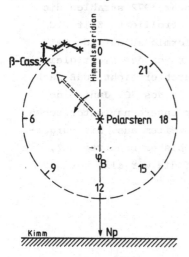

Abb.3.33 Zur Abschätzung der Sternzeit nachts in
nördlichen Breiten

---

[*] Vgl. auch: Klepésta/Rükl: Taschenatlas der Sternbilder, S.63ff.
          Hanau: Dausien, 1977.

Der Leser mache sich die Übertragung von Gl. (3.22a) in die graphische
Zeitdarstellung der Abb. 3.33 klar und übe, auf dieser "Uhr" die Stern-
zeit abzuschätzen. Dies kann für Gestirnsidentifizierungen nach in
Sternzeit angegebenen Ephemeriden hilfreich sein.

Der Sterntag ist genau genommen auch kein konstantes Zeitmaß. Denn infolge der in Abschn. 3.3.1 erwähnten Nutation unterliegt der Frühlingspunkt periodischen Schwankungen von rund 18,6 Jahren Dauer um einen mittleren Ort. Für unsere navigatorischen Beobachtungen ist dies allerdings
ohne Bedeutung.

Weltzeit

Weltzeit UT (Universal Time) nennt man die mittlere Sonnenzeit bezogen
auf den Greenwichmeridian. Nun sind aber leider alle auf die Erdrotation
bezogenen Zeitmaße strenggenommen nicht unveränderlich. Denn die Erde
rotiert genau betrachtet nicht völlig gleichmäßig. Diese Rotationsschwankungen werden im wesentlichen durch drei Effekte verursacht: erstens
durch eine ständige Rotationsverlangsamung infolge innerer Reibung von
Meer- und Landmassen, zweitens durch unregelmäßige Schwankungen infolge
Massenverlagerungen im Erdinneren und drittens durch regelmäßige jahres-
zeitlich bedingte Schwankungen infolge meteorologischer Einflüsse. Zu
diesen Rotationsschwankungen kommt noch eine geringfügige zeitliche Verlagerung der Erdrotationsachse hinzu.
Die für diese Polbewegung und die entsprechende Meridianänderung korri-
gierte Weltzeit UT wird Weltzeit 1 oder UT1 genannt. Eine Korrektur
dieser Weltzeit 1 bezüglich der oben genannten Rotationsschwankungen
ergibt die Weltzeit 2 oder UT2. Seit dem 1. Januar 1972 strahlen die
meisten Zeitzeichensender eine von Atomuhren kontrollierte Zeit UTC
(Coordinated Universal Time) aus. Diese gleichförmig ablaufende Zeit
UTC soll nach Vereinbarung nicht mehr als 0,75 s von der nicht gleichförmig ablaufenden UT1 abweichen. Das wird dadurch erreicht, daß nach
Bedarf am Ende des 31. Dezember und evtl. am Ende des 30. Juni eine
Schaltsekunde ein- oder ausgeschaltet wird. Für unsere navigatorischen
Zwecke dagegen reicht die Weltzeit 1 (UT1) bei weitem aus. Die bürgerliche Bezeichnung dieser Weltzeit 1 ist unsere bisher benutzte MGZ, die
dem Nautischen Jahrbuch zugrunde liegt, und auf die wir alle navigatorischen Beobachtungen beziehen.

3.4.1.3 Bemerkungen über den Kalender

Unter dem Begriff Kalender wollen wir die Einteilung der Zeit in größere
natürliche Abschnitte verstehen. - Ein solcher natürlicher Zeitabschnitt

ist z.B. der Tag. Durch fortlaufendes Zählen von Tagen kann man sich den
einfachsten Kalender aufgebaut denken. Dies wurde 1582 von J.Scaliger [*]
empfohlen und wird noch heute in der Astronomie als Julianisches Datum
(benannt nach Scaligers Vater) zur Erfassung mehrjähriger Zeitspannen
benutzt. Dieser sogenannte Julianische Tag fängt jeweils um 12^h UT an.
Der Beginn des Julianischen Tages 0 wurde auf 12^h UT am 1. Januar 4713
v.Chr. festgelegt. Am 1. Januar 1980 um 12^h UT z.B. fing der Julianische
Tag 2 444 240 an.

Ein nächst größerer natürlicher Zeitabschnitt ist der synodische Monat,
d.h. die Zeit zwischen zwei gleichen Mondphasen. Wie wir bereits in Abschnitt 3.3.2 erfuhren, hat dieser synodische Monat leider keine ganze
Zahl von Tagen. Zwölf synodische Monate ergeben ein Mondjahr zu 354,367
Tagen. Dieses Mondjahr, dem fast alle älteren Kalender zugrunde liegen,
ist unabhängig vom Lauf der Sonne; sein Beginn durchwandert daher nach
einer gewissen Zeit alle Jahreszeiten.

Ein noch größerer natürlicher Zeitabschnitt ist die Zeit zwischen zwei
gleichen Jahreszeiten, das tropische Jahr. Genau genommen wird es auf
den mittleren Frühlingspunkt bezogen. Es ist die Zeitspanne zwischen
zwei aufeinander folgenden Durchgängen der Sonne durch den mittleren
Frühlingspunkt (vgl. auch Abschn. 3.3.1). Das tropische Jahr hat 365d
5h 48m 46s (365, 2422 Tage) mittlerer Sonnenzeit, also leider auch keine
ganze Anzahl von Tagen. Wenn wir nun aber verlangen, daß sich der Jahres-
beginn in der jeweiligen Jahreszeit nicht verschieben soll, müssen nach
bestimmten Vorschriften Schalttage eingeführt werden. Damit kommt man
zum bürgerlichen Jahr, das im Mittel 365, 2425 Tage = $(365 + \frac{1}{4} - \frac{3}{400})$
Tage mittlerer Sonnenzeit hat, und das für unseren gegenwärtigen Kalender nach folgender Schaltvorschrift benutzt wird: Auf drei Jahre mit
365 Tagen folgt ein Schaltjahr mit 366 Tagen. Hierbei muß die Schalt-
jahreszahl durch 4 teilbar sein; ausgenommen sind die Hunderterjahre,
deren Jahreszahl nicht durch 400 teilbar ist.

Diese Schaltvorschrift ist erst rund 400 Jahre alt. Sie wurde 1582
durch Papst Gregor XIII. eingeführt. Daher heißt unser Kalender auch
der Gregorianische. - Vorher richtete man sich nach dem unter Julius
Cäsar im Jahre 45 v. Chr. durch Sosigenes erstellten sogenannten Julianischen Kalender [**]. Dieser hatte 365, 25 Tage und faßte die Viertel-

---

[*] Joseph Justus Scaliger wurde am 5.8.1540 in Agen geboren und starb am 21.1.1609 in
Leiden. Er war Philologe und gilt als Begründer der wissenschaftlichen Chronologie.

[**] Nicht zu verwechseln mit dem auf Scaliger zurückgehenden Julianischen Datum (s.o.).

tage alle 4 Jahre zu einem Schalttag zusammen; d.h. auf 3 Jahre zu 365 Tagen folgte ein Schaltjahr mit 366 Tagen. Dadurch kam es im Laufe der Jahrhunderte zu merklichen Zeitverschiebungen gegenüber astronomischen Vorgängen, weil dieses Julianische Jahr ungefähr 11 Minuten zu lang war. Um die bis dahin eingetretene Zeitverschiebung einigermaßen zu kompensieren, folgte auf Anordnung von Papst Gregor XIII. auf den 4. Oktober 1582 unmittelbar der 15. Oktober 1582. Außerdem wurde der Frühlingsbeginn jeweils auf den 21. März gelegt.. - In Osteuropa allerdings und in manchen Ländern im Orient wurde der Julianische Kalender noch weiter benutzt. Rußland z.B. hat erst nach 1918 den Gregorianischen Kalender eingeführt. Die Differenz war zu diesem Zeitpunkt bereits auf rund 13 Tage angewachsen.

3.4.1.4 Kenngrößen von Uhren

Ein wichtiges Hilfsmittel für die astronomische Navigation ist eine geeignete Uhr, auf der die Beobachtungsuhrzeit (BUZ) abgelesen werden kann. Eine geeignete Uhr muß nun nicht etwa "ganz genau die richtige Zeit anzeigen", wie ein Laie vermuten könnte; sondern man muß nur genau wissen, wie groß der Fehler der Anzeige, der sogenannte Stand s der Uhr ist. Bei Angabe des Standes wird das Vorzeichen so gewählt, daß sich beim Hinzufügen von s an die von der Uhr angezeigte Beobachtungsuhrzeit BUZ die Sollzeit - d.h. die durch Zeitzeichen übermittelte MGZ - ergibt. Wir definieren also:

$$MGZ - BUZ = s \quad . \tag{3.23}$$

Ist s < 0, so geht die Uhr vor; ist s > 0, so geht sie nach. Es macht auch nichts, wenn die Uhr etwas zu schnell oder zu langsam geht, wenn nur der tägliche Gang bekannt ist. Unter dem Gang g einer Uhr versteht man die Änderung des Uhrstandes innerhalb einer bestimmten Zeiteinheit, gewöhnlich eines Tages. Messen wir also den Stand s am Anfang (1) und am Ende (2) von n Tagen, so können wir als Gang g definieren:

$$\frac{s_2 - s_1}{n} = g \quad . \tag{3.24}$$

Für eine gute Beobachtungsuhr soll aber die Gangänderung möglichst klein sein; die Uhr soll also sehr gleichmäßig gehen. In Abb. 3.34 ist dies für 3 Uhren a, b und c skizziert. a und c sind sehr geeignete Uhren, denn ihre Standänderungen $\frac{\Delta s}{\Delta t}$ = g sind konstant, wobei für Uhr a g > 0, für Uhr c g < 0 ist. Man sagt auch, Uhr a verliert, Uhr c gewinnt. Uhr b da-

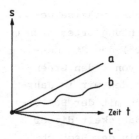

Abb.3.34 Zeitliche Standänderungen verschiedener Uhren

gegen hat eine völlig ungleichmäßige Standänderung und ist für Navigationszwecke nicht empfehlenswert. Die meisten modernen Quarzuhren erfüllen weitgehend diese Forderungen, die an eine gute Beobachtungsuhr zu
stellen sind.

Gute Beobachtungsuhren werden nicht sehr oft "richtig" gestellt, sondern
nur ständig kontrolliert, so daß für jeden Zeitpunkt der Stand als Korrektur an die Anzeige angebracht werden kann.

Diese Uhrenkontrolle wollen wir an einem konkreten Zahlenbeispiel üben:

Beispiel:

Wie groß ist der Gang einer Uhr, für die am 1.8. um 12^{00} MGZ eine $BUZ_1 = 12^h\ 0^m\ 24^s$
und am 19.8. um 12^{00} MGZ eine $BUZ_2 = 11^h\ 59^m\ 48^s$ abgelesen wird? Wie groß ist der
Stand am 25.8. um 12^{00} MGZ?

19.8.   : $s_2 = MGZ_2 - BUZ_2 = + 12s$ (Uhr geht nach)

1.8.   : $s_1 = MGZ_1 - BUZ_1 = - 24s$ (Uhr geht vor)
_____

     $s_2 - s_1$ (in n =   18 Tagen) = + 36s

Täglicher Gang : $g = \dfrac{s_2 - s_1}{n} = + 2s/Tag$; d.h. die Uhr verliert.

Der Stand am 25.8. - d.h. 6 Tage später - ist 6 · (+2s) = + 12s größer als der am
19.8.. Somit ist also am 25.8. $\underline{s = \ +24s}$.

Hat man keine Zeitzeichen von Rundfunksendern zur Verfügung, so kann
eine Uhrenkontrolle im Prinzip auch astronomisch vorgenommen werden.

Dazu erinnern wir uns an Gl. (3.11b) aus Abschn. 3.2.4.1, die einen Zusammenhang zwischen der gemessenen Gestirnshöhe h, der Deklination δ,
dem Stundenwinkel t und der geographischen Breite φ angibt. Schreiben
wir Gl. (3.11b) nach cos t aufgelöst noch einmal an, so haben wir

$$\cos t = \frac{\sin h - \sin \varphi \cdot \sin \delta}{\cos \varphi \cdot \cos \delta} \ . \qquad (3.25)$$

Da wir lediglich eine Kontrolle unserer Uhr vornehmen wollen, d.h. da
BUZ und MGZ nur um Sekunden, höchstens wenige Minuten voneinander verschieden sind, können wir ohne wesentlichen Fehler δ des Gestirns für
unsere BUZ aus dem Nautischen Jahrbuch entnehmen, da sich δ in so kurzen

Zeiträumen praktisch kaum ändert. Außer unserer möglichst präzise gemessenen Höhe h müssen dann die Koordinaten des Beobachtungsortes nach φ
und λ genau bekannt sein. Dann können wir aus Gl. (3.25) den Stundenwinkel t ermitteln und nach Gl. (3.4) durch Anbringen von λ den Green-
wicher Stundenwinkel t_{Grw} berechnen. Zu diesem t_{Grw} finden wir im Jahrbuch die MGZ des Beobachtungszeitpunktes. Ein Vergleich mit der BUZ ergibt nach Gl. (3.23) dann den gesuchten Stand. Die Genauigkeit dieser
Standbestimmung hängt natürlich von der exakten Kenntnis der Beobachtungshöhe und des Beobachtungsortes ab.

Abschließend erinnern wir uns nochmals, daß außer unserer Beobachtungsuhr, die immer nach MGZ gestellt wird, an Bord eines Schiffes eine Borduhr vorhanden sein soll, die nach Zonenzeit läuft, und nach der sich
das gesamte Leben an Bord abspielt.

3.4.2 Kulminationszeit

Bereits in Abschn. 3.2.2 erfuhren wir, daß sich ein Gestirn bei seiner
Kulmination im Himmelsmeridian des Beobachters befindet.Um nun den Zeitpunkt einer solchen Gestirnskulmination zu bestimmen, erinnern wir uns
an die in Abschn. 3.2.1 eingeführte Polfigur, die wir für die Fälle
eines auf Westlänge bzw. auf Ostlänge befindlichen Beobachters, der jeweils eine Gestirnskulmination beobachtet, nochmals hinzeichnen (vgl.
Abb. 3.35). Dabei beschränken wir uns vorläufig auf obere Kulminationen.
Aus dieser Abbildung ersehen wir sofort einen einfachen Zusammenhang
zwischen den geographischen Längen der Beobachtungsorte, an denen Kulminationen beobachtet werden, und den Greenwichstundenwinkeln der kulminierenden Gestirne: Für westliche Längen ist der Greenwichstundenwinkel
mit der geographischen Länge identisch, für östliche Längen ist er
gleich dem zu 360° ergänzten Längenwinkel.

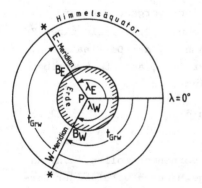

Abb.3.35 Zusammenhang zwischen Greenwichstundenwinkel und geographischer
Länge eines Beobachters, der eine obere Kulmination beobachtet.

In Gleichungen

$$t_{Grw} = \begin{cases} \lambda_W & (t_{Grw} < 180^\circ) \\ 360^\circ - \lambda_E & (t_{Grw} > 180^\circ) \end{cases} \quad . \qquad (3.26)$$

Da nun im Nautischen Jahrbuch zu jeder vollen Stunde diese Greenwichstundenwinkel in MGZ angegeben sind, brauchen für dazwischenliegende
t_{Grw}-Werte die Zeitdifferenzen aus den entsprechenden Winkeldifferenzen
nur noch mit Hilfe der grünen Interpolationstafeln umgerechnet und den
Stundenwerten hinzugefügt zu werden.

Das Rechenschema würde also folgendermaßen aussehen:

1) Umrechnung der geographischen Beobachtungslänge λ nach Gl. (3.26) in
   den Greenwichstundenwinkel t_{Grw}.

2) Aus dem Nautischen Jahrbuch den am nächsten für volle Stunden angegebenen Greenwichwinkel t_{Grw} (h) aufsuchen und die dazugehörige volle
   Stundenzahl der (oberen) Kulminationszeit notieren.

3) Die überschüssige Winkeldifferenz Δt_{Grw} in Zeitdifferenz umrechnen
   und diese der vollen Stundenzahl der (oberen) Kulminationszeit zu-
   fügen.

Einige markante Zahlenbeispiele sollen uns mit diesem einfachen Verfahren näher vertraut machen.

Oberer Kulminationszeitpunkt der Sonne

<u>Beispiel:</u>
Wann kulminiert am 19. August 1957 die Sonne auf $\lambda = 8^\circ$ 20'E?
1) $\lambda = 8^\circ$ 20'E entspricht nach Gl. (3.26) $t_{Grw} = 351^\circ$ 40'.
2) Aus dem Nautischen Jahrbuch (vgl. Abschn. 6.4.2) ist der nächst liegende t_{Grw}-Wert:
   344° 6,4' zur Zeit 11^h MGZ.
3) $\Delta t_{Grw} = 351^\circ$ 40' $- 344^\circ$ 6,4' $= 7^\circ$ 33,6' entspricht nach den grünen Schalttafeln
   oder Abschn. 6.4.1.1 eine Zeitdifferenz von 30m 14s.
   Damit ergibt sich als obere Kulminationszeit $\underline{oKZ = 11^h \ 30^m \ 14^s}$ MGZ.

Oberer Kulminationszeitpunkt eines Planeten

<u>Beispiel:</u>
Wann kulminiert am 20. August 1957 Mars auf $\lambda = 41^\circ$ 53'W?
1) $\lambda = 41^\circ$ 53'W entspricht $t_{Grw} = 41^\circ$ 53'.
2) Aus N.J. ist für 15^h MGZ: $t_{Grw} = 33^\circ$ 45,3'.
3) $\Delta t_{Grw} = 41^\circ$ 53' $- 33^\circ$ 45,3' $= 8^\circ$ 7,7'.

An diesem Wert ist genau genommen eine Verb. = 0,5ᵗ anzubringen, die sich für den im
N.J. angegebenen Unt. = 1 ‚0' aus der grünen 32 m - Schalttafel ergibt. Da das Anbringen dieser Verb. für die Zeitdifferenz höchstens eine Änderung von wenigen Sekunden ergibt, verzichtet man in der Praxis darauf häufig. Denn i.a. genügt die Bestimmung der Kulminationszeit auf Minuten genau völlig. Der Vollständigkeit halber
bringen wir diese Verb. hier an und zwar mit umgekehrtem Vorzeichen, weil im Vergleich
zu Abschn. 3.2.5 die Zeitverwandlung für die Winkeldifferenz hier rückwärts gerechnet
wird. Wir haben also schließlich ein verbessertes Δt_{Grw} = 8° 7,2'. Dieser Winkeldifferenz entspricht nach den grünen Interpolationstafeln eine Zeitdifferenz von 32m 29s.
Damit ergibt sich für Mars: $oKZ = 15^h \, 32^m \, 29^s$ MGZ .

Oberer Kulminationszeitpunkt des Mondes

Beispiel:

Wann kulminiert am 20. August 1957 der Mond auf $\lambda = 9° \, 9'E$?

1) $\lambda = 9° \, 9'E$ entspricht $t_{Grw} = 350° \, 51'$.

2) Aus N.J. ist für 6^h MGZ: $t_{Grw} = 343° \, 18,4'$.

3) $\Delta t_{Grw} = 350° \, 51' - 343° \, 18,4' = 7° \, 32,6'$.

An diesem Wert ist genau genommen noch eine Verb. = 4,1' mit umgekehrtem Vorzeichen
anzubringen, die sich für einen Unt. = 7,8' aus der grünen 31m-Tafel ergibt. Diesem
verbesserten Δt_{Grw} = 7° 28,5' entspricht eine Zeitdifferenz von 31m 20s. Damit ergibt
sich für den Mond: $oKZ = 6^h \, 31^m \, 20^s$ MGZ.

Obere Kulminationszeit eines Fixsternes

Bereits in Abschn. 3.1.2 lernten wir, daß sich der Ortsstundenwinkel
eines Fixsterns additiv aus dem Ortsstundenwinkel des Frühlingspunktes
und dem Sternwinkel zusammensetzt (vgl. Gl. (3.3)). Da der Sternwinkel
β vom Frühlingspunkt aus in Richtung des scheinbaren Umlaufs der Himmelskugel gezählt wird, findet der Meridiandurchgang des Fixsterns eher
statt als derjenige des Frühlingspunktes (vgl. Abb. 3.36). Der Frühlingspunkt passiert demnach um β (in Zeitmaß) später den Himmelsmeridian.
Wir haben also nach Schritt 1) unseres allgemeinen Rechenschemas (Umrechnung von λ des Beobachters nach Gl. (3.26) in den entsprechenden Greenwichstundenwinkel) von t_{Grw} den Sternwinkel β zu substrahieren, um den
Greenwichstundenwinkel des Frühlingspunktes zu bekommen.
In Gleichung:

$$Tt_{Grw} = t_{Grw} \text{ (Beob.Länge)} - \beta \quad . \tag{3.27}$$

Dieser ist dann nach Schritt 2) und 3) des allgemeinen Rechenschemas in
die Kulminationszeit zu verwandeln.

Beispiel:

Wann kulminiert am 20. August 1957 Wega (Stern-Nr. 69) auf $\lambda = 102° \, 20'W$?

1) $\lambda = 102° \, 20'W$ entspricht $t_{Grw} = 102° \, 20'$.

1a) Mit $\beta = 81^{\circ}$ 7' (Stern-Nr. 69) bekommen wir $Tt_{Grw} = 102^{\circ}$ 20' $- 81^{\circ}$ 7' $= 21^{\circ}$ 13'.

2) Aus dem Nautischen Jahrbuch ist der nächstliegende Tt_{Grw}-Wert: 13° 11,2' zur Zeit 3^h MGZ.

3) $\Delta Tt_{Grw} = 21^{\circ}$ 13' $- 13^{\circ}$ 11,2' $= 8^{\circ}$ 1,8' entspricht nach den grünen Schalttafeln eine Zeitdifferenz von 32m 2s.
Damit ergibt sich als obere Kulminationszeit für Wega: $\underline{oKZ = 3^h\ 32^m\ 2^s\ MGZ.}$

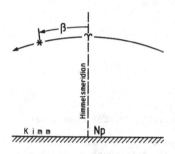

Abb.3.36 Zur Kulmination des Fixsterns und des Frühlingspunktes

Der Besitzer der Fulst-Tafeln hat in Tafel 35 eine Möglichkeit, die angenäherten mittleren Kulminationszeiten der wichtigsten Fixsterne schnell zu ermitteln. Dort werden die MOZ der jeweiligen oberen Sternkulmination angegeben, die durch Anbringung der Beobachtungslänge in Zeitmaß dann in MGZ noch umzurechnen sind.

Für unser Beispiel finden wir in Tafel 35 sofort $22,0^h$ MOZ $- 1,2h = 20,8^h$ MOZ als mittlere Kulminationszeit für Wega. Da $\lambda = 102^{\circ}$ 20' in Zeitmaß 6h 49m 20s = 6,8h sind, ergibt sich $20,8^h + 6,8h = 3,6^h$ MGZ, was einen guten genäherten Anhaltspunkt für den genauen Wert von $3^h\ 32^m\ 2^s$ MGZ darstellt.

Es gibt noch eine andere Möglichkeit, die oberen Kulminationszeiten der Gestirne - allerdings nur auf Minuten genau - zu bestimmen.

Das Nautische Jahrbuch gibt für Sonne, Mond, Planeten und Frühlingspunkt an jedem Tag einen Wert T auf Minuten genau an. T ist in MOZ die Transitzeit des Gestirnsdurchgangs durch den oberen Himmelsmeridian von Greenwich. Dieses T kann für alle Gestirne, für die es sich pro Tag nur geringfügig ändert, unbedenklich auch für andere Längen in guter Näherung verwendet werden. Dies gilt für die Sonne, die Planeten und die Fixsterne bzw. den Frühlingspunkt, aber nicht für den Mond. Um uns in der Bestimmung der oberen Kulminationszeit in der Handhabung dieser Methode zu üben, rechnen wir alle bisherigen Beispiele zur Kontrolle noch einmal.

Sonne

Das Nautische Jahrbuch gibt für den 19.8.57 T = MOZ der oberen Kulmination = $12^h\ 4^m$ MOZ. Somit ist

$$
\begin{array}{ll}
\text{MOZ der ob. Kulm.} & = 12^h\ 4^m \\[4pt]
\underline{\lambda = 8^\circ\ 20'E} & \hat{=}\ -0h\ 33m \quad \text{(m-Genauigkeit genügt)} \\[4pt]
\text{MGZ der ob. Kulm.} & = 11^h 31^m
\end{array}
$$

Planeten

Das Nautische Jahrbuch gibt für Mars am 20.8.57 T = $12^h\ 45^m$ MOZ

$$
\begin{array}{ll}
\text{MOZ der ob. Kulm.} & = 12^h\ 45^m \\[4pt]
\lambda = 41^\circ\ 53'W & \hat{=}\ +\ 2h\ 47m \\[4pt]
\hline
\text{MGZ der ob. Kulm.} & = 15^h\ 32^m
\end{array}
$$

Mond

Hier ändert sich T täglich nicht mehr geringfügig. Daher müssen wir für unsere Beobachtungslänge $\lambda = 9^\circ\ 9'E$ Zwischenwerte von T berechnen.
Da für Beobachter auf Ostlänge der obere Kulminationszeitpunkt <u>vor</u> der am 20.8.57
angegebenen T-Zeit liegt, ist zum Zweck der Interpolation die Zeitspanne zum 19.8.57
(dem <u>davor</u> liegenden Tag) zu wählen. (Entsprechend liegt für Beobachter auf Westlänge
der obere Kulminationszeitpunkt <u>nach</u> der am 20.8.57 angegebenen T-Zeit. In diesem
Fall ist zur Interpolation die Zeitspanne zum 21.8.57, dem <u>danach</u> folgenden Tag, zu
wählen).
Das Nautische Jahrbuch gibt

$$
\begin{array}{lll}
\text{für} & \text{den 19.8.57} & : T_1 = 6^h\ 15^m \\[4pt]
" & " \quad 20.8.57 & : T_2 = 7^h\ 9^m
\end{array}
$$

Der Unterschied $T_2 - T_1$ = 54m entspricht 360° Längenänderung.

Der Zeitunterschied ΔT für λ° Längenänderung ist damit ins Verhältnis zu setzen,
d.h. also

$$
\frac{\Delta T}{\lambda^\circ} = \frac{T_2 - T_1}{360^\circ}\ .
$$

Das gesuchte T ergibt sich dann für Beobachter auf West- bzw. Ostlänge als

$$
T = T_{20.8.57} \pm \Delta T \left(^W_E \right)\ .
$$

Mit $\lambda = 9{,}15^\circ E$, $T_2 - T_1 = 54m$ ergibt sich $\Delta T = 1{,}4\ m$ und damit $T = T_2 - \Delta T_1 = 7^h\ 7{,}6^m$
MOZ, was mit $\lambda \hat{=} 36{,}6\ m$ einer oberen Kul minationszeit von $7^h\ 7{,}6^m \hat{=} 36{,}6\underline{m} = \underline{6^h\ 31^m}$MGZ
entspricht.

Fixstern

Hier haben wir - entsprechend unseren obigen Ausführungen - das TT dem Nautischen
Jahrbuch zu entnehmen und davon β (in Zeit) zu subtrahieren, um das T des Fixsterns
zu erhalten. Das Nautische Jahrbuch gibt am 20. August 1957

$$
\begin{array}{ll}
TT & = 2^h\ 7^m\ \text{MOZ} \\[4pt]
- \beta\ (\text{Nr. 69}) \text{ in Zeit} & = -5h\ 24m \\[4pt]
\hline
*\ T & = 20^h\ 43^m\ \text{MOZ am 19.8.57} \\[4pt]
\lambda\ (W) & \hat{=}\ +6h\ 49m \\[4pt]
\hline
\text{oKZ} & = 3^h\ 32^m\ \text{MGZ am 20.8.57.}
\end{array}
$$

Bevor wir diesen Abschnitt beenden, möchten wir nochmals darauf hin-
weisen, daß wir bisher nur den Zeitpunkt der oberen Kulmination eines
Gestirns berechnet haben, was in der Praxis i.a. üblich ist. Interes-
sieren wir uns dagegen für den Zeitpunkt der unteren Gestirnskulmina-
tion, so haben wir jeweils einen halben Gestirnstag($(T_2 - T_1)/2$ aus dem
Nautischen Jahrbuch) zum Zeitpunkt der oberen Kulmination zu addieren.
Ein halber Sonnentag beträgt rund 12h, ein halber Sterntag rund 11h 58m.
Ein halber Planeten- oder Mondtag ist aus zwei aufeinanderfolgenden T-
Werten des betreffenden Gestirns nach $(T_2 - T_1)/2$ zu ermitteln.

3.4.3 Auf- oder Untergangszeit eines Gestirns

Unter dem wahren Auf- oder Untergang eines Gestirns versteht man den
Zeitpunkt, zu dem der Gestirnsmittelpunkt den wahren Horizont passiert.
Da dieser wahre Horizont mit der Kimm nicht identisch ist, unterscheidet sich sichtbare Auf- oder Untergangszeit von der wahren. Wir werden
uns nun zuerst mit dem wahren Auf- oder Untergang befassen; zur Berechnung des sichtbaren sind dann lediglich Korrekturen anzubringen,
die natürlich auch von der Höhe der Beobachtungsaugen über der Erdoberfläche, der sogenannten Augenhöhe AH abhängen.
Zur Berechnung der wahren Auf- oder Untergangszeit suchen wir denjenigen
Stundenwinkel, den das Gestirn hat, wenn sein Mittelpunkt den wahren
Horizont passiert. Dazu greifen wir auf Gl. (3.11b) zurück, die einen
Zusammenhang zwischen Stundenwinkel t, geographischer Breite φ, Gestirnsdeklination δ und Gestirnshöhe h angibt, und die wir nochmals hinschreiben wollen:

$$\sin h = \sin \varphi \cdot \sin \delta + \cos \varphi \cdot \cos \delta \cdot \cos t$$

Da nun im wahren Horizont die Gestirnshöhe h = 0 und damit sin h = 0 ist,
vereinfacht sich diese Gleichung erheblich, und wir bekommen nach einigen Umformungen

$$\cos t = -\tan \varphi \cdot \tan \delta \quad . \tag{3.28}$$

Dieses t, das hieraus berechnet wird, nennt man den halben Tag- oder
Nachtbogen des Gestirns. Man kann diese in Zeitmaß umgerechneten Tag-
und Nachtbögen nun in Abhängigkeit von φ und δ tabellieren. Dies ist
z.B. in den Fulst-Tafeln Nr. 33 für die Sonne geschehen.

Wir müssen uns nun noch überlegen, wie wir damit die eigentliche wahre
Auf- oder Untergangszeit der Sonne berechnen können. Dazu hilft uns die
täglich angegebene obere Kulminationszeit T (MOZ), die wir als Bezugs-

zeit nehmen, und an der die entsprechenden t_{Tafel}-Werte der halben Tag-
oder Nachtbögen aus Fulst-Tafel 33 anzubringen sind. Im Prinzip werden
die Werte dieser Tafel 33 bei wahrem Sonnenaufgang von T subtrahiert,
bei wahrem Sonnenuntergang addiert. Man erhält dann die MOZ des wahren
Auf- oder Untergangs. Hierbei spielen die Benennungen von φ und δ (nord-
oder südlich) wegen der Mehrdeutigkeit der trigonometrischen Funktionen
natürlich eine Rolle. Die genaue Vorschrift zur Ermittlung der MOZ des
wahren Sonnenauf- oder Untergangs (W.S.A. bzw. W.S.U.) lautet

$$W.S.\,_{U.}^{A.}\ (MOZ)\ =\ T \mp t_{Tafel\ 33}\quad (\varphi \text{ und } \delta \text{ gleichnamig}) \quad , \qquad (3.29a)$$

$$W.S.\,_{U.}^{A.}\ (MOZ)\ =\ T \mp (12h - t_{Tafel\ 33})\ (\varphi \text{ und } \delta \text{ ungleichnamig}) \ . \ (3.29b)$$

Um den sichtbaren Sonnenauf- oder Untergang (S.S.A. bzw. S.S.U.) zu
berechnen sind in Fulst-Tafel 36 Korrekturwerte K angegeben (allerdings
nur für eine einzige Augenhöhe von 8 Metern), die an Zeiten des wahren
Sonnenaufgangs- oder -untergangs anzubringen sind. Die Vorschrift lautet:

$$S.S.\,_{U.}^{A.}\quad =\quad W.S.\,_{U.+}^{A.-}\ K\ . \qquad (3.30)$$

D.h. also, die Zeiten des sichtbaren Sonnenaufgangs sind früher als die
des wahren Aufgangs, die des sichtbaren Sonnenuntergangs liegen später
als die des wahren Untergangs. Dies hängt mit der in Kap. 4 zu besprechenden Strahlenbrechung in der Erdatmosphäre zusammen. Wenn nämlich
der Sonnenmittelpunkt im wahren Horizont steht, befindet sich der Unterrand der Sonnenscheibe infolge der Strahlenbrechung für einen Beobachter auf der Erdoberfläche ungefähr 20' über der Kimm, dies entspricht
etwa $^2/3$ des scheinbaren Sonnendurchmessers. Abbildung 3.37 soll den
Sachverhalt für wahre (W) und sichtbare (S) Sonnenauf- bzw. untergänge
verdeutlichen.

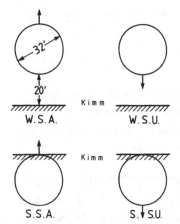

Abb.3.37 Wahrer bzw. sichtbarer Sonnenauf-
bzw. untergang

Wir wollen die praktische Berechnung von Sonnenauf oder -untergangs-
zeiten wieder an einem konkreten Zahlenbeispiel üben.

Beispiel:

Wann war für zwei Beobachter, die sich auf der gleichen Länge $\lambda = 30°$E, aber auf entgegengesetzten Breiten $\varphi = 40°$N bzw. S befinden, am 19. August 1957 die Zeit des wahren
und sichtbaren Auf- und Untergangs der Sonne?

Aus dem Nautischen Jahrbuch 1957 folgt für die Berechnung der oberen Sonnenkulminationszeit: $T = 12^h 4^m$ MOZ am 19.8.57. An diesem Tag hat die Sonne ein $\delta = 13°$N (die
Deklinationsangabe genügt hier in der Praxis auf volle Grad. Wer eine genaue δ-Angabe
will, hat die obere Sonnenkulminationszeit vorher in MGZ umzurechnen).

Position I : $\quad \varphi_I = 40° N \qquad\qquad , \lambda_I = 30° E \; ; \; \delta = 13° N$

Sonnenaufgang		Sonnenuntergang	
T	$= 12^h 4^m$ MOZ	T	$= 12^h 4^m$ MOZ
$t_{Tafel\ 33}$	$= -6h\ 45m$	$t_{Tafel\ 33}$	$= +6h\ 45m$
W.S.A.	$= 5^h 19^m$ MOZ $= 3^h 19^m$ MGZ	W.S.U.	$= 18^h 49^m$MOZ $= 16^h 49^m$ MGZ
K(Tafel 36)	$= -5m$	K(Tafel 36)	$= +5m$
S.S.A.	$= 5^h 14^m$ MOZ $= 3^h 14^m$ MGZ	S.S.U.	$= 18^h 54^m$MOZ $= 16^h 54^m$ MGZ .

Zur Umrechnung von MOZ in MGZ ist zu berücksichtigen, daß $\lambda = 30°$ E ein Zeitunterschied ZU = -2h entspricht.

Position II: $\quad \varphi_{II} = 40° S \qquad\qquad , \lambda_{II} = 30° E \; ; \; \delta = 13° N$

Sonnenaufgang		Sonnenuntergang	
T	$= 12^h 4^m$ MOZ	T	$= 12^h 4^m$ MOZ
$12h - t_{Taf.33}$	$= -5h\ 15m$	$12h - t_{Taf.33}$	$= +5h\ 15m$
W.S.A.	$= 6^h 49^m$ MOZ $= 4^h 49^m$ MGZ	W.S.U.	$= 17^h 19^m$MOZ $= 15^h 19^m$ MGZ
K(Tafel 36)	$= -5m$	K(Tafel 36)	$= +5m$
S.S.A.	$= 6^h 44^m$ MOZ $= 4^h 44^m$ MGZ	S.S.U.	$= 17^h 24^m$MOZ $= 15^h 24^m$ MGZ

In ausländischen Tafelwerken, z.B. im Nautical Almanach, sind die täglichen Auf- und Untergangszeiten für Sonne und Mond schon immer zu finden gewesen. Die neueren Ausgaben des Nautischen Jahrbuches enthalten
nun auch die Auf- und Untergangszeiten für die Sonne in Abständen von
5 Tagen und die Zeiten der bürgerlichen Dämmerung. Über den Begriff
der Dämmerung werden wir im nächsten Abschnitt genaueres erfahren.

3.4.4 Dämmerungszeit

Die besten Höhenwinkelmessungen von Fixsternen und Planeten sind in der
Dämmerung möglich, weil in diesem Zeitraum die Kimm i.a. gut zu erkennen
ist.

Unter dem Begriff Dämmerung versteht man den Übergangszeitraum vom Tag
zur Nacht und umgekehrt. Die Dämmerung entsteht dadurch, daß die hohen,
noch vom Sonnenlicht getroffenen Schichten der Erdatmosphäre einen Teil
des Sonnenlichtes diffus in den Bereich streuen, der nicht mehr bzw.
noch nicht direkt von der Sonnenstrahlung getroffen wird. Wenn es keine
atmosphärische Lichtstreuung gäbe, würde bei Sonnenuntergang der Tag
sofort in völlig dunkle Nacht übergehen.

Um den Dämmerungszeitraum genauer zu erfassen, definiert man die Zeit
vom Untertauchen des Sonnenoberrandes unter die Kimm bei einer Augenhöhe
von O Meter bis zu dem Zeitpunkt, in dem der Sonnenmittelpunkt eine bestimmte Höhe unter dem wahren Horizont steht (Abenddämmerung) bzw. die
Zeit von diesem letzten Zeitpunkt bis zum Auftauchen des Sonnenoberrandes über der Kimm (Morgendämmerung). Beträgt die Höhe des Sonnenmittelpunktes -6°, so spricht man von bürgerlicher Dämmerung, bei einem
entsprechenden $h = -12^{\circ}$ von nautischer Dämmerung und bei $h = -18^{\circ}$ von
astronomischer Dämmerung.

Unter der Annahme einer oben definierten Augenhöhe von O Metern, einem
scheinbaren Sonnenradius von rund 16' und einer mittleren Strahlenbrechung (vgl. Kap. 4) von -35' hat die Sonne beim Unter- bzw. Auftauchen
die wahre Höhe $h = -51'$. Damit kann man bei gegebener geographischer
Breite und Sonnendeklination aus Gl. (3.11b) für $h = -51'$ bzw. den oben
angegebenen Höhenwinkeln -6°, -12° und -18° die entsprechenden Stundenwinkel berechnen und aus der jeweiligen Differenzbildung die Dämmerungs-
zeit ermitteln. Dies wurde für die bürgerliche Dämmerung in Tafel 31a
und für die astronomische Dämmerung in Tafel 31b der Nautischen Tafeln
von Fulst vorgenommen. Auch die neueren Ausgaben des Nautischen Jahrbuches enthalten in Abständen von 5 Tagen die Werte der zu erwartenden
bürgerlichen Dämmerung. Eine Anwendung dieser Tafeln dürfte keinerlei
Schwierigkeiten bereiten.

Die bürgerliche Dämmerung ist die Zeit, in der man bei wolkenlosem Himmel im Freien noch ohne Schwierigkeiten eine Zeitung lesen kann. Das
Ende der astronomischen Dämmerung bezeichnet den Zeitpunkt, von dem an
keine Spur von gestreutem Sonnenlicht mehr zu sehen ist. Selbstverständlich sind die wirklichen Dämmerungszeiten bei bewölktem Himmel wesentlich kürzer. Die Dämmerungsdauer hängt natürlich auch davon ab, wie
schnell die Sonne unter den wahren Horizont sinkt, wie steil also die
scheinbare Sonnenbahn zur Kimm steht (vgl. Abb. 3.38). In äquatornahen
Zonen sind im Gegensatz zu höheren Breiten die Dämmerungszeiten von

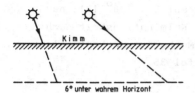

Abb.3.38 Einfluß der Sonnenbahn auf die
Dämmerungsdauer

wesentlich kürzerer Dauer (vgl. auch Abbn. 3.9b und 3.9d). In unseren
Breiten dauert die bürgerliche Dämmerung zwischen 30 und 45 Minuten. Sie
ist am längsten im Sommer und Winter, dagegen am kürzesten in den Über-
gangsjahreszeiten (vgl. Fulst-Tafel 31a). Die astronomische Dämmerung
dauert bei uns im Herbst, Winter und Frühjahr gleichmäßig rund 2 Stunden,
während im Sommer keine Gesetzmäßigkeiten zu erkennen sind (vgl. Fulst-
Tafel 31b).

3.5 Aufgaben

3.1) Man mißt am 19.8.57 auf $\varphi = 52^O$ 12'N, $\lambda = 20^O$ 6'W die Sonnenhöhe.
Die Beobachtungsuhr zeigt zur Zeit der Messung $12^h 30^m$ an, der
Stand sei +1m 40s. Welche wahre Höhe und welches Azimut der Sonne
ergeben sich rechnerisch zur Beobachtungszeit? Welcher Bordzeit
entspricht die MGZ zum Beobachtungszeitpunkt? Man zeichne nach Ermittlung der Gestirnskoordinaten eine Polfigur.

3.2) Welche Koordinaten δ, t bzw. h, Az hat Betageuze (Nr.24) am 20.8.57
zur BUZ = $3^h 33^m 6^s$ auf $\varphi = 50^O$ 12'N, $\lambda = 12^O$ 24'W? Der Stand der
Beobachtungsuhr beträgt -1m 6s. Welcher Bordzeit entspricht die MGZ
zum Beobachtungszeitpunkt? Man zeichne nach Ermittlung der Gestirnskoordinaten eine Polfigur.

3.3) Welche Umlaufzeit in Erdjahren hat ein Planet unseres Sonnensystems,
dessen große Bahn-Halbachse a n-mal so groß bzw. so klein wie die
große Halbachse der Erdbahnellipse ist?

3.4) Bei der oberen Kulmination des Frühlingspunktes ist es 0^h oder 24^h
Sternzeit, und der Sterntag beginnt. Wieviel Uhr (nach Sternzeit)
ist es bei der oberen Kulmination irgendeines Sternes, dessen Rektaszension α^O beträgt?

3.5) Wann kulminierte am 20.8.57 die Sonne auf $\lambda = 37^O$ 11'W nach MGZ
und nach Bordzeit? Man berechne diese obere Kulminationszeit nach
den beiden in Abschn. 3.4.2 mitgeteilten Methoden.

3.6) Wann kulminierte am 19.8.57 Wega (Nr. 69) auf $\lambda = 138^\circ$ 18'E nach
MGZ und nach ZZ? Man berechne diese obere Kulminationszeit nach
den beiden in Abschn. 3.4.2 mitgeteilten Methoden und kontrolliere
das Ergebnis zusätzlich noch mit Fulst-Tafel 35.

3.7) Wann kulminierte am 19.8.57 der Mond auf $\lambda = 133^\circ$ 50'W nach MGZ und
Bordzeit? Man berechne diese obere Kulminationszeit nach den beiden
in Abschn. 3.4.2 mitgeteilten Methoden.

3.8) Wann war auf $\varphi = 30^\circ$S, $\lambda = 40^\circ$W am 20.8.57 die Zeit des wahren und
sichtbaren Auf- und Untergangs der Sonne? Man gebe die Ergebnisse
in MOZ, MGZ und ZZ an.

3.9) Von welcher nördlichen Breite an kann man am längsten Tag während der ganzen wolkenlosen Nacht im Freien lesen? Nach Abschn.
3.4.4 vermag ein normales Auge bis zum Aufhören der bürgerlichen
Dämmerung noch eine Zeitung zu lesen. Man löse die Aufgabe durch
Zeichnen einer vollständigen Meridianfigur.

4 Messung von Gestirnskoordinaten für Navigationszwecke

In diesem Kapitel werden wir uns vorwiegend mit der Messung der Koordinaten wahre Höhe h und Azimut Az eines im Horizontalsystem (Abschn.3.1.1)
betrachteten Gestirns befassen. Dabei werden wir sowohl die dazu be-
nötigten Meßinstrumente Sextant und Kompaß mit ihren eventuell inne-
wohnenden Fehlerquellen als auch andere zu einer brauchbaren Messung zu
berücksichtigenden Korrektureinflüsse kennenlernen. Damit haben wir dann
einen weiteren wesentlichen Baustein für die astronomische Ortsbestimmung zur Verfügung.

4.1 Messung der Gestirnshöhe

4.1.1 Der Sextant *)

Zur Messung von Winkeln benutzt man in der Seefahrt, teilweise aber auch
in der Luftfahrt, sehr präzise gebaute Winkelmeßinstrumente, die man nach
der Größe des als Kreisausschnitt gefertigten Instrumentenkörpers Sextanten oder Oktanten (sechster bzw. achter Teil einer Kreisscheibe)
nennt. Da ein Sextant im Prinzip wie ein Oktant aufgebaut ist und darüber hinaus auch für Horizontalwinkelmessungen einen größeren Meßbereich erfaßt, werden wir uns im folgenden mit ihm allein befassen. Dazu
betrachten wir Abb.4.1.

---

*) Die Erfindung des Sextanten als Reflexionsinstrument ist im 18.Jahrhundert mit drei
Namen verbunden: Die Anordnung der wesentlichen Instrumententeile, wie sie im Prinzip
noch auf modernen Sextanten vorzufinden ist, hat John Hadley 1731 vorgenommen. Etwa
im selben Dezennium soll Thomas Godfrey, ein Glasfabrikant aus Philadelphia, ebenfalls
eine Erfindung eines Instrumentes zur Distanzmessung mittels Reflexionen mitgeteilt
haben. Und schließlich fanden sich nach dem Tode Newtons 1727 handschriftliche Notizen,
die allem Anschein unabhängig von Hadleys bzw. Godfreys Erfindungen gemacht und 1742
der Royal Society in London vorgelegt worden sind.
Zwar gibt es eine Notiz der Royal Society vom 22. August 1666:"Mr.Hooke erwähnt ein
neues astronomisches Instrument zur Distanzmessung mittels der Reflexion". Doch findet
man nirgends Angaben darüber, daß im 17. Jahrhundert ein solches Instrument praktisch
verwendet worden wäre. Man muß daher annehmen, daß bis zu Hadleys Erfindung der in der
Astronomie schon lange bekannte Davisquadrant zur Navigation verwendet wurde. -
Vgl. auch: Kultur und Technik, 3/1981, S.153.

Abb.4.1 Ein moderner Trommel-Sextant (Cassens + Plath)

Der Instrumentenkörper 1 stellt ein aus Metall (meist Messing oder Alu-
minium) gefertigter Kreisausschnitt mit einem Zentriwinkel von ungefähr
$360°/6=60°$ dar. Er wird an einem Griff 2 mit der rechten Hand gehalten
(Sextanten für Linkshänder sind dem Verfasser nicht bekannt). Auf dem
Bogen des Kreisausschnittes ist eine Gradskala angebracht, die man Limbus 3 nennt. Diese Gradskala ist in 120 Teilstriche unterteilt und setzt
sich sowohl an der rechten Nullmarke als auch an der linken 120-Marke um
einige wenige Teilstriche noch fort. Ein etwa im Scheitelpunkt des Zentri-
winkels drehbar gelagerter Metallteil 4 - Alhidade genannt - überstreicht
den Limbus. Am Drehpunkt der Alhidade ist der sogenannte große Spiegel 5
senkrecht zur Instrumentenebene angebracht, der sich mit der Alhidade bewegt. Ihm gegenüber steht der am Instrumentenkörper senkrecht befestigte
kleine Spiegel 6. Dieser ist zur einen Hälfte durchsichtig. Am anderen
Ende der Alhidade befindet sich eine Ablesemarke für die Gradskala, der
sogenannte Index 7. Steht dieser auf der O-Marke des Limbus, müßten im
Idealfall beide Spiegel parallel zu einander stehen. Gründe dafür, daß
sie es dann i.a. nicht tun, werden weiter unten in Abschn.4.1.2.2 mitgeteilt. Außerdem befindet sich an der Alhidade ein Hebel 8, mit dem
durch Abheben der Alhidade vom Limbus schnell eine Grobeinstellung vorgenommen werden kann. Die Feineinstellung erfolgt mit Hilfe einer end-
losen Trommelschraube 9, die auf ihrem Umfang in 60 gleiche Teile unterteilt ist. Eine Umdrehung der Trommelschraube bewegt den Index der Alhidade um einen Gradstrich der Limbusskale weiter; d.h. also, ein Teil-
strich auf der Trommelschraubenskala entspricht einer Winkelminute. Bei

sehr guten Sextanten können an der Trommel mit Hilfe einer noniusartigen
Einrichtung noch Bruchteile einer Winkelminute genau eingestellt bzw.
abgelesen werden. Schließlich befinden sich vor dem kleinen und dem großen Spiegel noch eine Anzahl von Blendgläsern (10 und 11), die je nach
Helligkeit eines Beobachtungsobjektes in den Strahlengang ein- bzw. aus
ihm heraus geschwenkt werden können. Das Objekt beobachtet man durch ein
mindestens zweifach vergrößerndes Fernrohr 12.

Der aufmerksame Leser wird bemerkt haben, daß die auf dem Bogen des 60°-
Kreisausschnitt-Instrumentenkörpers angebrachte Gradskala in doppelt so
viele Gradteile unterteilt ist. Dies hängt mit den Reflexionseigenschaften
eines Doppelspiegelsystems zusammen. Dazu betrachten wir Abb.4.2, aus der
auch das Prinzip der Höhenwinkelmessung erkennbar ist.

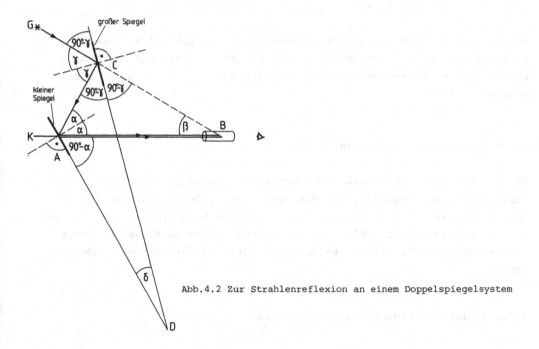

Abb.4.2 Zur Strahlenreflexion an einem Doppelspiegelsystem

Will ein Beobachter B den Winkel β zwischen einem Gestirn G und der Kimm
K messen, so beobachtet er in der Himmelsrichtung des Gestirns durch das
Fernrohr und den kleinen Spiegel die Kimm K. Durch Bewegen der Alhidade
und anschließender Feineinstellung mittels der Trommelschraube verstellt
er den großen Spiegel C so, daß er das zweifach gespiegelte Bild des Gestirns G in oder auf der Kimm befindlich zu sehen scheint. (Dieser einfach geschilderte Vorgang erfordert sehr viel Übung, insbesondere auf
stark schwankenden Schiffen). Dann ist der Winkel δ zwischen den beiden
Spiegeln, den ja der Index der Alhidade auf dem Limbus anzeigt, halb so

groß wie der Winkel β, den man als Abstand Kimm-Gestirn messen will; d.h. also

$$\beta = 2\delta \quad . \tag{4.1}$$

Dies sieht man leicht aus der Betrachtung der Winkelsummen der beiden Dreiecke ABC bzw. ADC, die jeweils 180° betragen müssen:

In $\triangle$ ABC ist: In $\triangle$ ADC ist:

$2 \cdot (90^{\circ}-\gamma) + 2\alpha + \beta = 180^{\circ}$ $(90^{\circ}-\gamma) + \delta + (90^{\circ}-\alpha) + 2\alpha = 180^{\circ}$,

woraus jeweils durch Zusammenfassung folgt

$$\beta = 2 \cdot (\gamma - \alpha) \qquad\qquad\qquad \delta = \gamma-\alpha \quad .$$

Ein Vergleich dieser beiden Ergebnisse liefert sofort (4.1). Damit dürfte nun klar sein, warum der Limbus so geteilt ist, daß er nicht δ sondern den zu messenden Winkel β anzeigt, der nach (4.1) doppelt so groß wie δ ist.

4.1.2 Fehler eines Sextanten

Um einwandfreie vertrauenswürdige Meßergebnisse zu erhalten, muß unser Sextant frei von irgendwelchen Fehlern sein. Diese eventuellen Fehler können wir einteilen in von uns nicht korrigierbare grobe Fehler und in von uns korrigierbare Fehler. Beide Gruppen sollen im folgenden besprochen werden und für die zweite Gruppe zusätzlich ihre Korrekturmöglichkeiten.

4.1.2.1 Nicht korrigierbare grobe Fehler

Solche Fehler dürfen an einem guten Markenprodukt nicht vorhanden sein, weil sie selbstverständlich von einem qualifizierten Hersteller von vornherein unterbunden werden.

1) Nicht planparalleler Schliff der Spiegel und Blendgläser.
Sie bewirken verzerrte Abbildungen oder störende Nebenbilder.

2) Fehlerhafte Teilungen von Limbus oder Trommel.
Sie bewirken selbstverständlich fehlerhafte Ablesungen bzw. Einstellungen.

3) Exzentrizitätsfehler.
Darunter versteht man das Nichtzusammenfallen des Alhidadendrehpunktes
mit dem Mittelpunkt der Gradbogeneinteilung. Die Auswirkungen sind die
gleichen wie bei 2.

4) Fernrohrachse nicht parallel zur Instrumentenebene.
Eine dadurch verkantete Haltung des Sextanten führt ebenfalls zu falschen Meßergebnissen.

4.1.2.2 Korrigierbare Fehler
Nun gibt es noch andere kleinere Fehler, die alle mit der Stellung der
beiden Spiegel zusammenhängen und von uns leicht nach folgenden Verfahren
korrigiert werden können.

1) Prüfung der Stellung des großen Spiegels.
Der bewegliche große Spiegel hat senkrecht auf der Instrumentenebene zu
stehen. Wir prüfen dies, indem wir die Alhidade ungefähr in die Mitte des
Limbus stellen, den Sextanten horizontal mit dem von uns abgewandten
Limbus in Augenhöhe halten und unter einem spitzen Winkel sowohl in dem
großen Spiegel den gespiegelten als auch den ungespiegelten Gradbogen
anvisieren. Der große Spiegel steht senkrecht, wenn ungespiegelter und
gespiegelter Gradbogen stufenlos ineinander übergehen. Ist dies nicht
der Fall, so kann durch behutsames Drehen an der oberen Spiegelhalte-
schraube mit einem Schlüssel die Stellung des großen Spiegels bis zum
stufenlosen Übergang korrigiert werden. Bei zu häufigen Korrekturen besteht allerdings die Gefahr, daß diese Halteschrauben mit der Zeit ausleiern.

Bei nicht senkrecht stehendem großen Spiegel werden alle Winkel zu groß
gemessen.

2) Prüfung der Stellung des kleinen Spiegels.
Auch der feste kleine Spiegel hat senkrecht auf der Instrumentenebene
zu stehen. Sind kleiner und großer Spiegel parallel zueinander, so steht
bei senkrecht stehendem großen Spiegel natürlich auch der kleine senkrecht auf der Instrumentenebene. Dieses Parallelstehen der beiden Spiegel
kann man mit der Kimmprobe oder der Deckprobe überprüfen.

Bei der Kimmprobe stellen wir den Index auf Null und beobachten mit dem
senkrecht gehaltenen Sextanten die Kimm, die möglichst scharf und nicht
verschwommen sein soll. Gehen gespiegelte und ungespiegelte Kimm stufenlos ineinander über, stehen die beiden Spiegel parallel zueinander.

Dieses stufenlose Bild muß auch bei 45°-Schwenkungen des Sextanten um die Fernrohrachse nach beiden Seiten erhalten bleiben. Ist dies nicht der Fall, so kann dieser dann vorhandene Kippfehler durch vorsichtiges Drehen der Halteschraube mittels eines Schlüssels an der unbelegten Rückseite des kleinen Spiegels beseitigt werden.

Bei der Deckprobe betrachtet man ein mindestens 1 sm entferntes Objekt, am sinnvollsten irgendein Gestirn. Der kleine Spiegel steht dann richtig, wenn in der Nähe der Nullmarke das direkt gesehene mit dem gespiegelten Objektbild zur Deckung gebracht werden kann. Bewegt sich aber beim Drehen der Trommel in der Nähe der Nullmarke das gespiegelte Bild an dem direkt gesehenen vorbei, muß die ·Stellung des kleinen Spiegels nach der bereits geschilderten Methode wieder korrigiert werden.

Hat der <u>kleine</u> Spiegel einen Kippfehler, dann werden alle Winkel <u>zu klein</u> gemessen.

3) Indexfehler und Indexberichtigung.
Stehen beide Spiegel senkrecht zur Instrumentenebene, so müßten sie im Idealfall auch zueinander parallel sein, wenn der Index genau auf die Nullmarke zeigt. In der Praxis ist dies kaum der Fall, weil allein schon auf den Sextanten einwirkende Temperaturschwankungen geringfügige Veränderungen in der Stellung der Spiegel zueinander erzeugen. Diese geringfügigen Abweichungen, die als Indexfehler bezeichnet werden, kann man quantitativ erfassen und als sogenannte Indexberichtigung I_B an den Meßwerten anbringen. Verringert werden können diese Abweichungen durch Drehen der Stellschraube am kleinen Spiegel. Dies darf allerdings - wie bereits gesagt - nicht zu oft geschehen, da Stellschrauben bei zu häufiger Betätigung ausleiern und keinen festen Halt mehr garantieren. Da kleine Indexfehler von wenigen Minuten ständig auftreten, findet man sich mit ihrer Existenz ab und bringt sie als Indexberichtigung I_B an jeder Instrumentablesung (I_A) an.

Hat man ein mindestens 1 sm entferntes Objekt - z.B. die Kimm - mit seinem Spiegelbild durch Feineinstellung der Trommel um die Nullmarke herum zur Deckung gebracht, so kann der Index geringfügig rechts von der Nullmarke auf dem sogenannten Vorbogen oder links von der Nullmarke auf dem Hauptbogen des Limbus stehen. Im ersten Fall wird jeder Winkel zu klein gemessen, die entstandene Differenz muß als I_B zum abgelesenen Instrumentwert dazu addiert werden. Im zweiten Fall wird ein zu großer Wert abgelesen, d.h. I_B ist negativ. Symbolisch faßt dies Abb.4.3 zusammen. Steht z.B. die Trommel auf 56' (vgl.Abb.4.4a), so ist $I_B = + 4'$; der Index steht dann auf dem Vorbogen zwischen 0° und dem nächsten Grad-

strich. Steht dagegen die Trommel z.B. auf 3' (vgl.Abb.4.4b), so ist
$I_B = -3'$; der Index steht dann auf dem Hauptbogen zwischen 0° und 1^O.

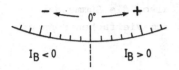

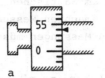

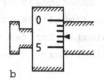

a   b

Abb.4.3 Zum Vorzeichen von I_B Abb.4.4a Die richtige Trommelablesung zur
                                             Bestimmung von $I_B > 0$

                                             Abb.4.4b Die richtige Trommelablesung zur
                                             Bestimmung von $I_B < 0$

Außer mit der soeben geschilderten Kimmprobe kann die Indexberichtigung
auch noch an der Sonne bestimmt werden. Dazu blenden wir mit Hilfe
unserer Blendgläser die in das Auge gelangenden Sonnenstrahlen so weit
ab, daß direkt gesehenes und gespiegeltes Bild etwa gleich hell erscheinen. Dann bringen wir - etwa von der Nullstellung ausgehend - durch
Drehen der Trommel zuerst den Rand der doppelt gespiegelten Sonnenscheibe
mit dem Rand der direkt gesehenen Sonne oben genau zur Berührung (vgl.
Abb.4.5a). Der untere Rand der direkt gesehenen Sonne ist dabei um den
Scheibendurchmesser nach oben geschoben worden. Auf dem Vorbogen lesen
wir einen Wert + n' ab. Sodann drehen wir die Trommel in die andere
Richtung, bis der Unterrand der direkt gesehenen Sonne den Oberrand der
gespiegelten Sonne genau berührt (vgl.Abb.4.5b). Der untere Rand der
direkt gesehenen Sonne ist dabei um den Scheibendurchmesser nach unten
geschoben worden. Auf dem Hauptbogen lesen wir den Wert - m' ab. Dann ergibt sich die Indexberichtigung als halbe algebraische Summe beider ab-
gelesener Werte, d.h.

$$I_B = (n' - m')/2 \quad . \tag{4.2}$$

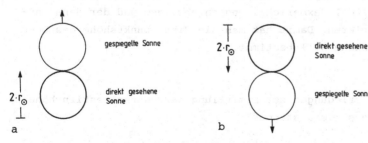

Abb.4.5a Erste Sonnenscheibeneinstellung zur I_B- Bestimmung

Abb.4.5b Zweite Sonnenscheibeneinstellung zur I_B- Bestimmung

Da von der ersten Ablesung bis zur zweiten auf dem Limbus ein Intervall
zurückgelegt wurde, das dem zweifachen Sonnenscheibendurchmesser bzw.
vierfachen Sonnenscheibenradius entspricht, hat man durch Nachschauen
des Sonnenscheibenradius im Nautischen Jahrbuch und Vergleich eine gute
Kontrollmöglichkeit der gemachten Messungen. D.h. also, die Summe der
Absolutbeträge der obigen Messungen müssen gleich dem vierfachen Sonnenscheibenradius r sein:

$$4 \cdot r = |n'| + |-m'| \; . \qquad\qquad (4.3)$$

An einem Zahlenbeispiel wollen wir dies alles noch mehr verdeutlichen:

Beispiel:

Anläßlich einer I_B-Bestimmung an der Sonne steht bei der ersten Messung der Index auf
dem Vorbogen und die Trommel auf 28. Die dazugehörige Ablesung lautet + 32'. Bei der
zweiten Messung steht der Index auf dem Hauptbogen und die Trommel auf 34. Die dazugehörige Ablesung lautet - 34'. Damit ergibt sich nach Gl.(4.2) für die Indexberichtigung

$$I_B = \frac{1}{2} \cdot (32'-34') = -1'$$

und nach Gl.(4.3) für den Radius der Sonnenscheibe

$$r = \frac{1}{4} \cdot (32'+34') = 16,5' \; .$$

Das Nautische Jahrbuch gibt für den Beobachtungstag ein r = 16,3' an. Die Messung ist
also als zufriedenstellend zu bezeichnen.

Daß der (scheinbare) Sonnenscheibenradius sich ständig ändert, hängt mit
dem wechselnden Abstand der Sonne von der Erde zusammen (vgl.1.Kepler-
sches Gesetz in Abschn.3.3.1).

Der Leser übe intensiv die in diesem Kapitel geschilderten Kimm- bzw.
Deckproben und insbesondere die Feststellung der Indexberichtigung zur
Kontrolle der Meßgenauigkeit seines Sextanten. Dazu kann ihm mangels
einer Kimm ein größeres Gefäß mit Öl oder einer anderen zähen Flüssig-
keit als sogenannter künstlicher Horizont dienen (vgl.Abb.4.6). An dieser
horizontal spiegelnden Fläche sind beide Gestirnsbilder zur Deckung zu
bringen. Dabei wird die doppelte Höhe h gemessen. An dieser doppelten
Höhe ist die ermittelte Indexberichtigung anzubringen und der dann entstehende Wert zu halbieren. Damit hat man die Mittelpunktshöhe des Gestirns für eine Augenhöhe Null bestimmt.

4.1.3 Theoretische Überlegungen zur Ermittlung der wahren Gestirnshöhe
      aus Messungen des Kimmabstandes

Für unsere Standlinien - bzw. Standortbestimmung benötigen wir die wahre
Gestirnshöhe h_w, die wir auch etwas unpräzise die beobachtete Gestirns-

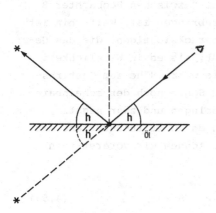

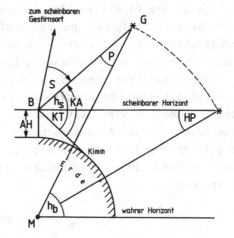

Abb.4.6 Gestirnshöhenmessung am
künstlichen Horizont

Abb.4.7 Wichtige am gemessenen Kimmabstand
anzubringende Berichtigungen

höhe h_b nennen wollen. Dies ist bekanntlich der Winkel zwischen dem
wahren Horizont und dem Gestirnsmittelpunkt (vgl.Abb.4.7). Was wir als
Winkel zwischen der Kimm und dem Gestirn mit unserem Sextanten messen,
ist aber nicht die wahre Höhe, sondern - unter Berücksichtigung der
Indexberichtigung - der sogenannte Kimmabstand KA.

Denken wir uns durch unsere Beobachteraugen eine Ebene parallel zum
wahren Horizont gelegt - wir nannten ihre Schnittlinie mit der Himmelskugel scheinbarer Horizont -, so ist auch der Winkel zwischen
diesem scheinbaren Horizont und dem Gestirn nicht die wahre Höhe,
sondern eine sogenannte scheinbare Höhe h_s.

Wir gelangen nun vom gemessenen Kimmabstand KA zur scheinbaren Höhe h_s,
indem wir von KA die sogenannte Kimmtiefe KT - das ist der Winkel zwischen dem scheinbaren Horizont und der Kimm - subtrahieren, d.h. also
es ist

$$h_s = KA - KT \quad . \tag{4.4}$$

Diese Kimmtiefe KT hängt natürlich wesentlich von der Augenhöhe AH des
Beobachters B ab, die in Abb.4.7 übertrieben groß dargestellt ist. Über
diese KT-Berichtigung und alle sonstigen Berichtigungen wird später noch
eingehender gesprochen werden. Vorerst erwähnen wir diese notwendig wer-
denden Berichtigungen ganz allgemein, um einen Überblick zu gewinnen,
wie man schließlich von unserem gemessenen Kimmabstand KA zur wahren
Höhe h_b gelangt.

Da wäre zuerst die Parallaxe oder auch Verschub P zu nennen. Dies ist
der vom Gestirnsmittelpunkt gemessene Winkel P zwischen Beobachter B
und Erdmittelpunkt M, der positiv an KA anzubringen ist. Weiterhin ist
die Strahlenbrechung oder Refraktion S zu berücksichtigen, die das Gestirn in einer größeren Höhe erscheinen läßt, als es in Wirklichkeit
steht. Daher ist S von KA abzuziehen. Da die wahre Höhe zum Gestirnsmittelpunkt gemessen wird, ist bei Mond und Sonne noch der scheinbare
Gestirnsradius r_G bei KA in Anrechnung zu bringen und zwar negativ, wenn
der Gestirnsoberrand, dagegen positiv, wenn der Gestirnsunterrand mit
der Kimm zur Berührung gebracht wird. Damit können wir vorerst rein
formal schreiben

$$h_w = h_b = KA - KT + P - S \overset{+}{-} r_G \quad . \tag{4.5a}$$

Fassen wir weiterhin formal diese einzelnen Berichtigungen zu einer Gesamtberichtigung GB zusammen:

$$GB = - KT + P - S \overset{+}{-} r_G \quad , \tag{4.6}$$

so haben wir statt (4.5a) einfacher

$$h_b = KA + GB \quad . \tag{4.5b}$$

Nunmehr wollen wir uns eingehender mit den einzelnen Berichtigungen
Kimmtiefe, Parallaxe und Strahlenbrechung befassen.

Kimmtiefe
Unter der Voraussetzung, daß KT nur von der Augenhöhe AH abhängt, läßt
sich KT aus Abb.4.8, die einen Ausschnitt aus Abb.4.7 darstellt, leicht
ermitteln. Es ist - mit R als Erdradius - :

$$\cos KT = \frac{R}{R + AH} \quad . \tag{4.7a}$$

Da AH $\ll$ R und KT ein sehr kleiner Winkel in der Größenordnung von Minuten ist, erhält man durch Reihenentwicklungen von (4.7a) den Näherungs-
ausdruck

$$KT \, ['] = 1,78 \cdot \sqrt{AH \, [m]} \quad , \tag{4.7b}$$

worin KT in Winkelminuten angegeben wird, wenn man die Augenhöhe AH in
Metern ausdrückt. Diese sogenannte mittlere Kimmtiefe ist in Fulsts
Tafel 26 tabelliert. Aus ihr ersieht man, wie KT mit zunehmender Augen-
höhe wächst und für Gestirns-Messungen auf See nur wenige Winkelminuten

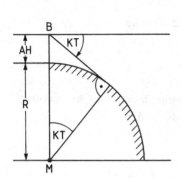

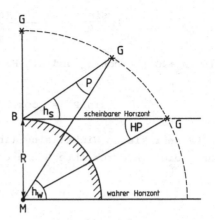

Abb.4.8 Der Zusammenhang der
Kimmtiefe KT mit der Augenhöhe AH

Abb.4.9 Zusammenhang zwischen Parallaxe P,
Horizontalparallaxe HP und scheinbarer
Höhe h_s

beträgt. Eine Messung der genauen Kimmtiefe kann z.B. mit einem Präzisionstheodoliten kombiniert mit einer Horizontlibelle von einem festen Standort aus erfolgen. Diese Kimmtiefe ist also als Korrekturwert mit negativem Vorzeichen an dem gemessenen Kimmabstand anzubringen.

Parallaxe P

Wie wir aus Abb.4.7 oder 4.9 ersehen, ist die Parallaxe P der Betrag, um den die wahre Höhe h_w größer ist als die scheinbare h_s. P ist also der Winkel, unter dem man vom Gestirn aus den Erdradius $\overline{BM}$ sieht. Die Größe P hängt demnach nicht nur von der Entfernung des Gestirns sondern auch von der Gestirnshöhe ab. Steht das Gestirn im Zenit des Beobachters B, ist P = 0, steht es bei gleicher Erdentfernung im scheinbaren Horizont, ist P am größten. Man nennt P im letzten Fall dann Horizontalparallaxe oder Horizontalverschub HP.

Die aus astronomischen Messungen ermittelten Horizontalparallaxen sind für Mond und die Planeten im Nautischen Jahrbuch täglich angegeben. Ihre Veränderlichkeit hängt mit dem wechselnden Abstand dieser Gestirne von der Erde zusammen. Die Horizontalparallaxen der extrem weit entfernten Fixsterne sind so winzig, daß ihre Werte für unsere Navigationszwecke vernachlässigt werden können. Dies gilt im Prinzip auch für die Planeten, zumindest für die weiter entfernten Jupiter und Saturn.

Zwischen der scheinbaren Höhe h_s, HP und P läßt sich leicht ein einfacher Zusammenhang herstellen (vgl.Abb.4.9). Es ist nach dem ebenen Sinussatz (vgl. Abschn.6.1.3):

$$\frac{\sin P}{R} = \frac{\sin (h_s+90^\circ)}{MG} \quad .$$

Wegen $\sin (h_s+90^\circ) = \cos h_s$ und $\sin HP = \dfrac{R}{MG}$ wird daraus

$$\sin P = \cos h_s \cdot \sin HP \quad . \qquad\qquad (4.8a)$$

Da P und HP sehr kleine Winkel sind (in der Größenordnung von höchstens
1°), können die sin durch ihre Bögen ersetzt werden, d.h.

$$P = HP \cdot \cos h_s \quad . \qquad\qquad (4.8b)$$

Mit der Kenntnis von HP (aus dem Nautischen Jahrbuch) und h_s (aus Mes-
sungen) kann damit sofort die zugehörige Parallaxe P bestimmt werden.
Dies ist allerdings nur wesentlich für das uns am nächsten befindliche
Gestirn, den Mond. Für ihn finden wir täglich die HP sogar um 4^h, 12^h,
20^h MGZ im Nautischen Jahrbuch angegeben. HP beträgt hier fast 1°. Für
die Sonne und Planeten dagegen sind die HP-Werte nur Bruchteile einer
Winkelminute. - P ist also nach Abb.4.9 additiv am gemessenen Kimmab-
stand anzubringen.

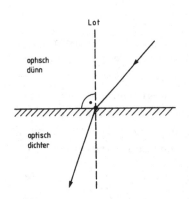

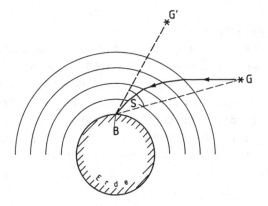

Abb.4.10 Brechung eines Lichtstrahls   Abb.4.11 Brechung eines Lichtstrahls in
                                          Atmosphärenschichten der Erde

Strahlenbrechung S

Bekanntlich werden Lichtstrahlen beim Übergang von einem optisch dünnen
in ein optisch dichteres Medium an der Grenzfläche zum Einfallslot hin
gebrochen (vgl.Abb.4.10). Dies gilt entsprechend natürlich auch für
Lichtstrahlen eines Gestirns, die in die Erdatmosphäre eindringen. Hier
ist aber zu berücksichtigen, daß der Lichtstrahl beim Durchlaufen der
Atmosphäre auf immer dichtere Schichten trifft, je näher er der Erdober-

fläche kommt (vgl.Abb.4.11). Ein Beobachter B sieht also das Gestirn G
nicht in der wirklichen Richtung BG, sondern scheinbar viel höher in der
Richtung BG' stehen. Der Winkel S zwischen der wirklichen Richtung und
der scheinbaren ist also ein Maß für die gesamte Strahlenbrechung.
Auch Abb.4.11 ist stark übertrieben gezeichnet. S liegt i.a. ungefähr in der Größenordnung von maximal 40'.

Die Größe der Strahlenbrechung ist abhängig von der Gestirnshöhe, dem
Luftdruck, der Lufttemperatur und der Luftfeuchtigkeit. Sie ist bei Gestirnen im Zenit natürlich Null und nimmt nach der Kimm hin zu. Sie
wächst mit steigendem Luftdruck und sinkender Temperatur. Die Theorien,
die bisher zur Erfassung der Atmosphärenstrahlenbrechung entwickelt
wurden, sind sehr komplex und auch leider zahlreich. Dies gilt insbesondere für die Theorie der Horizontalrefraktion für sehr niedrig stehende Gestirne, bei der die vertikale Schichtung der Atmosphäre eine
große Rolle spielt. Daher wollen wir uns damit hier nicht näher ausein-
andersetzen.

Um überhaupt Rechenwerte für S zu bekommen, sind aus verschiedenen Theorien und auch Beobachtungen Mittelwerte tabelliert worden. Man findet sie
z.B. in Fulst-Tafel 24 für einen Luftdruck von 1013 mb und einer Temperatur von +10°C. Diese Werte können für starke Temperatur- bzw. Druckab-
weichungen durch Werte der Fulst-Tafel 25 korrigiert werden. S ist also
nach Abb. 4.11 von dem gemessenen Kimmabstand zu subtrahieren.

In diesem Zusammenhang möchten wir noch auf zwei wesentliche Auswirkungen
der Strahlenbrechung hinweisen. Zum einen wird durch sie eine Verlängerung
des Tages bewirkt. Anfang und Ende des Tages sind ja durch Auf- bzw.
Untergang des oberen Sonnenscheibenrandes gekennzeichnet (vgl. Abschnitt
3.4.3). In Mitteleuropa wird durch Strahlenbrechung der Tag um ungefähr
10 Minuten verlängert. Zum anderen beruht das elliptische Aussehen von
Mond und Sonne in Kimmnähe auf der Strahlenbrechung. Denn der obere Scheibenrand von Sonne oder Mond wird nicht so stark durch die Refraktion an-
gehoben wie der untere. Dadurch erscheint der jeweilige senkrechte Scheibendurchmesser kürzer als der waagrechte. Dies und die mangelhafte Kenntnis der Horizontalrefraktionswerte sind Gründe, von einer Höhenmessung
sehr tief stehender Gestirne, deren Kimmabstände kleiner als 10° sind,
abzuraten.

Gesamtberichtigung GB

Um das zeitraubende Zusammensuchen all dieser Einzelberichtigungen zu
vermeiden, sind diese für die praktische Anwendung nach Gl.(4.6) zu
einer Gesamtberichtigung oder Gesamtbeschickung GB zusammengefaßt worden.

Wie schon früher betont wurde, handelt es sich hierbei z.T. um Mittelwerte - insbesondere für die Refraktion - die vor allem bei kleinen
Kimmabständen mit großer Vorsicht zu benutzen sind. Für den übrigen
Meßbereich der Kimmabstände sind diese GB-Tafeln aber eine sehr große
Erleichterung. Man findet sie z.B. in Fulst als Tafel 22 bzw. 23 für
den Unter- bzw. Oberrand des Mondes. Eingangswerte sind natürlich alle
oben aufgezählten Parameter: Augenhöhe, Kimmabstand, Horizontalparallaxe
und - wegen des wechselnden Sonnen- bzw. Mondabstandes - auch das ungefähre Beobachtungsdatum.

Die neueren Ausgaben des Nautischen Jahrbuches enthalten ebenfalls solche
Gesamtbeschickungstabellen. Ihre praktische Handhabung wollen wir in
einem gesonderten Abschnitt üben.

4.1.4 Praktische Ermittlung der wahren Gestirnshöhe aus Messungen des Kimmabstandes

Nach Abschn.4.1.2.2 ist zur Ermittlung jeder wahren Gestirnshöhe die
Instrumentablesung I_A zuerst mit der Indexberichtigung I_B zum Kimmabstand KA zu beschicken, bevor daran die Gesamtberichtigung GB angebracht
werden kann, um die wahre Beobachtungshöhe h_b zu bekommen. Will man dies
in einem Schema zusammenfassen, so hätte dies etwa folgendermaßen auszu-
sehen:

$$
\begin{array}{ll}
I_A & GB_1 \\
+\ I_B & GB_2 \\
\hline
KA & +\ GB_3 \\
\hline
+\ GB \leftarrow & GB \\
h_b &
\end{array}
$$

Sollte sich die Gesamtbeschickung GB aus mehreren Teilbeschickungen zu-
sammensetzen, so wären diese notfalls in einer Nebenrechnung anzuschrei-
ben. Wir führen dies nun an konkreten numerischen Beispielen vor.

Fixstern (Fulst-Tafel 21)

Beispiel: Bei der Beobachtung von Wega betrugen die I_A = 20° 10', die I_B = -1,6' und
die AH = 10m. Wie groß war h_b?

$$
\begin{array}{lll}
Wega\ I_A & = 20° 10' \\
I_B & = \quad -1,6' \\
\hline
Wega\ KA & = 20° 8,4' \\
Tafel\ 21:GB & = \quad -8,3' & für\ AH = 10m \\
\hline
Wega\ h_b & = 20° 0,1' \\
\end{array}
$$

Planet   (Fulst-Tafel 21)

Beispiel: Bei der Beobachtung von Venus betrugen die $I_A = 16^O$ 14', die I_B = +2,2', die AH = 8m und die Horizontalparallaxe HP = 0,4'. Wie groß war h_b?

$$I_A = 16^O \ 14'$$

$$I_B = \qquad +2,2' \qquad GB_1 = -8,3' \ : \ \text{große Tafel 21}$$

$$KA = 16^O \ 16,2' \qquad GB_2 = +0,3' \ : \ \text{untere kl.Tafel 21}$$

$$GB = \qquad -8,0' \quad \leftarrow \ GB = -8,0'$$

$$h_b = 16^O \ 8,2'$$

Hier wurde GB_1 für eine AH = 8m aus der großen Tafel 21 ermittelt und die bei Planeten geringe Parallaxe GB_2 aus der kleinen unteren Tafel 21.

Sonnenunterrand (Fulst-Tafel 20)

Beispiel: Bei der Beobachtung des Sonnenunterrandes am 19. August 1957 betrugen die $\overline{I}_A = 25^O$ 32', die I_B = -1,4' und die AH = 12m. Wie groß war h_b?

$$I_A = 25^O \ 32'$$

$$I_B = \qquad -1,4' \qquad GB_1 = +8,0' \ : \ \text{große Tafel 20}$$

$$KA = 25^O 30,6' \qquad GB_2 = -0,2' \ : \ \text{untere kl.Tafel 20}$$

$$GB = \qquad +7,8' \quad \leftarrow \ GB = +7,8'$$

$$h_b = 25^O 38,4'$$

Hier wurde GB_1 für eine AH = 12m aus der großen Tafel 20 ermittelt und GB_2 aus der unteren kleinen Tafel 20 für den Monat August. Je nachdem, ob bei Sonne und Mond der Ober- oder Unterrand auf die Kimm gesetzt wird, erhält das Gestirnszeichen oben bzw. unten einen Querstrich. Dieser entfällt natürlich bei der Schreibweise für die wahre Beobachtungshöhe h_b, da diese immer auf den Gestirnsmittelpunkt bezogen ist.

Die Zusatzbeschickungen für den Sonnenoberrand $\overline{\odot}$ (unterste Tafel 20) unterscheiden sich ungefähr um den Betrag des scheinbaren Sonnenscheibendurchmessers (ca.32') von denen für den Sonnenunterrand $\underline{\odot}$.

Mondunterrand (Fulst-Tafel 22)

Beispiel: Bei der Beobachtung des Mondunterrandes am 20. August 1957 um 14^h MGZ betrugen die $I_A = 25^O$ 18', die I_B = +2' und die AH = 7m. Wie groß war h_b? Als Eingangsdatum für Tafel 22 benötigen wir u.a. die Horizontalparallaxe. Aus dem Nautischen Jahrbuch 57 ersehen wir an unserem Beobachtungstag um 12^h MGZ eine HP = 57,9' und um 20^h MGZ eine HP = 58,2'. Daraus folgt durch Interpolation um 14^h MGZ eine HP = 58,0'. Somit bekommen wir

$$I_A = 25^O \ 18' \qquad GB_1 = 60,8' \ \text{für HP = 58' und KA = } 25^O$$

$$I_B = \qquad +2' \qquad GB_2 = -0,1' \ \text{für } \Delta KA = 20' \text{ und } \Delta HP = 0,0'$$

$$KA = 25^O \ 20' \qquad GB_3 = +0,9' \ \text{für AH = 7m}$$

$$GB = \ + \ 61,6' \quad \leftarrow \ GB = 61,6' \qquad \text{.}$$

$$h_b = 26^O \ 21,6'$$

GB_1 ergab sich aus der Haupttafel 22 für HP = 58' und KA = 25°, GB_2 aus der auf gleicher Höhe rechts neben dem KA befindlichen Interpolationstafel für $\Delta HP = 0,0'$ und $\Delta KA = 20'$ und GB_3 schließlich aus der untersten Augenhöhen-Tafel für AH = 7m.

4.2 Messung des Azimuts

4.2.1 Azimutpeilungen mit dem Kompaß

Die Messung der zweiten Koordinate im Horizontalsystem, nämlich des Azimuts kann mit Hilfe eines Kompasses erfolgen, wobei wir uns im folgenden
auf einen Magnetkompaß mit einer Peileinrichtung beschränken wollen
(vgl.Abb.4.12). Dies kann ein Handpeilkompaß sein oder ein kardanisch
aufgehängter Steuerkompaß mit einem Peilaufsatz einschließlich eines
Peilspiegels für Gestirne und Blendgläsern für Sonnenpeilungen. Wir setzen voraus, daß dem Leser die Wirkungsweise eines solchen Gerätes bekannt
ist und wollen lediglich das zur Handhabung Wesentliche kurz wiederholen.

Bekanntlich sollen wir mit unserem Fahrzeug (z.B. einem Schiff) rechtweisende Kurse (rwK) steuern. D.h. wir wählen zur Navigation einen im
Uhrzeigersinn zu zählenden Winkel zwischen der Schiffskielrichtung und
der rechtweisenden Nordrichtung (rwN) aus und versuchen, ihn mit Hilfe
eines Kompasses einzuhalten (vgl.Abb.4.13). Dabei ist rwN die Richtung
des geographischen Meridians durch unseren augenblicklichen Standort zum
geographischen Nordpol.

Unsere Magnetkompaßnadel zeigt nun - wenn sie nicht durch ablenkende
Metallteile oder lokale künstliche elektromagnetische Felder beeinflußt
wird - <u>nicht</u> diese rechtweisende Nordrichtung an, sondern stellt sich

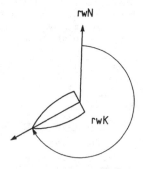

Abb.4.12 Universalkompaß zum Steuern
und Peilen (Cassens + Plath)

Abb.4.13 Zum Begriff des rechtweisenden
Kurses (rwK)

in Richtung der Feldlinien unseres Erdmagnetfeldes ein. Den Winkel zwischen rwN und dieser Einstellungsrichtung nennt man mißweisende Nordrichtung. Dieser Winkel beträgt in Europa nur wenige Grad, kann aber in anderen Erdgegenden erhebliche Werte annehmen (vgl. z.B. Fulst-Tafel 41). Man definiert den Richtungssinn dieser Mißweisung (MW) so, daß sie negativ bezeichnet wird, wenn die Kompaßnadel links von rwN liegt und positiv, wenn sie sich rechts von rwN befindet (vgl.Abb.4.14). Diese Mißweisung ist in allen Seekarten vermerkt. Sie ist örtlich und zeitlich veränderlich, allerdings zeitlich pro Jahr nur sehr wenig.

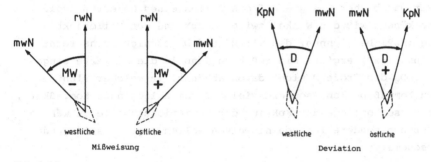

Abb.4.14   Abb.4.15

Zum Richtungssinn der Mißweisung (MW)   Zum Richtungssinn der Deviation (D)

Befindet sich unser Magnetkompaß aber in der Nähe von Eisenteilen oder künstlichen elektromagnetischen Feldern (z.B. elektrischen Geräten), so wird die Kompaßnadel zusätzlich um einen Winkel abgelenkt, den man Ablenkung oder Deviation nennt. Dieser Winkel wird häufig mit δ bezeichnet; um Verwechslungen mit unserer Koordinate Deklination zu vermeiden, nennen wir diese Devation D. Der Richtungssinn von D ist entsprechend dem der Mißweisung definiert. Liegt die Kompaßnordrichtung (KpN), in die unsere Kompaßnadel nunmehr zeigt, links von der mißweisenden Nordrichtung (mwN), so ist D <0, befindet sich KpN rechts von mwN, so ist D >0 (vgl. Abb.4.15). D ist im Gegensatz zur Mißweisung vom jeweils anliegenden Kurs abhängig. Dies kann man sich leicht erklären, wenn man sich die Vektorsumme aller magnetischen Ablenkungskräfte auf einem Schiff als den Einfluß eines gedachten Magneten vorstellt, der seine Lage und damit sein Störfeld zu unserer Magnetkompaßnadel mit wechselndem Kurs ändert. Es genügt also nicht, einen einzigen D-Wert wie bei der Mißweisung in einem bestimmten Seegebiet zu kennen, sondern man muß eine sogenannte Deviationstabelle zur Verfügung haben, die in einer Ablenkungtafel die Deviation als Funktion des vom Kompaß angezeigten Kompaßkurses (KpK) und in einer Steuertafel D als Funktion des mißweisenden Kurses (mwK) enthält. Damit ist dann jederzeit eine Beschickung des Kompaßkurses über den mißweisenden Kurs zum rechtweisenden Kurs oder eine umgekehrte Rückbe-

schickung vom rechtweisenden Kurs zum Kompaßkurs nach untenstehendem
Schema möglich. Hierbei sind MW und D mit den richtigen oben definierten
Vorzeichen einzusetzen.

$$
\begin{array}{c}
\downarrow \text{ KpK } \uparrow \\
\downarrow \underline{+ \text{ D}} \uparrow \\
\text{Beschickung } \downarrow \text{ mwK } \uparrow \text{ Rückbeschickung} \\
\downarrow \underline{+\text{MW}} \uparrow \\
\downarrow \text{ rwK } \uparrow
\end{array}
$$

Übertragen wir das bisher Gesagte auf das Peilen eines Objektes (vgl.
Abb.4.16), so können wir den Winkel zwischen KpN und dem Peilobjekt als
Kompaßpeilung (KpP) bezeichnen, die mit MW und D beschickt eine rechtweisende Peilung (rwP) ergibt. Die rwP kann dann in die Seekarte eingetragen werden. Da die Größe D nicht davon abhängt, in welcher Richtung
wir über den Kompaß peilen, sondern vielmehr vom anliegenden Kompaßkurs,
so ist D für diesen anliegenden KpK aus der Deviationstabelle zu wählen,
worauf wir durch besondere Indices hinweisen wollen (vgl. das folgende
Beschickungsschema).

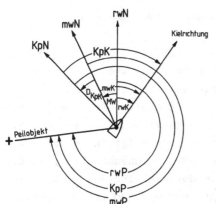

Abb.4.16 Zu den Begriffen der rechtweisenden,
mißweisenden und Kompaßpeilung

$$
\begin{array}{c}
\downarrow \text{ KpP} \\
\downarrow \\
\downarrow \text{ }^{\text{D}}\underline{\text{KpK}} \\
\text{Beschickung } \downarrow \text{ mwP} \\
\downarrow \\
\downarrow \underline{\text{ MW}} \\
\downarrow \\
\downarrow \text{ rwP}
\end{array}
$$

Kennen wir also in unserem Seegebiet die Mißweisung Mw und besitzen wir
eine gültige Deviationstabelle, so können wir durch Peilung eines Gestirns und Beschickung mit D und MW seine rechtweisende Peilung bestim-

men, die ja definitionsgemäß mit dem Azimut des Gestirns zum Peilzeit-
punkt identisch ist. Leider wird aber eine solche Gestirnspeilung mit
zunehmendem Kimmabstand immer ungenauer. Dies ist der Grund, warum solche
Azimutmessungen zur astronomischen Navigation praktisch nicht verwendet
werden. Denn bei tiefstehenden Gestirnen ist wegen mangelhafter Kenntnis
der Gesamtbeschickung (Strahlenbrechung, vgl. Abschn.4.1.3) von einer
Verwendung der Höhenmessung abzuraten (obwohl eine Gestirnspeilung sehr
genaue Azimutwerte gibt) und bei höherstehenden Gestirnen von der Verwendung der mangelhaften Azimut-Peilung (bei sehr guter Kenntnis der Gesamtbeschickung für die Höhenmessung).

Wenn auch die Gestirnspeilung bei tiefstehenden Gestirnen nicht für navigatorische Zwecke benutzt wird, so kann sie trotzdem einem anderen
Zweck dienen, nämlich unseren Kompaß zu kontrollieren. Wie das geschieht,
werden wir im folgenden Abschnitt besprechen.

4.2.2   Astronomische Kompaßkontrolle

4.2.2.1 mit Zeitazimut.

Unter der astronomischen Kompaßkontrolle verstehen wir den Vergleich des
am Kompaß gepeilten Gestirn-Azimuts mit dem zum Beobachtungszeitpunkt berechneten, um bei vorgegebener Mißweisung die Deviation des anliegenden
Kurses zu bestimmen bzw. mit den Werten der Deviationstabelle zu ver-
gleichen. Die Berechnung eines Gestirn-Azimuts haben wir bereits in Abschnitt 3.2.4.2 durchgeführt und dafür Gleichungen (3.14) bzw. (3.16) erhalten. In (3.14) hängt das Azimut außer von der Gestirnsdeklination δ
und der geographischen Breite φ von der wahren Gestirnshöhe h ab. Wir
sprechen daher in diesem Falle kurz von dem Höhenazimut. In (3.16) dagegen wurde h durch den Ortsstundenwinkel t substituiert; in diesem Fall
sprechen wir kurz vom Zeitazimut, das auch den ABC-Tafeln 19 von Fulst
zugrunde liegt. - Wir geben nun im folgenden zuerst den allgemeinen Rechengang an, den wir dann anschließend an einem konkreten Beispiel praktisch vorführen.

Zur Berechnung des Azimuts benötigen wir nach (3.16) die Ortskoordinaten
(φ,λ) des Beobachtungsortes und die Beobachtungsuhrzeit (BUZ). Ferner sei
im Beobachtungsgebiet die Mißweisung MW bekannt. Mit BUZ und λ können
aus dem Nautischen Jahrbuch der Ortsstundenwinkel t und die Deklination
des Gestirns ermittelt werden. Damit wird dann das Azimut berechnet,
entweder direkt aus (3.16) oder aus Hilfstafeln (z.B. aus der ABC-Tafel
19 von Fulst oder mit den später zu besprechenden HO249-Tafeln). Dieses

Azimut entspricht der rechtweisenden Gestirnspeilung rwP. Damit kann der im Verwandlungsschema von der KpP zur rwP fehlende D_{KpK}-Wert durch Rück-beschickung berechnet werden. Das allgemeine Schema sieht demnach so aus:

BUZ

Stand

MGZ	KpP
↓ mit N.J.	$\|D_{KpK}\|$ ↑
t_{Grw}	mwP ↑
$\pm\lambda\ (\frac{E}{W})$	MW ↑
mit t , δ und φ →	Az=rwP ↑

Beispiel:

Am 20.8.57 peilte man zur BUZ = $15^h\ 33^m$ auf φ = $54°$ 12'N und λ = $10°$ 6'W die Sonne am Kompaß in KpP = $248°$. In diesem Gebiet ist MW = $-5°$. Der Kompaßkurs betrug KpK = $340°$, der Stand = -1m. Welche auf den KpK bezogene Deviation D_{KpK} ergab sich zur Beobachtungs-zeit?

20.8.57:	BUZ	= $15^h\ 33^m$		15^h δ = $12°$ 24,6'N			
	Stand	= -1m		Verb. = -0,4'			
	MGZ	= $15^h\ 32^m$		δ = $12°$ 24,2'N			
15^h	t_{Grw}	= $44°$ 10,5'				$248°$ = KpP	
33m	Zuw.	= $8°$ 0'			$\|$	$-8°$ = D_{KpK} $\|$	
	t_{Grw}	= $52°$ 10,5'	A	= -1,55		$240°$ = mwP	↑
	λ(w)	= $-10°$ 6'	B	= +0,33		$-5°$ = Mw	↑
	t	= $42°$ 4,5' = t_w	C	= -1,22 → Az = S55°W		$235°$ = rwP	↑

Zum KpK = $340°$ gehörte also eine Deviation $D_{KpK} = -8°$.

Der Vorteil dieser mit dem Zeitazimut durchgeführten Kompaßkontrolle liegt darin, daß sie für jedes Gestirn zu jedem Zeitpunkt durchge-führt werden kann, vorausgesetzt, eine einwandfreie Peilung ist ge-währleistet. Dies kann zum Beispiel auch nachts erfolgen, denn eine sichtbare Kimm ist hierfür nicht erforderlich. Dies alles ist bei dem im nächsten Abschnitt zu besprechenden Amplitudenverfahren nicht mehr möglich.

4.2.2.2 mit Amplitudenverfahren.

Dieses Verfahren wird vorwiegend für die Sonne angewandt und zwar zu dem Zeitpunkt, zu dem ihr Mittelpunkt im wahren Horizont steht. Man er-spart sich dann nämlich das Ablesen der Beobachtungsuhr, weil dieser Zeitpunkt genau bekannt ist. Er wurde bereits in Abschn.3.4.3 als (3.28) bzw. (3.29) berechnet und liegt als Fulst-Tafel 33 tabelliert vor. Zur

Berechnung des Azimuts des Sonnenmittelpunktes im wahren Horizont greifen wir auf (3.14b) zurück:

$$\cos Az = \frac{\sin \delta - \sin h \cdot \sin \varphi}{\cos h \cdot \cos \varphi} \quad .$$

Da im wahren Horizont h = 0 und damit sin h = 0, cos h = 1 ist, wird
daraus einfach

$$\cos Az = \frac{\sin \delta}{\cos \varphi} \quad , \qquad\qquad (4.9a)$$

das auch in der Form

$$\cos Az = \sin \delta \cdot \sec \varphi \qquad\qquad (4.9b)$$

geschrieben werden kann. Fulst Tafel 34 wurde nach dieser Gleichung berechnet. Zur praktischen Anwendung des dort nur viertelkreisig tabellier-
ten Azimuts merke man sich die Regel: Das Azimut ist stets gleichnamig
mit der Deklination δ und zählt beim wahren Sonnenaufgang nach Ost und
beim wahren Sonnenuntergang nach West.

Man benötigt für dieses Amplitudenverfahren außer der geographischen
Breite lediglich die Deklination der Sonne. Da sich diese innerhalb
eines Tages nur um etwa $0,5^{\circ}$ ändert und das Azimut andererseits nur um
höchstens $0,5^{\circ}$ aus Peilungen genau bekannt ist, entnimmt man δ dem Nautischen Jahrbuch der Bequemlichkeit halber beim wahren Sonnenaufgang für
6^{h} MOZ und beim wahren Sonnenuntergang für 18^{h} MOZ. Das allgemeine Berechnungsschema sieht folgendermaßen aus:

MOZ (6^{h} bzw. 18^{h})		KpP	
ZU [h]		$\|\| \; D_{KpK} \; \|\|$	
MGZ [h]		mwP	↑
↓ mit N.J.		MW	↑
mit δ aus N.T. 34	→ Az =	rwP	↑

Beispiel:

Am 19.8.57 wurde die Sonne beim wahren Aufgang auf $\varphi = 54^{\circ}20'N$ und $\lambda = 20^{\circ}10'W$ am Kompaß
mit KpP = 94° gepeilt. Die Mißweisung betrug MW = -18°. Wie groß ist die Deviation zum
gefahrenen Kompaßkurs KpK = 250°?

MOZ = 6^{h}		94° = KpP	
ZU = +1h		$\|\| \; -8^{\circ} = D_{KpK} \; \|\|$	
MGZ = 7^{h}		86° = mwP	↑
↓ N.J.57		-18° = MW	↑
mit δ = $13^{\circ}N$ aus N.T.34 →	AZ = N $67,5^{\circ}E$ =	68° = rwP	↑

Wie wir bereits in Abschn.3.4.3 feststellten, steht der Sonnenunterrand etwa 20' über der Kimm, wenn sich der Sonnenmittelpunkt im wahren Horizont befindet. In Äquatornähe und in mittleren Breiten ist dieser Zeitpunkt ohne Schwierigkeiten zu bestimmen. Die Sonnenbahn bildet keinen zu spitzen Winkel mit der Kimm (vgl. auch Abb.3.38). Ganz anders ist dies allerdings in hohen Breiten. Hier ist die Anwendung des Amplitudenverfahrens wegen des sehr langsamen Sonnenanstiegs nicht empfehlenswert. Dagegen liefert die Kompaßkontrolle mit Zeitazimut immer zuverlässige Ergebnisse.

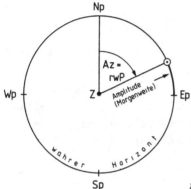

Abb.4.17 Zum Begriff Amplitude

Abschließend sei noch der Name Amplitude näher erläutert. Wir bezeichneten in Abschn.3.2.3 das Stück des wahren Horizonts zwischen dem Aufgangspunkt der Sonne und dem Ostpunkt als Morgenweite (vgl. Abb.4.17), entsprechend als Abendweite den wahren Horizontbogen vom Untergangspunkt bis zum Westpunkt. Morgen- bzw. Abendweite heißen auch Amplitude.

4.3 Gestirnsidentifizierungen

In diesem Abschnitt befassen wir uns sinnvollerweise nur mit der Identifizierung von Planeten und scheinbar punktförmigen Fixsternen. (Es wird wohl kaum einen bemitleidenswerten Leser geben, dem das Erkennen von Sonne oder Mond Schwierigkeiten bereitet).

In klaren Nächten ist nun das Erkennen von Fixsternen anhand einprägsamer Sternbilder nicht sonderlich schwierig und kann mit einiger Übung mehr oder weniger schnell erlernt werden. Leider ist aber diese reine Nachtzeit als navigatorische Beobachtungszeit - wie wir bereits aus Abschn.3.4.4 wissen - völlig ungeeignet, (ausgenommen vielleicht in ex-

trem hohen Breiten). Derjenige Zeitraum, in dem navigatorische Fixstern-
Beobachtungen sinnvoll sind, ist wegen der Notwendigkeit einer klaren
Kimm die Dämmerung und davon in der Praxis auch nur ein Zeitintervall
von wenigen Minuten. Leider sind aber nun in dieser Zeit die Sternbilder
noch nicht so deutlich entwickelt, daß ein astronomisch weniger gebil-
deter Beobachter die dann spärlich schwach leuchtenden Lichtpunkte iden-
tifizieren kann. Normalerweise werden wir in einem solchen Fall so vor-
gehen, daß wir den Kimmabstand dieses Lichtpunktes messen, sein Azimut
peilen (übertriebene Genauigkeit ist nicht so wichtig, da die hellsten
Fixsterne nicht sehr nahe zusammenstehen) und die genaue Beobachtungszeit notieren. Setzen wir weiterhin voraus, daß wir unseren Standort
nach φ und λ einigermaßen genau kennen, dann können wir damit aus der
beobachteten Höhe h_b, dem gepeilten Azimut Az die Deklination δ und den
Ortsstundenwinkel $*t$ des unbekannten Gestirns ermitteln und mit der
Kenntnis des Ortsstundenwinkels des Frühlingspunktes Υt den Sternwinkel β
nach (3.3) zu

$$\beta = *t - \Upsilon t$$

bestimmen. Mit δ und β werden sodann in einem Sternkatalog der Name des
Fixsterns aufgesucht und seine genauen Koordinaten β und δ für die eigentlichen Navigationsrechnungen notiert.

Sollte im Sternkatalog kein Fixstern zu finden sein, auf den die durch
Messung ermittelten Koordinaten β und δ zutreffen, so wird es sich mit
großer Wahrscheinlichkeit um einen Planeten handeln. In diesem Fall sind
der Greenwichstundenwinkel des Planeten t_{Grw} zu bilden und im Nautischen
Jahrbuch die Planetenspalten nach zusammengehörenden Werten der Beobachtungszeit und t_{Grw} durchzusehen.

Das Identifizierungsschema würde demnach so aussehen:

1) BUZ + Stand = MGZ

2) Peilung $\rightarrow$ Az

3) $I_A + I_B = KA \rightarrow KA + GB = h_b$

4) Mit MGZ aus N.J. :

$$\Upsilon t_{Grw} \pm \lambda \; (\tfrac{E}{W}) = \Upsilon t \quad .$$

5) Mit h_b, Az und φ aus (3.14b) δ berechnen:

$$\sin \delta = \sin h_b \cdot \sin \varphi + \cos h_b \cdot \cos \varphi \cdot \cos Az \quad .$$

(δ kann auch aus Fulsts ABC-Tafel 19 ermittelt werden)

6) Mit δ, Az und h_b aus (3.15) t berechnen:

$$\sin t_{(e,w)} = \frac{\cos h_b \cdot \sin Az}{\cos \delta} \quad .$$

($t_{(e,w)}$ kann ebenfalls aus Fulsts ABC-Tafel 19 ermittelt werden)

7) Mit $\beta = t - Tt$ und δ in der Sterntabelle Fixsternname mit genauen
   Koordinaten aufsuchen.

   Ist in der Sterntabelle kein entsprechender Fixstern auffindbar, dann

7a) nach 6) aus t mit (3.4) $t_{Grw} = t \mp \lambda \left(\frac{E}{W}\right)$ bilden und im N.J. Planetenspalten nach zusammengehörigen MGZ-, δ- und t_{Grw}-Werten durchsehen.

In dieser ganzen Prozedur nehmen die Schritte 5) und 6) die meiste Zeit in
Anspruch. Dies kann aber durch ein sehr nützliches Hilfsmittel vermieden
werden; wir meinen den in USA entwickelten "Starfinder and Identifier",
den wir im folgenden mit einigen Anwendungsmöglichkeiten kurz beschreiben wollen.

Er besteht aus einem Satz gleich großer runder Scheiben, die jeweils auf
der einen Seite für die nördliche, auf der anderen für die südliche Erdhalbkugel gekennzeichnet sind. Bei allen Anwendungen ist also von vorne-
herein streng darauf zu achten, daß die richtigen Erdhälften benutzt
werden. Auf einer weißen Grundscheibe sind die Lagen von 57 - zum größten
Teil markanten - Fixsternen markiert. Sie sind alle bis auf 3 Ausnahmen
(Acamar, Gienah und Sabik) auch im Nautischen Jahrbuch vorhanden. Am
Scheibenrand befindet sich eine 360°-Teilung. Eine weitere rot beschriftete Transparentscheibe ist mit einem Gradnetz versehen, das azimutal
eine von 10° zu 10° fortschreitende ostwestliche Längengradeinteilung
und in radialer Richtung eine von 10° zu 10° fortschreitende nord-südliche Deklinationseinteilung mit einem ausgesparten Schlitz enthält.
Schließlich gehören noch neun blau beschriftete Transparentscheiben zum
Scheibensatz. Jede von Ihnen gilt für eine bestimmte geographische Breite
($\varphi = 5°$, 15°, ..., 85°) und enthält außer einem Markierungspfeil ein
krummliniges Koordinatennetz für die h_b- und Az-Koordinaten der Gestirne.

Zur praktischen Gestirnsidentifizierung verfahren wir mit diesem Sternfinder nun folgendermaßen: Nach Schritt 1) bis 4) legen wir diejenige
blaue Transparentscheibe, die unserer geographischen Beobachtungsbreite
am nächsten kommt, konzentrisch auf die weiße Grundscheibe (nördliche
bzw. südliche Breite auf Vor- bzw. Rückseite der Scheiben beachten!) und
drehen beide Scheiben gegeneinander so lange, bis der blaue Markierungspfeil auf den Tt-Wert der Gradskala am Rand der weißen Scheibe zeigt. Im
blauen Gitternetz befindet sich dann im Schnittpunkt der gemessenen h_b-
bzw. Az-Linien der Markierungspunkt mit Namen des gesuchten Fixsterns.

Sollte unter dem entsprechenden Koordinatenschnittpunkt kein Sternname
zu finden sein, so verfahren wir wie folgt: Nach Einstellung des blauen
Markierungspfeils auf Υt der weißen Scheibe markieren wir uns mit Blei-
stift die gemessenen h_b- bzw. Az-Werte auf dem blauen Gitternetz und
legen die rote Transparentscheibe (Breitenbezeichnung beachten!) so über
die blaue, daß der Bleistiftmarkierungspunkt in den ausgesparten Radial-
teil zu liegen kommt. Dann können wir unmittelbar an der roten Radial-
skala des 0°-Meridians die Deklination δ ablesen (in Richtung Zentrum
mit der geographischen Breite gleichnamig, in Richtung Scheibenrand mit
φ ungleichnamig). Der rote Markierungspfeil des 0°-Meridians zeigt direkt
auf der Randskala der weißen Scheibe die Rektaszension α an. Nach (3.2)
bekommt man damit sofort den Sternwinkel β zu $\beta = 360^O - \alpha$. Mit δ und β
kann dann Identifizierungsschritt 7) vollzogen werden.

Benötigen wir insbesondere den Ortsstundenwinkel t eines Gestirns (z.B.
für Planetenidentifizierungen), so stellen wir wieder den Markierungspfeil der passenden blauen Transparentscheibe auf den Ortsstundenwinkel
des Frühlingspunktes Υt an der Randskala der weißen Scheibe und bringen
den roten Markierungspfeil der roten Transparentscheibe mit dem blauen
zur Deckung. Beide Pfeile zeigen also jetzt auf Υt. Dann gibt derjenige
rote Radius durch den Gestirnspunkt (oder durch dessen Bleistiftmarkie-
rung auf der blauen Scheibe) den östlichen oder westlichen Stundenwinkel
des Gestirns $t_{e,w}$. Gegebenenfalls kann dann Identifizierungsschritt 7a)
vollzogen werden.

Abschließend sei noch erwähnt, daß mit diesem Sternfinder bei bekannten
β-, δ- bzw. t-, δ-Koordinaten eines bekannten Gestirns schnell eine ungefähre h-, Az-Ermittlung möglich ist. Der Leser überlege sich das nach
dem bisher Gesagten und übe dies zur Kontrolle bei später durchzufüh-
renden h-, Az-Berechnungen.

4.4 Technik der Gestirnsmessung

Bevor wir unsere Ausführungen über das Messen der Gestirnskoordinaten
beenden, wollen wir noch einige beherzenswerte Ratschläge über die Technik der Gestirnsmessung mitteilen.

1) Bei Sextantmessung prüfe man die exakte Kimmberührung des Gestirns
   durch seitliches Schwenken des Gerätes um die Fernrohrachse. Das Mini-
   mum der dann vom Gestirn beschriebenen Kurve muß von der Kimm genau
   berührt werden.

2) Bei Sonne und Mond versuche man, möglichst den Gestirnsunterrand mit der Kimm zur Berührung zu bringen. Benutzt man stattdessen den Oberrand, können unangenehme Spiegelungen auf dem Wasser erscheinen.

3) Bei diesigem Wetter kann die aus großer Beobachtungshöhe schlecht erkennbare Kimm durch Verminderung der Augenhöhe näher herangeholt und damit deutlicher werden.

4) Bei hohem Wellengang und kleiner Beobachtungshöhe kann irrtümlich ein Wellenberg als Kimm angesehen werden. In diesem Fall sollten nach Möglichkeit entweder eine große Augenhöhe gewählt oder eine Serie von mehreren Höhen desselben Gestirns gemessen werden. Diese Meßserie sollte ohne Mittelung der Meßwerte als Funktion der Zeit auf Koordinatenpapier aufgetragen und die neben der sich dann ergebenden Meßkurve befindlichen Meßpunkte ausgesondert werden.

5) Da die Meßzeit für Fixsterne in der Dämmerung außerordentlich kurz ist, empfiehlt sich für diesen Zeitraum eine Vorausberechnung des Ortsstundenwinkels des Frühlingspunktes. Damit werden die in der später zu besprechenden HO249 I-Tafel ausgewählten Fixsterne am Himmel schneller gefunden. (Vgl. Abschnitt 5.3.2.2).

6) Fixsternmessungen sollten möglichst morgens und abends im Osten begonnen werden. Morgens hebt sich dort die Kimm bereits ab, wenn es noch dunkel ist und abends sind dort die Sterne früher sichtbar.

7) Ergebnisse von Gestirnsmessungen nachts sind auch bei scheinbar gut vom Mond angestrahlter Kimm sehr unsicher.

8) Peilungen von Gestirnen mit großem Kimmabstand sind unzuverlässig.

4.5 Aufgaben

4.1) Um 250 v. Chr. soll Eratosthenes von Alexandria am längsten Tag des Jahres festgestellt haben, daß die Sonne in einem Brunnen in Syene (S) in Oberägypten keinen Schatten auf den Boden warf, dort also im Zenit stand. In dem $d = 5000$ Stadien (1 Stadie = 0,161km) nördlicher gelegenen Alexandria (A) dagegen soll zur gleichen Zeit ein Sonnenschatten von $7,2°$ gemessen worden sein. Welchen Erdumfang U hätte Eratosthenes - unter Annahme einer kugelförmigen Erde - aus diesen Angaben ermitteln können?

4.2) Wie kann mit einem Stab der Länge l ungefähr die Höhe h der Sonne und ihr Azimut Az in einer horizontalen Ebene bestimmt werden, wenn man zu gleichen Zeiträumen vor bzw. nach 12^h WOZ (Sonnenkulmination) nahezu gleiche Schattenlängen s voraussetzt?

4.3) Man bestimme für den 19.8.57 den Kimmabstand KA des jeweiligen Gestirnsunterrandes von Sonne, Mond, Venus und irgendeinem Fixstern, wenn sich der entsprechende Gestirnsmittelpunkt im wahren Horizont befindet (h_b=0). Dazu setze man für eine Augenhöhe AH = 8m die Einzelberichtigungen des betreffenden Gestirnsunterrandes Kimmtiefe KT, Refraktion S, Parallaxe P und gegebenenfalls Gestirnshalbmesser r_G zur Gesamtberichtigung GB zusammen.

4.4) Anläßlich der Bestimmung der Indexberichtigung an der Sonne liest man bei der Indexstellung auf dem Hauptbogen an der Trommel die Zahl 32 ab und bei der Indexstellung auf dem Vorbogen auf der Trommel die Zahl 26. Am Beobachtungstag beträgt der Radius der Sonnenscheibe r = 16,2'. Wie groß ist die Indexberichtigung? Ist das Meßergebnis zufriedenstellend?

4.5) An einem Julitag mißt man mit dem Sextanten aus einer Augenhöhe von 20m die Kimmabstände verschiedener Gestirne. Es betragen die Instrumentablesungen I_A für den Sonnenoberrand 30° 16', für den Mondoberrand 36° 25' (HP=54,2'), für Venus 27° 51' (HP=0,3') und für einen unbekannten Fixstern 48° 9'. Die I_B ist jeweils -2'. Man bestimme die wahren Gestirnshöhen h_b.

4.6) Am 19.8.57 peilte man zur BUZ = 20^h 31^m bei einem Uhrenstand von -1m auf $\varphi = 54^O$ 30'N und $\lambda = 25^O$ 30'W die Venus am Kompaß in KpP = 251°. In diesem Gebiet war MW = -5°. Der Peilkompaßkurs betrug 21°, der Steuerkompaßkurs 24°. Wie groß waren die Deviationen beider Kompasse?

4.7) Am 20.8.57 wurde die Sonne beim wahren Untergang auf $\varphi = 51^O$ 15'N und $\lambda = 30^O$ 6'W am Kompaß mit KpP = 315° gepeilt. Die Mißweisung betrug -20°. Der Peilkompaßkurs war 46°, der Steuerkompaßkurs 51°. Wie groß waren die Deviationen beider Kompasse?

4.8) Warum kann der Mond für das Amplitudenverfahren nicht zur Kompaßkontrolle verwendet werden?

4.9) Am 20.8.57 beobachtet man zur BUZ = 22^h 1^m auf $\varphi = 54^O$ 30'N und $\lambda = 21^O$ 28'W ein unbekanntes Gestirn. Seine mit dem Sextanten gemessene Höhe ist h_b = 30° 10', sein mit dem Kompaß gepeiltes Azimut Az = 260°. Der Uhrenstand betrug -1m. Um welches Gestirn handelte es sich?

4.10) Am 20.8.57 beobachtet man mit dem Sextantfernrohr zur BUZ = 22^h 59^m auf φ = 54° 30'N und λ = 72° 40'W ein für die Tageszeit (ca.18^h ZZ) auffallend helles unbekanntes Gestirn. Seine mit dem Sextanten gemessene Höhe ist h_b = 16° 42', sein mit dem Kompaß gepeiltes Azimut Az = 244°. Der Uhrenstand betrug +1m. Um welches Gestirn handelte es sich?

5 Astronomische Standlinien- und Standortbestimmungen

Nunmehr sind wir gerüstet, uns der eigentlichen Standlinien- bzw. Standortbestimmung mit Hilfe der astronomischen Navigation zuzuwenden. Was haben wir unter diesen Begriffen zu verstehen?

Dazu versetzen wir uns auf ein Schiff in der Nähe einer Küste. Um festzustellen, wo es sich befindet, kann der Schiffsnavigator markante Landzeichen, die er seiner Seekarte entnommen hat, mit einem Peilkompaß anpeilen. Nehmen wir an, er habe ein Peilobjekt P_1 mit der rechtweisenden Peilung 1 (rwP_1) einwandfrei ohne Fehler (z.B. Ungenauigkeiten durch starke Schiffsbewegungen) gepeilt (vgl.Abb.5.1), dann befindet er sich irgendwo auf diesem Peilstrahl, den wir Standlinie nennen. Seinen Standort kennt er damit noch nicht, denn dazu müßte er auf dieser Standlinie seinen Abstand d_1 von P_1 kennen, beispielsweise durch eine Höhenmessung des turmähnlichen Peilobjektes P_1 mit einem Sextanten (vgl.Abb.5.2). Wäre ihm aus der Seekarte die Höhe H_1 von P_1 bekannt, so bekäme er als Entfernung d_1:

$$d_1 = H_1 \cdot \cot h_1$$

und damit schließlich seinen Standort.

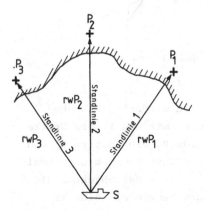

Abb.5.1 Standort als Schnittpunkt
mehrerer Standlinien

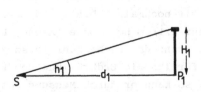

Abb.5.2 Abstandsbestimmung aus
Höhenwinkelmessung

Aus der Abstandsbestimmung allein - ohne bekannte Richtung - bekäme er
auch nur eine Standlinie und keinen Standort. Es wäre ein Kreis als geometrischer Ort aller Punkte, die von einem Zentrum (hier P_1) konstanten
Abstand d_1 haben (vgl.Abb.5.3). Dieser Kreis könnte auch als Standlinie
für diejenigen Schiffe angesehen werden, die die Turmspitze von P_1 zur
gleichen Zeit unter dem gleichen Höhenwinkel h_1 erblicken. Hierbei ist
unwillkürlich die Verbindung des Begriffs geometrischer Ort (aus der
Mathematik) mit dem der Standlinie hergestellt worden. - Sollte allerdings P_1 keine ausgesprochene Höhenausdehnung besitzen, sodaß eine Höhenmessung nur schlecht möglich ist, so kann der Standort S durch eine
weitere rwP_2 zu einem zweiten Peilobjekt P_2 gefunden werden. Der Schnittpunkt dieser zweiten Standlinie mit der ersten gibt dann den Standort S.
Auch eine dritte rwP_3 zu einem dritten Peilobjekt P_3 würde im Idealfall
bei einwandfreier Messung diesen Standort S durch die dritte Standlinie
nur bestätigen (vgl.Abb.5.1). - Da aber jede Peilung fehlerbehaftet ist,
wird sich bei mehr als zwei verschiedenen Peilobjekten kein eindeutiger
Schnittpunkt, sondern ein Drei- oder Vieleck ergeben, innerhalb dessen
der wahre Standort O_w angenommen werden muß (vgl.Abb.5.4). Wenn irgend
möglich, sollten daher mindestens 3 Standlinien zur wahren Ortsbestimmung herangezogen werden.

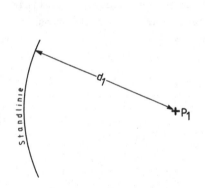

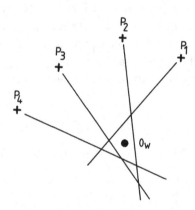

Abb.5.3 Kreis als Standlinie   Abb.5.4 Fehlervieleck

Wie können nun astronomische Standlinien gewonnen werden? - Dazu betrachten wir nochmals Abb.5.2 und Abb.5.3. Denken wir uns in der Spitze
des nunmehr extrem hoch angenommenen Peilobjektes P_1 ein Gestirn G, und
stellen wir uns den Beobachter in so großer Höhe über dem Meeresspiegel
vor, daß für ihn die Erdkrümmung den Fußpunkt unseres Peilobjektes nicht
verdeckt, so kann er durch Messung des Gestirnshöhenwinkels eine kreisförmige Standlinie ermitteln. Alle über dieser Standlinie gleich hoch
befindlichen Beobachter werden zur gleichen Zeit dieses Gestirn unter

dem gleichen Höhenwinkel (genauer unter dem gleichen Kimmabstand) sehen.
Diese Standlinie nennen wir <u>Höhengleiche</u>. Um diese Höhengleiche in Gedanken zeichnen zu können, müßten wir ihren Mittelpunkt M und den Kreis-
radius kennen. Wie wir sofort aus Abb.5.5 sehen, ist M an der Erdoberfläche der Projektions- oder Bildpunkt des Gestirns G, wenn G mit dem
Erdmittelpunkt verbunden wird. Die Höhengleiche ist dann die Berandungs-
linie einer durch die Erdkrümmung gewölbten Grundfläche eines Kreiskegels
mit der Spitze G. Seine Erzeugende bildet mit der gewölbten Grundfläche
den Höhenwinkel h (genauer den Kimmabstand KA).

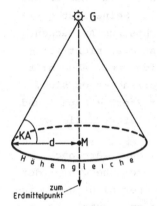

Abb.5.5 Die Höhengleiche als Standlinie

Die Koordinaten von M als φ und λ ändern sich natürlich zeitlich mit dem
Lauf des Gestirns und können prinzipiell aus Gestirnsephemeriden (z.B.
dem Nautischen Jahrbuch, vgl. Abschn.6.4.2) ermittelt werden, wie in Abschnitt 5.3.1 gezeigt wird. Dort werden wir auch erfahren, wie der Radius
der Höhengleiche gewonnen werden kann. Er wird sich als Zenitdistanz z =
90° - h (in sm umgerechnet) darstellen. Wäre uns dann noch die Himmelsrichtung bekannt, unter der wir das Gestirn sehen (d.h. z.B. eine Azimut-
bestimmung des Gestirns durch eine fehlerfreie Peilung), so könnten wir
prinzipiell sogar unseren Standort astronomisch bestimmen.

In der Praxis würde sich dieses Verfahren allerdings nicht durchführen
lassen und zwar aus folgendem Grund: Abgesehen von einer großen Peil-
ungenauigkeit bei einer nicht in Kimmnähe vorgenommenen Gestirnspeilung
(vgl. Abschn.4.2.1 und 4.4) ergibt sich, daß der Radius z = 90° - h
(in sm) unserer Höhengleiche so riesengroß wäre, daß diese praktisch
in keine Seekarte eingezeichnet werden könnte. Wir müssen also nach
anderen Möglichkeiten suchen, um nur einen kleinen Teil dieser riesigen
Höhengleichen in der Umgebung des wahren Standortes O_{w} zu zeichnen. Dies
werden wir nun in den folgenden Abschnitten genauer kennenlernen.

5.1 Bestimmung einer Standlinie als Teil eines Breitenkreises

5.1.1 mit Hilfe des Polarsterns (Polarsternbreite)

Unter dem Nord- oder Polarstern versteht man zur Zeit den in der Nähe
des oberen Pols der Himmelskugel befindlichen Stern α Ursae Minoris, der
in unseren Breiten bei wolkenlosem Himmel nachts immer sichtbar ist.
Diesen nicht besonders hellen Stern findet man leicht durch Verlängerung
der Verbindungslinie der beiden hinteren Sterne des Großen Wagens etwa
um das fünffache ihrer gegenseitigen Entfernung. Der Abstand des Polarsterns vom oberen Pol beträgt weniger als 1°. Deshalb ist in unseren Breiten seine scheinbare Umlaufbahn nur ein winziger Kreis. Seine fast genaue Nordrichtung diente schon in früheren Zeiten nachts zum Aufsuchen
der Himmelsrichtungen. Sein Abstand vom oberen Pol ist aber nicht zeitlich konstant, sondern ändert sich wegen der Präzession (vgl. Abschnitt
3.3.1) langsam. Zur Zeit, bis etwa zum Jahre 2100, verringert er sich,
danach wächst er wieder. In etwa 5300 Jahren wird der Stern α Cephei und
in etwa 12000 Jahren die Wega im Sternbild Lyra als Polarstern dienen.

Wenn der Polarstern genau im oberen Pol stehen würde, dann wäre nach
Abb.3.5 und den Ausführungen in Abschn.3.2.2 seine wahre Höhe gleich der
geographischen Breite des Beobachtungsortes. Da dies aber nicht genau zutrifft, sind an der beobachteten wahren Höhe Korrekturen anzubringen, die
auf den vorderen Seiten des Nautischen Jahrbuches in Form von 3 Berich-
tigungstafeln für das laufende Jahr vorhanden sind (vgl. Anhang 6.4.4).
Kürzen wir diese 3 Berichtigungen mit I, II, III ab, so ist also formal:

$$\varphi = h_b + (I + II + III) \tag{5.2}$$

Außerdem gibt es im Nautischen Jahrbuch im Anschluß an I, II, III noch
eine Tafel (IV) zur Ermittlung des Polarstern-Azimuts (vgl. Anhang 6.4.5).
Von den Berichtigungen I, II, III ist I größenordnungsmäßig die wich-
tigste und wird in der Praxis meist ausschließlich verwendet.

Wie kommen wir nun von einer Höhenmessung des Polarsterns zu einer
Standlinie? - Nach Abschn.4.1.4 bringen wir an unserer Instrumentablesung I_A die Indexberichtigung I_B an, erhalten den Kimmabstand KA und
korrigieren diesen mit der Gesamtbeschickung GB zur wahren Beobachtungshöhe h_b. Nach Ermittlung des Ortsstundenwinkels des Frühlingspunktes,
der für alle Nordstern-Berichtigungen maßgebend ist, bringen wir diese
gemäß Gl.(5.2) an h_b an und erhalten die wahre oder auch astronomisch
ermittelte Breite φ_{astr}. Haben wir unsere Messungen an einem durch Koppeln[*)] ermittelten vermuteten Ort, den wir auch Gißort φ_g, λ_g nennen,

gemacht, so können wir durch Vergleich von $\varphi_{astr.}$ mit φ_g feststellen, in welche Richtung wir versetzt wurden. Das Berechnungsschema würde also folgendermaßen aussehen:

$$
\begin{array}{ll}
I_A & \text{MGZ} \\
 & \downarrow \\
\underline{I_B} & \downarrow \text{N.J.} \\
 & \downarrow \\
KA & \downarrow \\
\underline{GB} & \curlyvee t_{Grw} \\
h_b & \underline{+\lambda_g \binom{E}{W}} \\
+ \underline{(I+II+III)} \leftarrow & \curlyvee t \\
\varphi_{astr} & \\
\underline{-\varphi_g} & \\
\Delta\varphi &
\end{array}
$$

Da wir beim Nordstern nur von nördlichen Breiten ausgehen, bedeutet

$$\Delta\varphi = \varphi_{astr.} - \varphi_g > 0 : \text{nördliche Versetzung} \quad ,$$

$$\Delta\varphi = \varphi_{astr.} - \varphi_g < 0 : \text{südliche Versetzung} \quad .$$

Genau genommen wäre am vermuteten Ort φ_g, λ_g die aus Tafel IV ermittelte Azimutrichtung anzubringen. Dies ist aber zeichnerisch wegen der nur gering von 360° abweichenden Werte nicht möglich. Daher tragen wir lediglich von unserer Koppelbreite φ_g den ermittelten $\Delta\varphi$-Wert nach Nord bzw. Süd ab und erhalten als Standlinie schließlich eine Parallele zu den Breitenlinien der Seekarte. Wir haben damit - wie man abgekürzt sagt - eine Nordsternbreite bestimmt.

Rufen wir uns aus der Einleitung den Begriff der Höhengleiche in die Erinnerung zurück, so ist diese Standlinie ein Stück der Höhengleiche, die als Breitenkreis $\varphi_{astr.}$ um die Erde läuft. Ihr Mittelpunkt ist ungefähr der geographische Nordpol der Erde, ihr Radius ist demnach $90^\circ - \varphi$, und dies ist ungefähr gleich $90^\circ - h = z$. Alle auf diesem Breitenkreis befindlichen Beobachter würden nachts den Nordstern ungefähr in der gleichen Höhe sehen. - Abschließend wollen wir nun an einem konkreten Beispiel die Ermittlung einer solchen Standlinie vorführen:

---

*) Unter dem Begriff "Koppeln" versteht man das Eintragen des gefahrenen rechtweisenden Kurses zusammen mit der vom Log angezeigten Geschwindigkeit und der entsprechenden Zeit in die Seekarte. Dabei sind gegebenenfalls Abtrift durch Wind und Stromversetzung zu berücksichtigen. Der so zeichnerisch oder auch rechnerisch ermittelte Schiffsort heißt Koppel- oder Gißort. Er ist ein vermuteter Schiffsort, der vom wahren Schiffsort um den Vektor der Besteckversetzung (BV) entfernt liegt.

Beispiel:

Am 20.8.57 beobachtete man zur BUZ = $5^h 34^m 12^s$ am gegißten Ort φ_g =59°48'N, λ_g =10°6'W den Polarstern. Es betrugen I_A=60°41', I_B= -1', AH = 10m, Uhrenstand = -2m 12s. Auf welcher wahren Breite $\varphi_{astr.}$ stand man in Wirklichkeit? Wie groß war die Breitenversetzung $\Delta\varphi$?

$$
\begin{array}{lll}
\text{BUZ} & = & 5^h 34^m 12^s \\
\underline{\text{Stand} =} & & \underline{\quad -2m\ 12s} \\
\text{MGZ} & = & 5^h 32^m\ 0^s
\end{array}
$$

↓ N.J. 57

$$
\begin{array}{lll}
\text{für } 5^h \text{ MGZ} : \text{Tt}_{Grw} & = 43°\ 16,1' \\
"\ \ 32m\ 0s : \text{Zuw.} & = 8°\ 1,3' \\
\hline
\text{für } 5^h 32^m : \text{Tt}_{Grw} & = 51°\ 17,4' \\
\lambda_g \text{ (w)} & = -10°\ 6' \\
\hline
\text{für } 5^h 32^m : \text{Tt} & = 41°\ 11,4'
\end{array}
$$

↓ N.J. I,II,III-Tafeln

$$
\begin{array}{ll}
\text{I (für Tt=41° 11,4')} & = -55,1' \\
\text{II (für } h_b =60° 33,8') & = 0 \\
\text{III(für 20.8. = 1.9.)} & = +0,1' \\
\hline
\text{I + II + III} & = -55,0'
\end{array}
$$

$$
\begin{array}{lll}
h_b & = 60°\ 33,8' \\
\text{I+II+III} & = \quad -55,0' \\
\hline
\varphi_{astr.} & = 59°\ 38,8'N \\
- \varphi_g & = 59°\ 48'\ N \\
\hline
\Delta\varphi & = \quad -9,2' \text{ (südlich versetzt)}
\end{array}
\qquad
\begin{array}{ll}
I_A = 60°\ 41' \\
I_B = \quad -1' \\
\hline
KA = 60°\ 40' \\
GB = \quad -6,2' \\
\hline
h_b = 60°\ 33,8' \ .
\end{array}
$$

Man war also zur Zeit der Messung 9,2' ≙ 9,2 sm südlich versetzt gewesen. Die Höhengleiche war der Breitenkreis 59° 38,8'N mit dem Radius z = 90° - 59° 38,8' = 30°21,2' ≙ 1821,2 sm! Der Vollständigkeit halber ermitteln wir aus Tafel IV (Anhang 6.4.5) noch ein Az = 359,5°.

Zu erwartender Kimmabstand des Polarsterns

Da der Polarstern nicht sehr hell leuchtet, ist er zur Meßbeobachtungszeit während der Dämmerung mit bloßem Auge nicht leicht auszumachen. Es wäre also für diesen Zeitraum sinnvoll, den zu erwartenden Kimmabstand für den Sextanten vorher einzustellen, um das Gestirn dann mit dem Sextantfernrohr leichter finden zu können. Dazu verhilft uns die letzte Spalte der Tafel IV für das Nordsternazimut (vgl. Anhang 6.4.5). Sie gibt den Wert in Winkelminuten an, den man zur Gißbreite zu addieren hat, um die ungefähre Beobachtungshöhe h_b zu bekommen. Bringt man daran die Gesamtberichtigung GB mit umgekehrtem Vorzeichen an, so erhält man den zu erwartenden Kimmabstand, der unter Berücksichtigung von I_B am Sextant vorher eingestellt werden kann. Folgendes Schema zeigt also verkürzt den allgemeinen Rechengang zur Voreinstellung des Sextanten.

$$\varphi_g$$

Tafel IV : Wert der letzten Spalte

————————————————————

$$h_b$$

$$-GB$$

$$KA$$

Für unser obiges Zahlenbeispiel ermitteln wir aus der letzten Spalte der Tafel IV den Wert 55'. Damit ergibt sich $h_b = 59^\circ$ 48' + 55' = 60° 33' und damit $KA = h_b - GB = 60^\circ$ 33' + 6,2' = 60° 39,2'. Mit diesem Wert wäre dann in Nordrichtung der Himmel abzusuchen.

Wegen der unsicheren Strahlenbrechungswerte in Kimmnähe empfehlen sich Höhenmessungen des Polarsterns nur oberhalb einer geographischen Breite von $\varphi = 10^\circ$N.

5.1.2 mit Hilfe der Sonnenkulmination (Mittagsbreite)

Wir wollen in diesem Kapitel allein die obere Sonnenkulmination betrachten, da die untere Sonnenkulmination nur im Sommer oberhalb extrem hoher Breiten zur Zeit der Mitternachtssonne (vgl.Abb.3.9c in Abschn.3.2.3) beobachtet werden kann. Dieser sogenannten Mitternachtsbreitenbestimmung wollen wir uns also nicht zuwenden, sondern lediglich die praktisch wichtige sogenannte Mittagsbreite behandeln.

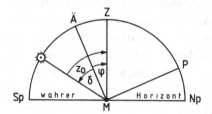

Abb.5.6 Winkelrichtungspfeile bei der Sonnenkulmination

Bereits in Abschn.3.2.2 fanden wir bei der Besprechung der Meridianfigur für ein beliebiges Gestirn in oberer Kulmination eine einfache Beziehung (3.6) zwischen der astronomisch zu bestimmenden geographischen Breite φ des Beobachtungsortes, der Gestirnsdeklination δ und der Meridian-Zenit-Distanz $z_o = 90^\circ - h_o$ (dem Höhenkomplementwinkel), die wir noch einmal hinschreiben wollen:

$$\varphi_{astr.} = z_o + \delta \quad . \tag{5.3}$$

Diese Beziehung gilt für beliebige Deklinationswerte, wenn wir gleichlaufende Winkelrichtungspfeile mit gleichem und entgegengesetzt laufende
mit entgegengesetztem Vorzeichen berücksichtigen. Hierbei werden die
Winkelrichtungspfeile von φ und δ vom Himmelsäquator gezeichnet, derjenige für z_o stets vom Gestirn zum Zenit (vgl.Abb.5.6).

Zur praktischen Breitenbestimmung zum Zeitpunkt der oberen Sonnenkulmination haben wir also folgendermaßen vorzugehen:

1) Wir berechnen zuerst für unsere vermutete Gißlänge λ_g unseres Loggeortes die Kulminationszeit der Sonne (oKZ). Dies wurde in Abschn.3.4.2
   ausführlich behandelt.

2) Zum Zeitpunkt der oberen Sonnenkulmination messen wir den Kimmabstand
   der Sonne.

3) Für den Zeitpunkt der oberen Sonnenkulmination suchen wir aus dem
   Nautischen Jahrbuch die Sonnendeklination.

4) Die ermittelten Größen werden nach Gl.(5.3) zur Berechnung von $\varphi_{astr.}$
   zusammengesetzt.

Für die Punkte 2) und 3) ist die sekundengenaue Kenntnis des Kulminations-
zeitpunktes nicht unbedingt erforderlich. Denn einmal ist die Messung
der Sonnenkulminationshöhe zur genauen Kulminationszeit praktisch nur
sehr schwer möglich, weil die Sonne etwa einige Minuten lang ihren größten Kimmabstand beibehält; und zum anderen ändert sich die Sonnendeklination stündlich nur um höchstens eine Winkelminute, ist also während
einer Zeitminute praktisch konstant. Es ergibt sich somit folgendes
Schema zur Berechnung unserer Standlinie.

$$
\begin{array}{ll}
\text{oKZ (Abschn.3.4.2)} \\
\downarrow \text{N.J.} \\
\delta
\end{array}
$$

$$
\begin{array}{lcl}
I_A & \uparrow \rightarrow \rightarrow & z_o = 90^\circ - h_{ob} \; \binom{S}{N} \\
+ I_B & \uparrow & \delta \\
\hline
KA & \uparrow & \\
+ GB & \uparrow & \varphi_{astr} \\
\hline
& & -\varphi_g \\
h_{ob} \binom{N}{S} & \rightarrow & |\Delta\varphi|
\end{array}
$$

Hierbei erhält die beobachtete Höhe den Namen des Meridianteils, in dem
beobachtet wurde (entweder N oder S), in dem also die Sonne stand. Die

Meridian-Zenit-Distanz z_O erhält immer den entgegengesetzten Namen wie h_{ob}. Dann können mit dem δ-Namen (N oder S) ohne Schwierigkeiten die oben mitgeteilten Vorzeichenregeln für Gl.(5.3) angewandt werden, was man durch eine Meridianfigur kontrollieren sollte. Wir führen dies nun an einem praktischen Beispiel vor:

Beispiel:

Am 19.8.57 befand man sich in Äquatornähe nach Logge auf φ_g =28'N, λ_g =37°7'W und beobachtete im Nordmeridian die Sonnenkulmination. Es betrugen für den Sonnenunterrand: I_A=77°27,6', I_B= -2', AH = 10m. Auf welcher Breite φ_{astr} befand man sich wirklich? Welche Breitenversetzung $\Delta\varphi$ lag vor? Man kontrolliere das Ergebnis durch eine Meridianfigur.

Berechnung der oberen Kulminationszeit (oKZ):

Entweder: Nach Gl.(3.26) ist: Oder: N.J. 19.8.57:

$$t_{Grw} = \lambda_g(W) = 37°7'$$

N.J.57: $t_{Grw} = 29°6,9' \hat{=} 14^h$ MGZ $T = 12^h 4^m$ (MOZ)

$\Delta t_{Grw} = 8° 0,1' \hat{=} 32m$ $\lambda_g = 37° 7'W \hat{=} + 2h 28m$ (12s)

————————————————   ————————————————

oKZ = $14^h 32^m$ MGZ   oKz = $14^h 32^m$ MGZ

für $14^h 32^m$ MGZ   : $\delta = 12° 44,7'N$

$I_A = 77° 27,6'$ $z_O = 90° - h_{ob} = 12° 24,4'S$

$I_B = -2'$ $- \delta = -12° 44,7'N$

——————————   ——————————————

$KA = 77° 25,6'$ $|| \varphi_{astr} = 0° 20,3'N ||$

$GB = +10,0'$ $-\varphi_g = 0° 28'$ N

——————————   ——————————————

$h_{ob} = 77° 35,6'N$ → $|\Delta\varphi| = 7,7'$ (südl.versetzt)

Man befand sich also in Wirklichkeit auf $\varphi_{astro} = 0° 20,3'N$ und war 7,7 sm südlich versetzt. Zur Kontrolle zeichnen wir im Nordmeridian zuerst h_{ob} ein, tragen am freien Schenkel MG δ ab und erhalten damit die Lage des Äquators. Die Senkrechte in M auf SpNp gibt Z und damit die in dieser Abb.5.7 nicht mehr zeichenbare astronomische Breite φ_{astr}. Damit haben wir unsere Standlinie gewonnen. Sie ist als Stück eines Breitenkreises durch den gegißten Ortsmeridian λ_g wieder ein Teil der Höhengleiche mit dem Radius $z_O = 12°24,4' \hat{=} 744$ sm. Der Beobachter B ist also 744 sm vom Projektionspunkt G' der Sonne entfernt, was Abb.5.8 übertrieben als Polfigur der Erde illustrieren soll.

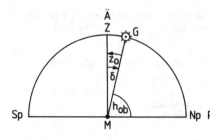

Abb.5.7

Meridianfigur zur Kontrolle der Beispielrechnung

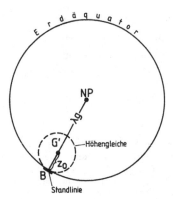

Abb.5.8 Die Mittagsbreite als Teil der Höhengleiche

Zu erwartender Kimmabstand der kulminierenden Sonne.

Im vorigen Kapitel besprachen wir die Vorausberechnung des Kimmabstandes des Polarsterns für eine konkrete Beobachtungszeit. Dies diente im
wesentlichen dazu, den in der Dämmerung nur schwer mit bloßem Auge aus-
zumachenden Polarstern mit dem Sextantfernrohr zu finden. Eine solche
Vorausberechnung können wir natürlich auch für die Sonne vornehmen.
Allerdings hat das in diesem Fall einen anderen Sinn, denn die Sonne
ist tagsüber bei wolkenlosem Himmel natürlich immer mit bloßem Auge zu.
erkennen: Durch den Vergleich des vorausberechneten zu erwartenden Kimmabstandes KA_r mit dem dann tatsächlich beobachteten KA_b bekommen wir
nämlich unmittelbar die Breitenversetzung $\Delta\varphi$:

$$KA_b - KA_r = \Delta\varphi \qquad\qquad (5.4)$$

und haben vor Beginn der Messung den größten Teil der Rechenarbeit bereits erledigt.

Das Vorzeichen des $\Delta\varphi$ von Gl.(5.4) hängt mit der Versetzungsrichtung
folgendermaßen zusammen:[*]

Geben wir dem KA den Namen des Meridians (N oder S), in dem das Gestirn
beobachtet wurde, so ist in Gl.(5.4) für

---

[*] Um mit der Vorzeichenregelung von Gl.(5.4) keine Konfusion zu erzeugen, wurde bei
der Subtraktion der Gißbreite φ_g von der astronomischen Breite $\varphi_{astr.}$ bisher $|\Delta\varphi|$ ge-
schrieben, d.h. also $\varphi_{astr.} - \varphi_g = |\Delta\varphi|$.
Würde man hierin auch Vorzeichen zulassen, so wäre nach nördlicher und südlicher
Erdhalbkugel zu unterscheiden. Es würde dann für
$\varphi_{astr.} - \varphi_g = \Delta\varphi$ bedeuten:
$\Delta\varphi < 0$: Breitenversetzung <u>ungleichnamig</u> mit Erdhalbkugel-Namen,
$\Delta\varphi > 0$: Breitenversetzung <u>gleichnamig</u> mit Erdhalbkugel-Namen.

$\Delta\varphi < 0$ die Richtung der Breitenversetzung <u>ungleichnamig</u> mit dem Namen
von KA,

$\Delta\varphi > 0$ die Richtung der Breitenversetzung <u>gleichnamig</u> mit dem Namen von
KA.

Der Leser mache sich das anhand der Abb.5.9 klar unter der Berücksichtigung, daß eine sogenannte Besteckversetzung immer vom gegißten Ort O_g
zum wahren Ort O_w, d.h. in unserem speziellen Fall von φ_g nach $\varphi_{astr.}$
gezählt wird.

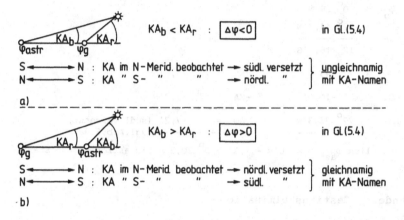

$KA_b < KA_r$: $\boxed{\Delta\varphi<0}$ in Gl.(5.4)

S ⟷ N : KA im N-Merid. beobachtet → südl. versetzt ⎫ ungleichnamig
N ⟷ S : KA " S- " " → nördl. " ⎬ mit KA-Namen

a)

$KA_b > KA_r$: $\boxed{\Delta\varphi>0}$ in Gl.(5.4)

S ⟷ N : KA im N-Merid. beobachtet → nördl. versetzt ⎫ gleichnamig
N ⟷ S : KA " S- " " → südl. " ⎬ mit KA-Namen

b)

Abb.5.9 Zum Vorzeichen der Breitenversetzung $\Delta\varphi$

Um nun den zu erwartenden Kimmabstand zu erhalten, müssen wir das bekannte Schema zur Berechnung der Mittagsbreite gewissermaßen rückwärts
benutzen. Nach Berechnung der Kulminationszeit und Ermittlung von δ bekommen wir aus Gl.(5.3) mit der gegißten Breite φ_g

$$z_o = \varphi_g - \delta .$$

Der Komplementwinkel von z_o ist dann die berechnete wahre Höhe, die mit
dem entgegengesetzten Wert der Gesamtbeschickung GB zum errechneten Kimmabstand KA_r zu beschicken ist. Damit kann nach erfolgter KA_b-Messung mittels Gl.(5.4) die Breitenversetzung $\Delta\varphi$ und nach Abb.5.9 durch Anbringung
an φ_g die Standlinie gezeichnet werden. Folgendes Schema faßt dies in
allgemeiner Form nochmals zusammen.

$$
\begin{array}{l}
\varphi_g \\
-\delta \quad \text{(für oKZ)} \\
\hline
z_o \\
\downarrow \\
h_{or}\left({}^N_S\right) = 90° - z_o \\
-GB \\
\hline
KA_r\left({}^N_S\right)
\end{array}
\qquad
\begin{array}{l}
KA_b \\
\\
\leftrightarrow \rightarrow \; -KA_r \\
\uparrow \\
\uparrow \; \pm \Delta\varphi \; \text{(Abb.5.9)} \\
\uparrow \quad \varphi_g \\
\uparrow \\
\rightarrow \rightarrow \; \varphi_{astr}
\end{array}
$$

Wir führen nun eine solche Vorausberechnung für das oben behandelte numerische Beispiel der Mittagsbreitenberechnung vor:

$$
\begin{array}{ll}
\varphi_g = 0° \; 28'N \\
-\delta = -12° \; 44,7'N \\
\hline
z_o = 12° \; 16,7'S \\
h_{or} = 77° \; 43,3'N & KA_b = 77° \; 25,6'N \\
-GB = -10,0' & -KA_r = 77° \; 33,3'N \\
\hline
KA_r = 77° \; 33,3'N & \Delta\varphi = -7,7' \; \text{(südl.versetzt,} \\
\text{-----------------} & \text{-----------------} \quad \text{vgl.Abb.5.9a)}
\end{array}
$$

Damit bekommt man schließlich φ_{astr} = 28'N - 7,7' = 0° 20,3'N als astronomische Standlinie.

5.1.3 mit Hilfe anderer Gestirnskulminationen

Die im vorigen Kapitel mitgeteilte Methode der Breitenbestimmung speziell mittels der Sonnenkulmination kann natürlich prinzipiell für die Kulmination jedes Gestirns ganz allgemein angewandt werden. Leider stößt dies aber in der Praxis auf Schwierigkeiten. Wir wissen, daß der Beobachtungszeitraum für Fixsterne und Planeten auf die Dämmerungszeit beschränkt ist und da auch nur in den meisten Fällen auf wenige Minuten. Es ist nun außerordentlich selten, daß die Kulmination eines Fixsterns oder Planeten gerade in dieser kurzen Zeitspanne stattfindet. Dann bleibt uns nur noch eine tagsüber zu beobachtende Mondkulmination. Hier ist aber wegen der stärkeren und unregelmäßigeren zeitlichen δ-Änderung des Mondes eine genauere Kulminationszeit-Bestimmung als bei der Sonnenkulmination notwendig. Wie wir in Abschn.3.4.2 gesehen haben, ist dies wegen vorzunehmender Interpolationen auch wesentlich umständlicher als bei der Sonne, was hier nicht noch einmal vorgeführt werden soll. Der Leser wiederhole zur Übung die oKZ-Bestimmung für den Mond im Zusammenhang mit der daran anschließenden φ_{astr}-Berechnung analog zu Abschn.5.1.2. - Wenn überhaupt Mondhöhen gemessen werden, so verwendet man diese meistens im Rahmen des später in Abschn.5.3 zu besprechenden Höhenverfahrens nach St. Hilaire.

5.2 Bestimmung des Mittagsortes

In Abschn.5.1.2 lernten wir das Verfahren der Mittagsbreiten-Bestimmung
kennen. Damit konnten wir leicht aus der ungefähren Kenntnis der Sonnenkulmination eine Standlinie als Teil eines Breitenkreises zur Mittagszeit bestimmen. Wenn es uns nunmehr gelingen würde, auf ebenso einfache
Weise zur Mittagszeit die geographische Länge, eine sogenannte Mittagslänge, zu ermitteln, hätten wir unseren Standort zur Mittagszeit, den
sogenannten Mittagsort festgelegt.

Dazu versetzen wir uns nochmals in Abschnitt 3.4.2 zurück, in dem wir
die Kulminationszeit eines Gestirns berechneten. Wir fanden in Gl.(3.26)
einen einfachen Zusammenhang zwischen dem Greenwichstundenwinkel t_{Grw}
des kulminierenden Gestirns und der entsprechenden geographischen Länge,
auf der diese Kulmination stattfindet. Wir gingen damals so vor, daß wir
nach der Umwandlung der geographischen Länge in den entsprechenden Greenwichstundenwinkel nach (3.26) aus dem Nautischen Jahrbuch die zugehörige
MGZ als Kulminationszeit ermittelten.

Unterstellen wir nun, daß wir die genaue Kulminationszeit kennen würden;
dann könnten wir umgekehrt aus dem zugehörigen t_{Grw} der Sonne die geographische Länge bestimmen. Lösen wir also Gl.(3.26) nach λ auf, so haben
wir einfach

$$\left. \begin{array}{ll} \lambda_W = t_{Grw} & (t_{Grw} < 180^{\circ}) \\ \lambda_E = 360^{\circ} - t_{Grw} & (t_{Grw} > 180^{\circ}) \end{array} \right\} . \qquad (5.5)$$

Es bleibt also nur noch das Problem, für unseren unbekannten Standort
die genaue Kulminationszeit zu bestimmen.

Da - wie wir bereits in Abschn.5.1.2 erfuhren - die Sonne zur wahren
Mittagszeit scheinbar mehrere Minuten etwa in gleicher Höhe verweilt,
ist das genaue Stoppen der Kulminationszeit aus einer Kulminations-
höhen-Messung leider schlecht möglich. Setzt man aber voraus, daß für
einen Beobachter die Kurve des Sonnenlaufs vor Mittag und nach Mittag
völlig symmetrisch ist (vgl.Abb.5.10), dann ist die genaue Bestimmung
der Kulminationszeit leicht möglich. Wir haben lediglich im ansteigenden
Kurvenast vor Mittag zu einem bestimmten Kimmabstand die Instrumentablesung I_A mit der genauen Beobachtungszeit Z_1 zu notieren und entsprechend nach Mittag zur gleichen Instrumentablesung I_A die entsprechende
genaue Beobachtungszeit Z_1'. Dann ist die genaue oder wahre Kulminationszeit der Sonne (oKZ_w) einfach

$$oKZ_w = (Z_1' + Z_1)/2 . \qquad (5.6)$$

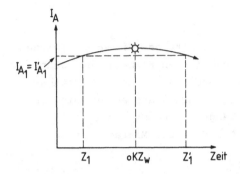

Abb.5.10 Bestimmung der wahren oberen
Kulminationszeit (OKZ$_w$) aus dem symmetrisch
angenommenen Verlauf der Gestirnsbahn.

Es ist hierbei nicht notwendig, die Instrumentablesungen vor bzw. nach
Mittag mit I_B in Kimmabstände und diese mit GB in wahre Höhen zu verwandeln, da diese I_A's lediglich zu Zeitnotierungen benötigt werden. Bei
der Messung der Kulminationshöhe zur Breitenbestimmung dagegen sind
diese Berichtigungen natürlich anzubringen.

Zur Sicherheit sollten bei teilweise bewölktem Himmel vor Mittag mehrere
Instrumentablesungen I_{A1}, I_{A2}, I_{A3}, ... mit ihren zugehörigen Zeiten Z_1,
Z_2, Z_3, notiert werden, denen dann bei den gleichen Instrumentablesungen
$I_{A1}' = I_{A1}$, $I_{A2}' = I_{A2}$, $I_{A3}' = I_{A3}$ die zugehörigen Zeiten Z_1', Z_2', Z_3',
... entsprechen. Es ist dann jeweils oKZ$_w = (Z_v' + Z_v)/2$ ($v=1,2,3$ ...).

Erfahrungsgemäß sollte eine Nachmittagsmessung mindestens eine Stunde
nach der zugehörigen Vormittagsmessung stattfinden. Das kann aber für
einen Beobachter auf einem schnell fahrenden Schiff bedeuten, daß die
durch Abb.5.10 illustrierten Voraussetzungen nicht mehr erfüllt sind.

Fährt das Schiff insbesondere schnell auf nord-südlichen Kursen, d.h.
nähert sich der Beobachter schnell dem Sonnenbildpunkt M (vgl.Abb.5.5)
oder entfernt er sich schnell von ihm, dann können bei diesem Verfahren
wegen des Verlassens der ursprünglichen Höhengleiche erhebliche Ungenauigkeiten auftreten. Völlig exakt ist dieses Verfahren dagegen für ein
zwischen den Vormittags- und Nachmittagsmessungen in einem strömungs-
losen Seegebiet gestoppt liegendes Schiff.

Dieses Verfahren zur Bestimmung der Mittagslänge kommt aus dem angel-
sächsischen Sprachbereich. Es heißt dort "Noon Longitude by Equal
Altitudes" und erfreut sich insbesondere bei Hochseesportseglern großer
Beliebtheit.[*]

---

[*] Vgl. auch einen Aufsatz von B.Schenk in der Zeitschrift Yacht, 3/75, S.48-51.-
Schenk dürfte wohl als Erster deutsche Sportsegler mit diesem Verfahren bekannt gemacht haben.

Hätten wir nun durch Koppelrechnung eine ungefähre Kenntnis unseres Standortes nach φ_g und λ_g, dann würde das Schema zur Bestimmung unseres astronomisch gewonnenen Mittagsortes folgendermaßen aussehen:

1) Wir berechnen zuerst für unsere vermutete Gißlänge λ_g unseres Logge- ortes die Kulminationszeit der Sonne oKZ_g auf Minuten genau.

2) Etwa eine halbe Stunde vor oKZ_g und eine halbe Stunde danach messen wir die Sonnenhöhen, notieren die zu den gleichen Instrumentable- sungen $I_{A1} = I_{A1}'$ auf Sekunden genau ermittelten Beobachtungszeiten Z_1 bzw. Z_1'.

3) Zur Zeit oKZ_g messen wir den Kimmabstand der Sonne und beschicken ihn zur wahren Höhe h_{ob}.

4) Zur Zeit oKZ_g suchen wir aus dem Nautischen Jahrbuch δ und berechnen nach Gl.(5.3) die astronomische Breite φ_{astr}.

5) Aus Z_1 und Z_1' ermitteln wir nach (5.6) die wahre Kulminationszeit oKZ_w und für diese aus dem Nautischen Jahrbuch den Greenwich-Stunden- winkel t_{Grw}.

6) Mit diesem t_{Grw} bekommen wir schließlich aus Gl.(5.5) die astrono- mische Länge λ_{astr} $\binom{W}{E}$, womit der Mittagsort nach φ_{astr} und λ_{astr} bestimmt ist.

Diese sechs Punkte können schemaartig ausführlicher auch so formuliert werden:

Breitenbestimmung	Längenbestimmung

$$
\begin{array}{ll}
\text{N.J.} & \\
\;\rightarrow\;\rightarrow\;\rightarrow\;\delta & \\
\uparrow & \\
oKZ_g & \\
\;\downarrow & \\
\;\downarrow & \\
\rightarrow\;\rightarrow\;\rightarrow\;\rightarrow\; I_A & \quad I_{A1} \quad\text{bei } Z_1 \;= oKZ_g - h/2 \\
\text{Messung}\quad \underline{+I_B} & \quad I_{A1}'=I_{A1} \text{ bei } \underline{Z_1' = oKZ_g + h/2} \\
\text{KA} & \quad oKZ_w = (Z_1' + Z_1)/2 \\
\underline{+GB} & \\
h_{ob}\binom{N}{S} \rightarrow z_o\binom{S}{N} & \qquad\qquad \downarrow \\
& \qquad\qquad t_{Grw} \\
\underline{\delta}\qquad\qquad & \qquad\qquad \underline{\downarrow Gl.(5.5)} \\
\varphi_{astr} & \qquad\quad \lambda_{astr}\binom{W}{E}
\end{array}
$$

$$\underbrace{\qquad\qquad\qquad\qquad\qquad\qquad}_{\text{Mittagsort}}$$

Wir führen nun eine solche Mittagsort-Bestimmung an einem praktischen
numerischen Beispiel vor:

Beispiel:

Am 19.8.57 befand sich ein Motorschiff wegen Maschinenschadens auf Loggeposition φ_g =
54° 12'N, λ_g = 8° 12'E. Wann war die für λ_g berechnete oKZ$_g$, wann die wahre oKZ$_w$?
Wo befand man sich genau zur oKZ$_w$? Es betrugen zur oKZ$_g$ für den Sonnenunterrand: I_A =
48° 34', I_B = + 1,8', AH = 10m. Die zur Bestimmung von λ_{astr} notwendigen beiden Zeitmessungen wurden um 11^h 0^m 14^s MGZ und um 12^h 0^m 14^s MGZ mit der jeweils gleichen
Instrumentablesung angestellt.

Breitenbestimmung:

Nach Gl.(3.26) ist:

$$t_{Grw} = 360^\circ - \lambda_g \text{ (E)} \qquad = 351^\circ \text{ 48'}$$

N.J.57: t_{Grw} = 344° 6,4' $\hat{=}$ 11^h MGZ

Δt_{Grw} = 7°41,6' $\hat{=}$ 30m (46s)

oKZ$_g$ = 11^h 31^m MGZ

für 11^h 31^m MGZ   : δ = 12° 47,2'N

I_A = 48° 34' z_o = $90^\circ - h_{ob}$ = 41° 14,8'N

I_B =   +1,8'   + δ = 12° 47,2'N

KA = 48°35,8' φ_{astr} = 54° 2' N

GB =   +9,4'   ↓

h_{ob} = 48°45,2'S $|\Delta\varphi|$ = 10' südlich versetzt

Längenbestimmung:

Man machte um 11^h 0^m 14^s MGZ die erste Sonnenmessung mit der Instrumentablesung I_{A1},
deren Zahlenwert hier nicht interessiert, und mit dem gleichen I_{A1}-Wert die zweite
Sonnenbeobachtung um 12^h 0^m 14^s MGZ.

$$z_1 = 11^h \ 0^m \ 14^s$$
$$z_1' = 12^h \ 0^m \ 14^s$$

oKZ$_w$ = $(23^h 28^s)/2$ = 11^h 30^m 14^s MGZ

11^h MGZ $\hat{=}$ t_{Grw} = 344° 6,4'

30m 14s $\hat{=}$ Δt_{Grw} = 7° 33,5'

11^h 30^m 14^s $\hat{=}$ t_{Grw} = 351° 39,9'

λ_{astr} (E) = $360^\circ - 351^\circ$ 39,9' = 8° 20,1'E

Man befand sich zur oKZ$_w$ = 11^h 30^m 14^s MGZ genau auf φ_{astr} = 54° 2'N, λ=8° 20,1'E.

5.3 Das Höhenverfahren nach St. Hilaire

Die Breitenbestimmungen auf See mit Hilfe des Nordsterns und der Sonne
waren im Zeitalter der Entdeckungen, etwa vom Beginn des 15. Jahrhunderts
ab, die Navigationsverfahren. Sie waren rechnerisch einfach und mit den
damaligen noch mangelhaften Beobachtungsgeräten einigermaßen zufriedenstellend zu handhaben. Vor allem war keine allzu genaue Zeitkenntnis dafür notwendig. Die astronomische Längenbestimmung dagegen war an genau
gehende Uhren und leidlich verläßliche Ephemeriden gebunden; sie gelang
erst etwa in der zweiten Hälfte des 18. Jahrhunderts.

Leider ist nun aber die Benutzung all dieser Verfahren auf ganz bestimmte
kurze Tageszeiten beschränkt. Es war daher schon früh ein natürlicher
Wunsch, auch zu anderen Tageszeiten astronomische Standortbestimmungen
vornehmen zu können. Doch es dauerte noch über ein weiteres halbes Jahr-
hundert, bis der französische Seeoffizier und spätere Admiral Marcq Blond
de St. Hilaire mit seinem neuen Verfahren diesen Wunsch erfüllen konnte.
Dieses sogenannte Höhenverfahren wurde etwa in der Mitte der zweiten
Hälfte des 19. Jahrhunderts bekannt. Es ist mathematisch gesehen eine
Differentialformel, mit der aus astronomischen Höhenbeobachtungen eine
Standlinie für ein beliebiges sichtbares Gestirn zu einer beliebigen
Tageszeit bei gut erkennbarer Kimm gewonnen werden kann. Wir werden im
folgenden nun zuerst das Prinzip dieses Verfahrens kennenlernen und dar-
an anschließend die praktische Handhabung mit verschiedenen Hilfsmitteln
studieren.

5.3.1 Das Prinzip

Verbinden wir die Ecken des sphärisch astronomischen Grunddreiecks Gestirn (G), oberer Pol (P), Zenit des Beobachters (Z_B) mit dem Erdmittelpunkt M, so entsteht ein auf die Erdkugel projiziertes ähnliches Erddreieck mit den Ecken Erdnordpol (NP), Beobachter B und Projektions- oder
Bildpunkt des Gestirns (G') (vgl.Abb.5.11). Wir wollen dieses Dreieck
nautisch-astronomisches Erddreieck nennen.

Da in ähnlichen Dreiecken entsprechende Winkel einander gleich sind,
sind auch die in Winkelmaß ausgedrückten Dreieckseiten einander gleich.
Das bedeutet aber, daß auch die entsprechenden Koordinaten der jeweiligen Dreieckspunkte gleich sind. In Abb. (5.11) ist also z.B. die geographische Breite $\varphi_{G'}$ des Gestirnsbildpunktes G' gleich der Gestirnsdeklination δ und die (westliche) Länge $\lambda_{G'}(W)$ des Gestirnsbildpunktes
G' gleich dem Greenwichstundenwinkel t_{Grw} des Gestirns G. In Gleichungsform:

$$\varphi_{G'} = \delta \tag{5.7}$$

$$\lambda_{G'}(W) = t_{Grw} \tag{5.8}$$

Hiervon ist uns Gl. (5.8) als Teil der Gl. (3.26) bereits bei der Berechnung der Kulminationszeit begegnet. Das Nautische Jahrbuch liefert
uns daher gewissermaßen die Koordinaten δ und t_{Grw} der Gestirnsbildpunkte. - So können wir also auf der Erdkugel überall Entsprechungen
der Himmelskugelelemente feststellen (vgl.Abb.5.11). Z.B. findet sich
die auf der Himmelskugel in Winkelmaß ausgedrückte Zenitdistanz $z=Z_B G$
als der Großkreisbogen $z = BG'$ auf der Erdkugel wieder. Dies bedeutet
nun aber doch, daß die Entfernung vom Beobachter B zum Bildpunkt des
Gestirns G' gleich der in sm ausgedrückten Zenitdistanz $z = 90^{\circ} - h$ ist
($1^{\circ} \hateq 60$ sm). Zeichnen wir uns zur besseren Veranschaulichung aus Abb.
5.11 die wesentlichen Entsprechungsstücke um B und G' vergrößert heraus
(Abb.5.12) und berücksichtigen wir, daß es noch mehrere Beobachter B_1,
B_2, B_3, ... gibt, die das Gestirn G unter dem gleichen Höhenwinkel h
erblicken (alle in Abb.5.12 gezeichneten Kimmabstände KA sind gleich),
so sehen wir das Entstehen der kreisförmigen Höhengleichen mit dem Radius $z = 90^{\circ} - h$. Da der Winkel zwischen Himmelsmeridian und Gestirnsverti-
kal das Azimut ist, das bei der Projektion nicht verändert wird, so ist
die rechtweisende Peilung vom Beobachter B zum Gestirnsbildpunkt G'
gleich dem Azimut, eine uns aus Abschn.4.2.1 bekannte Tatsache.

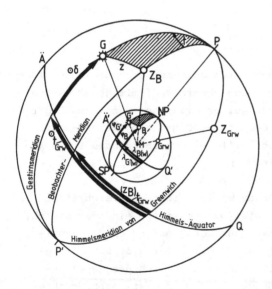

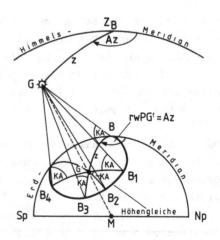

Abb.5.11 Die Entsprechungen der Elemente auf
der Erd- und auf der Himmelskugel

Abb.5.12 Zenitdistanz z als Radius
der Höhengleiche

Fassen wir also zusammen: Die kreisförmige Höhengleiche, auf der alle
Beobachter dasselbe Gestirn zur gleichen Zeit unter dem gleichen Hö-
henwinkel sehen, hat als Radius den in sm ausgedrückten Zenitabstand.
Die rechtweisende Peilung des Gestirnsbildpunktes als Mittelpunkt der
Höhengleichen vom Beobachter aus ist gleich dem Azimut des Gestirns.

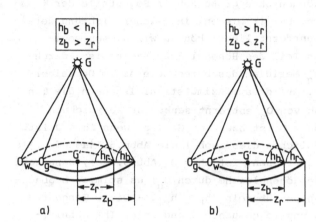

Abb.5.13
Zum Vorzeichen von $\Delta h = h_b - h_r$

Wir nehmen nun an, daß uns nach Logge ungefähr unser Standort bekannt
ist. Wir nennen ihn den Gißort O_g. Dann können wir für einen bestimmten
Zeitpunkt - zu dem wir eine Messung vornehmen wollen - nach den in Abschnitt 3.2.4 besprochenen Methoden die Gestirnshöhe und das Azimut berechnen. Wir wollen diese berechnete Höhe mit h_r bezeichnen im Gegensatz zur beobachteten h_b. Ist nun die beobachtete Höhe kleiner als die
gemessene ($h_b < h_r$), so ergibt sich Abb.5.13a. Aus ihr ersehen wir,
daß der Radius z_b der wirklichen Höhengleichen, auf der sich der Beobachter befindet, größer ist als der Radius z_r der berechneten Höhengleichen ($z_b > z_r$). Da $z = 90° - h$ ist, läßt sich diese Radiendifferenz
Δz durch

$$\Delta h = h_b - h_r \qquad\qquad (5.9)$$

ausdrücken. (Man vergleiche dazu die analog gebaute Gl.(5.4), die für
die Mittagsbreite als Spezialfall von Gl.(5.9) angesehen werden kann).
Und zwar ist hier wegen $h_b < h_r$ die Differenz $\Delta h < O$. Dies heißt aber,
daß der wahre Ort O_w weiter _weg_ vom Bildpunkt G' liegt als O_g. Im umge-
kehrten Falle ist $h_b > h_r$ (vgl.Abb.5.13b); der Radius der wirklichen
Höhengleichen z_b ist kleiner als der der berechneten ($z_b < z_r$), und aus
Gl.(5.9) folgt $\Delta h > O$. D.h. also, der wahre Ort O_w liegt näher _hin_ zum
Bildpunkt G' als O_g. Wir fassen dies abgekürzt zusammen in:

$$\left.\begin{array}{l} \Delta h < O : \quad \overline{O_w G'} > \overline{O_g G'} \\[2mm] \Delta h > O : \quad \overline{O_w G'} < \overline{O_w G'} \end{array}\right\} \qquad\qquad (5.10)$$

Wollten wir nun diese Höhengleichen zeichnen, so hätten wir um G' mit z_b
Kreise zu schlagen. Diese Kreise als Standlinien sind aber so groß, daß
sie praktisch in keine Seekarte eingezeichnet werden können. Dies ist
auch nicht nötig, denn wir können ohne große Fehler Bogenteile der Kreise
durch ihre Tangenten annähern. Da wir wissen, in welcher Richtung der
Gestirnsbildpunkt G' von O_g entfernt liegt, können wir diesen sogenannten Azimutstrahl, der ein Teil des Höhengleichenradius ist, durch
O_g zeichnen, indem wir vom λ_g-Meridian das berechnete Az im Uhrzeigersinn abtragen (vgl.Abb.5.14). Auf diesem Azimutstrahl ist dann die Tangente der Höhengleichen um Δh von O_g entfernt senkrecht zu zeichnen
und zwar nach G' <u>hin</u>, wenn $\Delta h > O$ ist bzw. von G' <u>weg</u>, wenn $\Delta h < O$ ist.
Die Abbn.5.14a,b,c veranschaulichen dies, wobei die Abbn.5.14a und 5.14b
den Abbn.5.13a bzw. 5.13b entsprechen. Ist $\Delta h = O$ (Abb.5.14c), dann geht
natürlich die Tangente an die Höhengleiche durch O_g; es stimmen beobachtete und berechnete Gestirnshöhen überein ($h_b = h_r$). - Diese Tangente
an die Höhengleiche ist also unsere gesuchte Standlinie. Ihr Schnittpunkt mit dem Azimutstrahl heißt Leitpunkt L.

Bei diesen Konstruktionen haben wir den Azimutstrahl als Gerade gezeich-
net, d.h. wir haben so getan, als ob er ein Stück einer Loxodrome sei.
Dies ist genau genommen nicht richtig. Wie wir aus Abb.5.12 ersehen,
ist der Azimutstrahl Teil eines Großkreisbogens. Allerdings ist der
Fehler unserer Loxodromapproximation sehr klein und macht sich in der
Praxis erst bei einem $\Delta h > 20'$ geringfügig bemerkbar. Solche Δh-Größen-

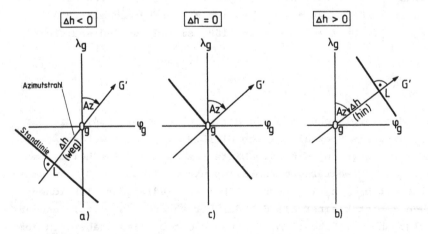

Abb.5.14 Zur Konstruktion einer Standlinie mit Az und Δh

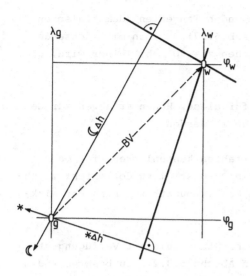

Abb.5.15 Wahrer Standort O_w aus zwei
astronomisch gewonnenen Standlinien

ordnungen können i.a. nur bei der Standlinienberechnung mit Hilfe der
HO249-Tafeln (vgl.Abschn.5.3.2.2) vorkommen. Die entsprechenden Az-Ab-
weichungen werden selbst da wegen ihrer Geringfügigkeit nicht berücksichtigt.

Bringen wir nun zwei Standlinien aus zwei etwa zur gleichen Zeit am
gleichen Gißort gemachten Gestirnsbeobachtungen zum Schnitt, so erhalten wir den wahren Standort O_w. Das Konstruktionsprinzip ist aus
Abb.5.15 ersichtlich. In ihr ist auch die von O_g nach O_w zu denkende
Besteckversetzung BV eingezeichnet.

Diesen aus zwei astronomischen Standlinien gewonnenen wahren Ort O_w
sollte man nicht kritiklos als den wirklichen Standort ansehen. Manche
Ungenauigkeit z.B. in der Winkelmessung, in der Zeitmessung oder beim
Ablesen von Tafelwerten ist oft nicht unmittelbar aus der O_w-Konstruk-
tion erkennbar. (Wir kommen später in Abschn.5.3.4 auf den Einfluß bestimmter Fehlerquellen zurück). Daher sollte, wenn irgend möglich, mit
einer dritten Gestirnsmessung eine dritte Standlinie zur O_w-Bestimmung
benutzt werden. Dies dann entstehende Fehlerdreieck der drei Standlinien
gibt einem eine wesentlich genauere Beurteilungsmöglichkeit über die
Güte der O_w-Bestimmung.

Weiterhin ist bei der Anwendung dieses Höhenverfahrens darauf zu achten,
daß der Kreis der Höhengleichen nicht zu klein wird, denn dann kann der
den Azimutstrahl schneidende Kreisbogen nicht mehr bedenkenlos durch
seine Tangente substituiert werden. Bei der O_w-Bestimmung wird in einem
solchen Fall der Schnittpunkt der Höhengleichen (der "wahre" wahre Ort)

nicht mehr mit demjenigen der entsprechenden Tangenten (dem "falschen"
wahren Ort) übereinstimmen (vgl. auch Abb.5.27). Da nun mit wachsendem
Höhenwinkel h der Radius der Höhengleichen z = 90° -h kleiner wird, gilt
als Faustregel in der Praxis:

Gestirne in Höhen über h = 80° sollen für dieses Höhenverfahren zur Ge-
winnung des wahren Standortes nicht benutzt werden.

Wir werden später in Abschn.5.4 ein Verfahren kennenlernen, für das
diese Einschränkung nicht gilt, weil die O_w-Bestimmung dort nicht zeichnerisch sondern rein rechnerisch durch Schnittpunktberechnung der wirklichen Höhengleichen erfolgt.

Sollte nur _ein_ Gestirn und damit nur _eine_ Standlinie zur Verfügung stehen, so kann - außer der später noch in Abschn.5.3.2.2 zu besprechenden
Versegelung - in gewissen Fällen diese Standlinie trotzdem einen wesentlichen Beitrag zur Positionsbestimmung liefern. - Verläuft z.B. der Azimutstrahl ungefähr in ost-westlicher Richtung, dann gibt die in etwa
nord-südlicher Richtung verlaufende Standlinie Auskunft über die wahre
geographische Länge, auf der man sich befindet. Umgekehrt hat man einen
Anhaltspunkt über die wahre geographische Breite bei einer ungefähr ost-
westlich verlaufenden Standlinie (der Azimutstrahl zeigt dann etwa in
nord-südliche Richtungen).

Nach dieser Darlegung des Prinzips des Höhenverfahrens von St. Hilaire
wollen wir uns nun in den nächsten Abschnitten seiner praktischen Handhabung zuwenden. Daß dabei auftretende Rechnungen entweder mit dem Taschenrechner, dem Semiversusverfahren oder bestimmten Hilfstafeln aus-
geführt werden (Rechenschiebergenauigkeit reicht allerdings hierfür nicht
aus!), ändert an dem Höhenverfahren nichts. Darauf sei hier ausdrücklich
hingewiesen, weil in manchen populären Schriften zu unserem Thema solche
Rechenhilfsmittel unsinnigerweise als eigene Verfahren dem eigentlichen
Höhenverfahren gegenübergestellt werden.

5.3.2 Berechnung der Standlinie

5.3.2.1 mit dem Taschenrechner oder der Semiversus-Funktion

Für die praktische Handhabung des Höhenverfahrens nach St. Hilaire
wollen wir die wesentlichen Gedankenschritte zur Ermittlung einer Standlinie nochmals rekapitulieren: Wir gehen von einem nach Logge vermuteten
Gißort O_g (φ_g, λ_g) aus, an dem uns die sekundengenauen Beobachtungszei-

ten der Gestirnshöhenmessungen in MGZ bekannt seien. Dann haben wir zur Ermittlung einer Standlinie mit der Semiversusfunktion oder dem Taschenrechner folgendes zu tun:

1) Der mit GB zur wahren Beobachtungshöhe h_b beschickte Kimmabstand KA und die sekundengenaue Meßzeit in MGZ werden notiert.

2) Es wird nach (3.11b) für O_g diejenige wahre Gestirnshöhe h_r berechnet, die wir messen müßten, wenn wir uns wirklich auf O_g befinden würden. Dies kann mit einem Taschenrechner nach (3.11b) direkt oder mit der Semiversusfunktion nach (3.13) geschehen.

3) Es wird für O_g (φ_g, λ_g) das Gestirnsazimut Az nach (3.14b) berechnet. Dies kann entweder direkt mit einem Taschenrechner geschehen oder mit den nach (3.16b) entworfenen A, B, C-Tafeln von Fulst.

4) Mit dem berechneten Az wird durch O_g der Azimutstrahl gezeichnet.

5) Es wird $\Delta h = h_b - h_r$ berechnet und auf dem Azimutstrahl von O_g aus abgetragen: $\Delta h \begin{array}{l} < 0 \text{ weg vom} \\ > 0 \text{ hin zum} \end{array}$ Bildpunkt des Gestirns.

6) Durch den entstehenden Leitpunkt L wird senkrecht zum Azimutstrahl die Standlinie gezeichnet.

Dem aufmerksamen Leser wird aufgefallen sein, daß keine Azimutmessung (etwa durch Peilung) angestellt wird, sondern für das Zeichnen der Standlinie das für O_g berechnete Azimut verwendet wird. Dies ist gerechtfertigt - abgesehen von Peilungenauigkeiten bei höher stehenden Gestirnen (vgl.Abschn.4.2.1) - , wenn wir uns Abb.5.13 nochmals vergegenwärtigen. Im Vergleich zum riesigen Radius z der Höhengleichen ist der Abstand zwischen O_g und O_w verschwindend gering. Nehmen wir beispielsweise an, O_w und O_g wären azimutal um 1° von einander entfernt, dann ist das in Längeneinheiten ausgedrückte Bogenstück b zwischen O_g und O_w nach Gl. (1.1):

$$b = z \cdot \pi/180 \quad .$$

Daraus ergibt sich z.B. für $z = 30^\circ \;\hat{=}\; 1800$ sm: b = 31,4 sm; und selbst für unsere praktische Meßgrenzhöhe h = 80°, d.h. $z = 10^\circ \;\hat{=}\; 600$ sm ist b = 10,5 sm. - Bei vernünftiger Koppelnavigation ist üblicherweise die Besteckversetzung BV = $\overrightarrow{O_g O_w}$ weit geringer, so daß ein Azimutfehler von 1° bei Benutzung des rechnerischen Azimuts gar nicht auftreten kann.

Nunmehr wollen wir die Rechenteile unserer sechs Gedankenschritte in
ein Schema kleiden, in dem der Leser alle in den Kapiteln 3 und 4 entwickelten Mosaikbausteine zu unserem endgültigen Standlinienbild zusammengesetzt vorfindet.

Gegeben: BUZ + Stand = Meßzeit (MGZ) am Loggeort O_g (φ_g, λ_g)

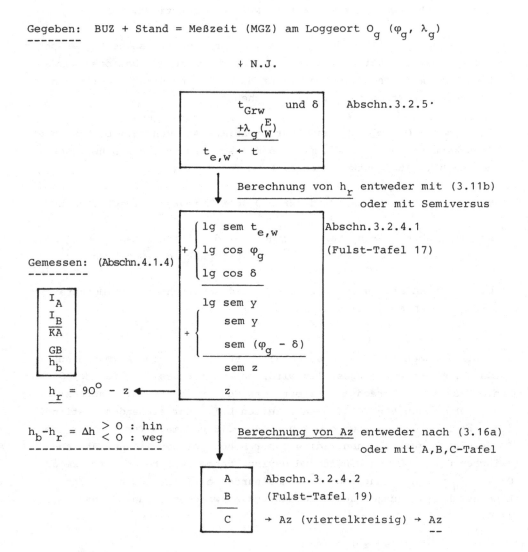

Zwei praktische numerische Beispiele sollen nun nach diesem Schema
vorgerechnet werden:

Beispiel 1:

Man befindet sich nach Koppelrechnung am 19.8.57 vermutlich auf φ_g = 54° 10'N,
λ_g = 7° 8'E und beobachtet zur BUZ = 11^h 30^m 10^s den Sonnenunterrand mit der I_A=48°36'.
Es betrugen I_B = -1,9', AH = 10m, Stand = + 20s. Man berechne Az und Δh und zeichne
die Standlinie.

$$BUZ = 11^h 30^m 10^s \qquad \text{am } 19.8.57$$

$$Stand = \qquad +20s$$

$$\overline{MGZ = 11^h 30^m 30^s}$$

für 11^h : t_{Grw} = 344° 6,4'		für 11^h : δ = 12° 47,6'N
für 30m 30s: Zuw. = 7°37,5'		Verb.(Unt.-0,8')= - 0,4'
für 11^{h}30^{m}30^s:t_{Grw} = 351°43,9'		δ =12° 47,2'N
λ_g(E) = + 7° 8'		
für 11^{h}30^{m}30^s: t = 358°51,9'	→ t_e = 1° 8,1'	lg sem t_e = 5,99077
	φ_g =54° 10'N +	lg cos φ_g = 9,76747
	δ =12°47,2'N	lg cos δ = 9,98910
		lg sem y = 5,74734
I_A = 48°36'		sem y = 0,00006
I_B = - 1,9'		+
KA = 48°34,1'		sem(φ_g-δ) = 0,12483
GB = + 9,4'	φ_g-δ =41°22,8'	sem z = 0,12489
h_b = 48°43,5'		z = 41°23,5'
h_r = 90° - z = 48°36,5'		

$$h_b - h_r = \Delta h = +7' \text{ (hin)}$$

A = -75,5'
B = +12,4'
C = -63,1' → Az = S2° E = 178°

Mit einer zweiten Gestirnsmessung kann diese Standlinie (Abb.5.16) zur Standortbestimmung verwendet werden (vgl.Abschn.5.3.3).

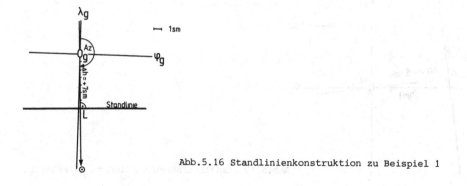

Abb.5.16 Standlinienkonstruktion zu Beispiel 1

Beispiel 2:

Man befindet sich nach Koppelrechnung am 19.8.57 vermutlich auf φ_g =54° 10'N, λ_g =7°8'E und beobachtet zur BUZ = 11^{h}31^{m}0^s den Mondunterrand mit der I_A = 18° 35,7'. Es betrugen I_B = -1,9', AH = 10m, Stand = +20s. Man berechne Az und Δh und zeichne die Standlinie.

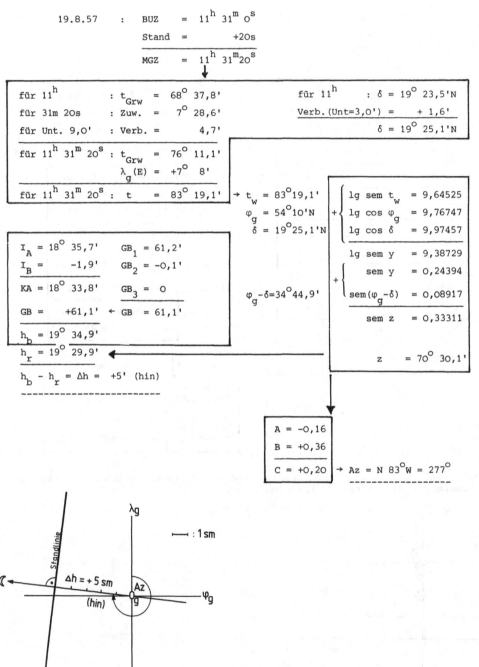

$$
\begin{array}{lll}
19.8.57 & : & \text{BUZ} & = & 11^h\ 31^m\ 0^s \\
& & \text{Stand} & = & +20s \\
\hline
& & \text{MGZ} & = & 11^h\ 31^m 20^s
\end{array}
$$

für 11^h	: t_{Grw} = 68° 37,8'	für 11^h	: δ = 19° 23,5'N
für 31m 20s	: Zuw. = 7° 28,6'	Verb.(Unt=3,0') =	+ 1,6'
für Unt. 9,0'	: Verb. = 4,7'	δ =	19° 25,1'N

| für 11^h 31^m 20^s : t_{Grw} = 76° 11,1' |
| λ_g (E) = +7° 8' |
| für 11^h 31^m 20^s : t = 83° 19,1' |

→ t_w = 83°19,1'
φ_g = 54°10'N
δ = 19°25,1'N

+ { lg sem t_w = 9,64525
lg cos φ_g = 9,76747
lg cos δ = 9,97457 }

lg sem y = 9,38729

+ { sem y = 0,24394
sem(φ_g-δ) = 0,08917 }

φ_g-δ=34°44,9'

sem z = 0,33311

I_A = 18° 35,7'	GB_1 = 61,2'
I_B = -1,9'	GB_2 = -0,1'
KA = 18° 33,8'	GB_3 = 0
GB = +61,1' ← GB = 61,1'
h_b = 19° 34,9'
h_r = 19° 29,9' ←
h_b - h_r = Δh = +5' (hin)

z = 70° 30,1'

A = -0,16
B = +0,36
C = +0,20   → Az = N 83°W = 277°

Abb.5.17 Standlinienkonstruktion zu Beispiel 2

Wir hätten die ermittelten Standlinien der beiden Beispiele direkt in
eine Seekarte genügend großen Maßstabs einzeichnen können. Ihr gemein-
samer Schnittpunkt hätte in diesem Fall fast gleichzeitiger Beobachtung
am gleichen Gißort direkt den wirklichen Standort O_w ergeben. Steht aber
nur eine Seekarte kleinen Maßstabs (z.B. Übersegler) zur Verfügung, so
zeichnet man die Standlinien in eine selbst entworfene Leerkarte (vgl.
Abschn.2.5) oder in eine vom Deutschen Hydrographischen Institut ver-
triebene Leernetzkarte. Der darin ermittelte wahre Standort O_w wird
dann nach φ_w und λ_w in die eigentliche Seekarte übertragen. Einzelheiten
darüber erfahren wir in Abschn.5.3.3.

5.3.2.2 mit dem Tafelwerk HO249

In unserem Schema des vorigen Kapitels zur Ermittlung einer Standlinie
erfordert die Höhen- und Azimutberechnung entweder mit den Fulst-Tafeln
oder mit einem Taschenrechner die meiste Zeit und die größte geistige
Konzentration. Es ist daher nicht ausgeschlossen, daß gerade hier infolge geistiger Ermüdungserscheinungen sich sehr leicht Flüchtigkeits-
fehler (besonders bei der Interpolation von Tafelwerken) in die Rechnung einschleichen, die das Endergebnis völlig verfälschen können. Man
hat sich daher schon früh um die Erstellung von Hilfstafeln bemüht, die
dem Navigator die mühselige Rechenarbeit größtenteils abnehmen sollen.
Im Laufe der letzten Jahrzehnte hat sich ein Tafelwerk durchgesetzt, das
ursprünglich für die Luftfahrt entwickelt wurde, sich aber bald auch in
der Seefahrt großer Beliebtheit erfreute. Es sind die 3 Bände der sogenannten HO249-Tafeln, die vom amerikanischen Hydrographic Office herausgegeben werden. Ihr genauer Titel lautet:
Sight Reduction Tables for Air Navigation:
Vol. I : Selected Stars
Vol. II: Latitudes 0° - 39° Declinations 0° - 29°
Vol.III: Latitudes 40° - 89° Declinations 0° - 29°
Die gleichen Tafeln werden im Facsimile-Druck in England als Air public-
ation A.P.3270 herausgegeben.

Vol. I: Selected Stars

Wir beginnen mit der Besprechung des am leichtesten zu handhabenden
Vol. I dieses Tafelwerkes, der nur für ausgewählte Fixsterne gilt. - Zur
Benutzung sind nun nicht etwa umfangreiche Englischkenntnisse notwendig.
Vielmehr kommt man mit ganz wenigen Ausdrücken zurecht, die der eigent-
lichen Tafel-Besprechung vorangestellt werden sollen. Es bedeuten

LAT : Latitude   geographische Breite φ

LHA : Local hour angle   Ortsstundenwinkel t

H_c : computed altitude   berechnete Höhe h_r

Z_n : azimut   Azimut (vollkreisig) Az

SHA : sidereal hour angle   Sternwinkel β

Dec : declination   Deklination δ .

Außerdem tragen im Englischen einige Fixsterne andere Namen als im
deutschen Sprachbereich. Man orientiere sich in Zweifelsfällen an der
Größe des Sternwinkels (SHA) β, der aus der nach Hilfstafel 3 folgenden
Fixsternliste ersichtlich ist und mit dem entsprechenden gelben Über-
sichtsblatt des Nautischen Jahrbuches verglichen werden kann.

Dieser Bd.I von HO249 gilt also nur für jeweils 7 ausgewählte Fixsterne.
Besonders helle Fixsterne von mindestens der ersten Ordnung sind in
großen Buchstaben geschrieben. Vor Benutzung sind die Gißbreite φ_g und
der Ortsstundenwinkel des Frühlingspunktes mit einem geeigneten λ_B auf
volle Winkelgrade anzupassen. Hierdurch erhält man einen sogenannten Be-
zugs- oder Rechenort O_B (φ_B, λ_B). Bei dieser vollgradigen Anpassung
sollen nicht mehr als 30' auf- oder abgerundet werden, d.h. also:

$$ |\lambda_B - \lambda_g| \leq 30' , |\varphi_B - \varphi_g| \leq 30' \qquad\qquad . \qquad (5.11)$$

Mit den Eingangswerten: vollgradiger $\Upsilon t = \Upsilon LHA$ und φ_B erhält man auf der
entsprechenden Seite, die φ_B (fett gedruckt) entspricht, unmittelbar
$H_c = h_r$ und $Z_n = Az$ (vollkreisig) von 7 ausgewählten Fixsternen. Drei
dieser ausgewählten Fixsterne sind jeweils mit einem Rautenzeichen versehen. Die Standlinien derart gekennzeichneter Fixsterne schneiden sich
unter besonders günstigen Schnittwinkeln. Ist dann ein solcher Schnittpunkt ermittelt, so ist dieser nach den Vorschriften der Hilfstafel 5
um einen bestimmten Betrag in eine bestimmte Richtung zu verschieben.
Eingangswerte für Tafel 5, die in für bestimmte Jahre gültige Abschnitte
unterteilt ist, sind wieder $\Upsilon t = \Upsilon LHA$ und φ_B. Findet man hierin beispielsweise die Werte $\underline{4}$ 110, so bedeutet dies, daß der oben ermittelte Schnittpunkt der Standlinien um 4 sm in die rechtweisende Richtung 110° zu verschieben ist. Der Grund für diese Verschiebung ist die Erdpräzession
(vgl.Abschn.3.3.31), die eine geringe, aber ständige Wanderung des Frühlingspunktes bewirkt.[*] Daher ist Vol. I von HO249 auch nicht auf unbe-

---

[*]In einigen populären Darstellungen wird diese Verschiebung als Versegelung bezeichnet. Dies ist nicht korrekt. Denn unter Versegelung (vgl.Abschn.5.3.3.2) versteht
man die Mitnahme einer Standlinie von einem Meßort O_{g_I} zu einem zweiten zeitlich späteren Meßort $O_{g_{II}}$, was zwar rein formal auch einer Standlinienverschiebung entspricht,
aber eben eine ganz andere Ursache hat.

grenzte Zeit benutzbar, sondern nur für einen Zeitraum von etwa 8 Jahren.
Alle 5 Jahre erscheint ein neuer Vol. I, der für eine bestimmte Epoche
Gültigkeit besitzt. (Z.B. ist Epoche 1980,0 gültig für die Zeit von 1977
bis 1985).

Gehen wir nun wieder von einem nach Logge vermuteten Gißort O_g (φ_g, λ_g)
aus, an dem uns die sekundengenauen Beobachtungszeiten der Fixsternhöhen-
messungen in MGZ bekannt seien, dann haben wir zur Ermittlung einer
Standlinie mit HO249-I folgendes zu tun:

1) Der mit GB zur wahren Beobachtungshöhe h_b beschickte Kimmabstand
   KA und die sekundengenaue Meßzeit in MGZ werden notiert.

2) Der zu dieser Meßzeit (MGZ) aus dem Nautischen Jahrbuch ermittelte
   Υt_{Grw} wird mit einer gewählten Bezugslänge λ_B zu einem vollgradigen
   $\Upsilon t = \Upsilon LHA$ angepaßt. Ebenso wird φ_g durch Auf- oder Abrunden zu einem
   vollgradigen φ_B angepaßt. Bei diesen Anpassungen ist Gl.(5.11) zu berücksichtigen. Damit haben wir einen Bezugsort O_B (φ_B, λ_B) erhalten.

3) Mit vollgradigem φ_B und LHA werden aus HO249, Vol. I die berechnete
   Höhe $H_c = h_r$ und das vollkreisige Azimut $Z_n = Az$ für den beobachteten
   Fixstern entnommen. H_c wäre also diejenige Höhe, die wir messen
   müßten, wenn wir uns wirklich auf O_B (!) befinden würden.

4) Mit $Z_n = Az$ wird durch O_B (!) der Azimutstrahl gezeichnet.

5) Es wird $\Delta h = h_b - h_r$ berechnet und auf dem Azimutstrahl von O_B (!)
   aus abgetragen: $\Delta h \begin{array}{c} < \\ > \end{array} \begin{array}{l} \text{weg vom} \\ \text{hin zum} \end{array}$ Bildpunkt des Gestirns.
   Die absoluten Zahlenwerte von Δh werden i.a. größer sein als die-
   jenigen bei der Berechnung mit der Semiversusfunktion, da Δh nicht
   von O_g, sondern vom häufig weiter entfernten O_B aus abgetragen werden.

6) Durch den entstehenden Leitpunkt L wird senkrecht zum Azimutstrahl
   die Standlinie gezeichnet.

7) Diese Standlinie ist nach Hilfstafel 5 von HO249-I um den Wert der
   Jahreskorrektur zu verschieben.

Allgemein gesprochen ist wegen der Auf- bzw. Abrundungen die Genauigkeit bei der Benutzung der 3 Bände von HO249 nicht so hoch wie diejenige
bei der Rechnung mit Semiversusfunktion oder Taschenrechner, jedoch für
unsere Navigationszwecke bei weitem ausreichend.

Nach diesen sieben Gedankenschritten schreiben wir nunmehr etwas ausführlicher das Schema zur Berechnung einer Standlinie nach HO249-I an:

Gegeben: BUZ + Stand = Meßzeit (MGZ) am Loggeort O_g (φ_g, λ_g)

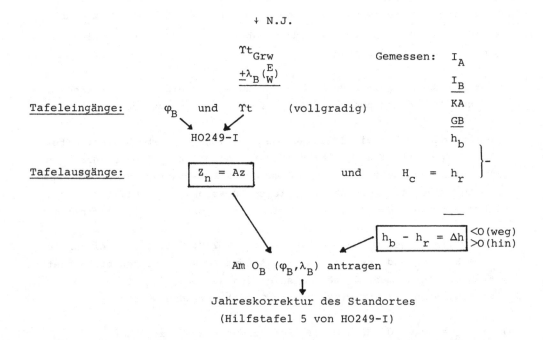

Ein praktisches numerisches Beispiel soll schließlich die Handhabung von
HO249-I verdeutlichen:

Beispiel 1:
Man beobachtet am 15.9.1980 (!) zur BUZ = $18^h 58^m 1^s$ auf der ungefähren Position
φ_g = 58° 12'N, λ = 3° 8'E Capella mit Cap.I_A=16° 3', auf der gleichen Position zur
BUZ = $18^h 58^m 30^s$ Altair mit Alt.I_A=39° 34,5' und schließlich zur BUZ=$18^h59^m30^s$ mit
Arct. I_A = 27° 11,8'. Es betrugen die AH=10m, I_B = +1,6', der Uhrenstand = +30s. Man
ermittle mit HO249-I Az und Δh der gemessenen Fixsterne. Man benutze die Auszüge von
N.J.80 und HO249-I (1980) im Anhang (Abschn.6.4.6, 6.4.7 und 6.4.8).

Die entsprechenden Standlinien werden wir in Abschn.5.3.3.1 (siehe Abb.
5.19) bei der Ermittlung von Standorten zeichnen. Tafel 5 von HO249-I
(Epoche 1980) gibt für 1980 keine Standortsverschiebung, da dieser Band
genau für 1980 berechnet wurde.

Diese auf O_B (φ_B, λ_B) bezogenen Standlinien müssen natürlich dieselben
sein wie diejenigen, die für die 3 Fixsterne mit den Fulst-Tafeln oder

15.9.80

Capella	Altair	Arcturus
BUZ $= 18^h 58^m 1^s$	$18^h 58^m 30^s$	$18^h 59^m 30^s$
Stand $= \quad + 30^s$	$+ 30^s$	$+30s$
MGZ $= 18^h 58^m 31^s$	$18^h 59^m 0^s$	$19^h 0^m 0^s$

18^h : $Tt_{Grw} = 264° 50,8'$	18^h : $264° 50,8'$	19^h : $279° 53,3'$
58m 31s : Zuw. $= 14° 40,1'$	59m : $14° 47,4'$	-
$18^h 58^m 31^s$: $Tt_{Grw} = 279° 30,9'$	$18^h 59^m$:$279° 38,2'$	19^h : $279° 53,3'$
λ_B (E) $= + 3° 29,1'$	$+ 3° 21,8'$	$+3° 6,7'$

$Tt = 283°$	$283°$	$283°$ ⎫ Tafeleingänge
$\varphi_B = 58°N$	$58°N$	$58°$ ⎭
$Z_n = Az = 17°$	$161°$	$263°$ ⎫ Tafelausgänge
$H_c = h_r = 15°54'$	$39° 34'$	$27°11'$ ⎭

$I_A = 16° 3'$	$39° 34,5'$	$27°11,8'$
$I_B = +1,6'$	$+1,6'$	$+1,6'$
$KA = 16° 4,6'$	$39° 36,1'$	$27°13,4'$
$GB = - 9,0'$	$-6,8'$	$-7,6'$
$h_b = 15°55,6'$	$39° 29,3'$	$27° 5,8'$
$h_r = 15°54'$	$39° 34'$	$27° 11'$
$\Delta h = + 1,6'$ (hin)	$-4,7'$ (weg)	$-5,2'$ (weg)

dem Taschenrechner berechnet worden sind und sich auf O_g (φ_g, λ_g) beziehen. D.h. aber, daß wir bei Semiversus-Rechnungen nicht unbedingt O_g (φ_g, λ_g) benutzen müssen, sondern einen in der Nähe liegenden geeigneten Bezugsort O_B (φ_B, λ_B), dessen Koordinaten φ_B und λ_B zur Rechenerleichterung handlicher gewählt werden können. Das Δh der mit O_B durchgeführten Semiversus-Rechnung weicht zwar von demjenigen mit O_g ermittelten Ergebnis ab; die entsprechende Standlinie muß aber dieselbe sein. Der Leser prüfe dies zur Übung an unserem letzten Beispiel nach, indem er Az und Δh für die 3 Fixsterne mit einer auf O_g bezogenen Semiversus-Rechnung ermittelt und die Lage der entsprechenden Standlinien in einem selbst konstruierten Seekarten-Abschnitt vergleicht.

HO249-I enthält noch weitere Hilfstafeln, die kurz erwähnt werden sollen:

Tafel 1: Altitude Corrections for Change in Position of Observer.

Diese Tafel enthält Korrekturen, die bei der Standortbestimmung sich schnell bewegender Beobachter ($v \geq 50$ kn) berücksichtigt werden müssen.

Tafel 2: Altitude Correction for Change in Position of Body.

Diese Tafel enthält Korrekturen, die berücksichtigt werden müssen, wenn die BUZ nicht mit derjenigen Zeit übereinstimmt, für die der entnommene Tt-Wert gilt.

Tafel 3: ist eine Umrechnungstafel von [$^\circ$ ' "] in [h m s].

Tafel 4: GHAT for the years 1977 - 1985.

Diese Tafel gestattet, den Tt_{Grw} für die Jahre 1977 - 1985 zu entnehmen (ohne Benutzung des Nautischen Jahrbuches!).

Tafel 5: Correction for Precession and Nutation.

Diese Tafel ist für uns sehr wichtig. Sie enthält die wegen Präzession und Nutation der Erde jährlich zu berücksichtigende Standortverschiebung.

Tafel 6: Correction for Polaris.

Diese Tafel enthält Korrekturen, die an den gemessenen Kimmabständen des Polarsterns anzubringen sind. Die exakte wahre Höhe wird damit nicht erhalten, da in den Korrekturen die Strahlenbrechung nicht berücksichtigt ist (vgl. Tafel 8).

Tafel 7: Azimuth of Polaris.

Diese Tafel enthält das Azimut des Polarsterns.

Tafel 8: Refraction

Diese Tafel enthält die Berichtigung infolge Strahlenbrechung als Funktion der Augenhöhe, die am gemessenen Kimmabstand anzubringen ist.

Tafel 9: Coriolis Correction

Diese Tafel enthält Korrekturen, die infolge der Coriolisbeschleunigung bei schnell bewegten Beobachtern ($v \geq 50$ kn) als Verschiebung des O_w berücksichtigt werden müssen.

Die meisten dieser Tafeln sind für die Seefahrt-Navigation von untergeordneter Bedeutung und lediglich für Luftfahrt-Navigatoren von Interesse.

Schließlich möchten wir noch darauf hinweisen, daß HO249-I auch zur Fix-
stern-Identifizierung benutzt werden kann. Dazu erinnern wir uns an die
Ausführungen von Abschn.4.3.

Nach Notierung der Beobachtungszeit, der Azimutpeilung und der Höhenmessung des unbekannten Fixsterns (Gedankenschritte 1) bis 3) von Abschn.
4.3), ermitteln wir aus dem Nautischen Jahrbuch Tt (Schritt 4) von
Abschn.4.3). Sodann suchen wir auf derjenigen HO249-I - Seite mit der
unserem Beobachtungsort am nächsten kommenden geographischen Breite in
der Tt-Zeile nach dem passenden Paar der Az-, h-Werte und finden darüber
den Fixstern-Namen - wenn wir Glück haben und der unbekannte Fixstern
zu den 7 ausgewählten Sternen gehört.

Vol. II und III von HO249

Im Gegensatz zu Vol. I gelten Vol. II und III für alle Gestirne ohne
Zeiteinschränkung. Allerdings darf deren Deklination nicht größer als
29° 59' sein. Hierauf ist gegebenenfalls bei der Ermittlung von Fix-
sternkoordinaten zu achten. Sonne, Mond und Planeten werden von dieser
δ-Beschränkung natürlich nicht berührt. Vol. II unterscheidet sich von
Vol. III nur durch die in ihnen enthaltenen geographischen Breiten (Vol.
II: $0^{\circ} \leq \varphi \leq 39^{\circ}$, Vol. III: $40^{\circ} \leq \varphi \leq 89^{\circ}$).

Eingangswerte für HO249-II/III sind wieder neben der vollgradigen geographischen Breite und dem vollgradigen Ortsstundenwinkel des Gestirns t
diesmal die vollgradige Gestirnsdeklination δ. Dabei gelten für die An-
passungswerte der Bezugslänge λ_B und der Bezugsbreite φ_B wieder die
Gln.(5.11). Dagegen ist der aus dem Nautischen Jahrbuch ermittelte
δ-Wert immer auf ein vollgradiges δ abzurunden. Beim Eingang in HO249-II/
III ist dann darauf zu achten, ob φ und δ gleichnamig (same name) oder
ungleichnamig (contrary name) sind. Diejenige Tafelseite mit der entsprechenden Überschrift ist zu wählen. Man erhält dann wieder unmittelbar $H_c = h_r$ und Z als halbkreisiges Azimut des Gestirns. Dieses halb-
kreisige Azimut Z kann leicht nach den auf jeder Tafelseite angegebenen
Regeln auf das vollkreisige Az umgerechnet werden:

$$
\text{Nordbreite:} \begin{cases} t > 180^{\circ} & : \quad Az = Z \\ t < 180^{\circ} & : \quad Az = 360^{\circ} - Z \end{cases}
$$

$$
\text{Südbreite :} \begin{cases} t > 180^{\circ} & : \quad Az = 180^{\circ} - Z \\ t < 180^{\circ} & : \quad Az = 180^{\circ} + Z \; . \end{cases}
$$

Die berechnete Höhe $h_r = H_c$ dagegen muß noch korrigiert werden, da sie
bisher nur für ein vollgradiges δ ermittelt wurde. Dazu dient als Interpolationstafel Hilfstafel 5 von HO249-II/III: Correction to Tabulated
Altitude for Minutes of Declination. Man ermittelt zuerst aus HO249-II/
III den hinter dem abgelesenen H_c-Wert aufgeführten d-Wert. Dieser Wert
ist die Differenz für $1°$ δ-Änderung und ist in Hilfstafel 5 die eine
(horizontale) Eingangsgröße. Die zweite (vertikale) Eingangsgröße ist
der Überschuß an Winkelminuten der wirklichen Deklination gegenüber der
abgerundeten vollgradigen. Mit diesen beiden Eingangsgrößen erhalten wir
aus Hilfstafel 5 einen Wert in Winkelminuten, den wir Höhenkorrektur
(H_c-Correction) nennen wollen. Er ist an dem aus HO249-II/III ermittelten $H_c = h_r$-Wert anzubringen und zwar mit demjenigen Vorzeichen, mit dem
der d-Wert in den Haupttafeln von HO249-II/III aufgeführt ist.

Gehen wir wieder von einem nach Logge vermuteten Gißort O_g (φ_g, λ_g) aus,
an dem uns die sekundengenauen Beobachtungszeiten der Gestirnshöhenmessungen in MGZ bekannt seien, dann haben wir zur Ermittlung einer Standlinie mit HO249-II/III folgendes zu tun:

1) Der mit GB zur wahren Beobachtungshöhe h_b beschickte Kimmabstand KA
   und die sekundengenaue Meßzeit in MGZ werden notiert.

2) Der zu dieser Meßzeit (MGZ) aus dem Nautischen Jahrbuch ermittelte
   Greenwichstundenwinkel des Gestirns t_{Grw} wird mit einer gewählten
   Bezugslänge λ_B zu einem vollgradigen t = LHA angepaßt. Ebenso wird
   φ_g durch Auf- oder Abrunden zu einem vollgradigen φ_B angepaßt. Bei
   diesen Anpassungen ist Gl.(5.11) zu berücksichtigen. Damit haben wir
   einen Bezugsort O_B (φ_B, λ_B) erhalten. Schließlich wird das aus dem
   Nautischen Jahrbuch ermittelte δ auf einen vollgradigen Wert abgerundet.

3) Mit den vollgradigen Größen LHA, δ und φ_B entnehmen wir aus HO249-
   II/III H_c (für $δ°$) und Z = halbkreisiges Azimut. Dabei ist darauf
   zu achten, ob φ und δ gleichnamig (same name) oder ungleichnamig
   (contrary name) sind.

4) Z ist nach den auf jeder Tafelseite vermerkten Regeln in das vollkreisige Az umzurechnen.

5) Aus Hilfstafel 5 von HO249-II/III entnehmen wir einen H_c-Corr-Wert
   mit den Eingangsgrößen d ['] und Überschuß an Winkelminuten des wirklichen δ-Wertes. H_c-Corr. ist mit demjenigen Vorzeichen an H_c anzubringen, mit dem d in HO249-II/III aufgeführt ist. Den endgültigen
   Höhenwert nennen wir h_r.

6) Mit dém in 4) berechneten Az wird durch O_B (!) der Azimutstrahl gezeichnet.

7) Es wird $\Delta h = h_b - h_r$ berechnet und auf dem Azimutstrahl von O_B (!)
   aus abgetragen: $\Delta h \genfrac{}{}{0pt}{}{< 0 \text{ weg vom}}{> 0 \text{ hin zum}}$ Gestirnsbildpunkt.

8) Durch den entstehenden Leitpunkt L wird senkrecht zum Azimutstrahl
   die Standlinie gezeichnet.

Nach diesen acht Gedankenschritten schreiben wir nun ausführlicher das
Schema zur Berechnung einer Standlinie nach HO249-II/III an:

<u>Gegeben:</u>   BUZ + Stand = Meßzeit (MGZ) am Loggeort O_g (φ_g, λ_g)

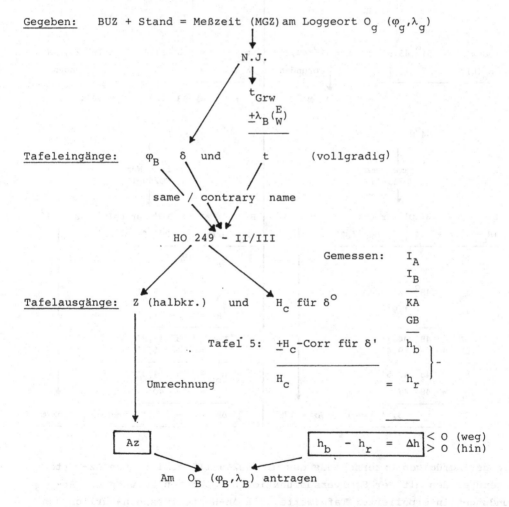

Zur Verdeutlichung, wie dieses Schema praktisch gehandhabt wird, wählen
wir als numerische Beispiele die in Abschn.5.3.2.1 mit der Semiversusfunktion durchgerechneten, deren Hauptdaten wir nochmals kurz notieren
wollen:

Beispiel 2:

19.8.57: O_g (φ_g = 54° 10'N, λ_g = 7°8'E); Uhrenstand = 20s;

    BUZ = 11^h 30^m 10^s MGZ des Sonnenunterrandes: I_A = 48° 36' ⎫ I_B = 1,9'; AH = 10 m.

    BUZ = 11^h 31^m 0^s MGZ des Mondunterrandes: I_A = 18° 35,7' ⎭

    Gesucht sind Az und Δh der beobachteten Gestirne.

Man benutze die Auszüge von HO249-II/III im Anhang (6.4.9, 6.4.10, 6.4.11 und 6.4.12).

Sonne	Mond
MGZ = 11^h 30^m 30^s	MGZ = 11^h 31^m 20^s
↓	↓
N.J.	N.J.
↓	↓
t_{Grw} = 351° 43,9' δ = 12° 47,2'N	t_{Grw} = 76° 11,1' δ = 19° 25,1'N
λ_B(E) = + 7° 16,1' ↓ abrunden	λ_B(E) = +6° 48,9' ↓ abrunden
t = 359° δ = 12°N	t = 83° δ = 19°N
φ_B = 54°N	φ_B = 54°N
↓	↓
Same Name HO249-III	Same Name HO249-III
↓	↓
H_c = 48° 0' für δ=12° Z = 179°	H_c = 19° 20' für δ=19° Z = 84°
+H_c-Corr= + 47' " Δδ=47,2'	+H_c-Corr= + 20' " Δδ=25'
h_r = 48° 47'	h_r = 19° 40'
I_A = 48° 36'	I_A = 18° 35,7'
I_B = - 1,9'	I_B = - 1,9'
KA = 48° 34,1'	KA = 18° 33,8'
GB = + 9,4'	GB = + 61,1'
h_b = 48° 43,5'	h_b = 19° 34,9'
h_r = 48° 47'	h_r = 19° 40'
Δh = - 3,5' (weg) Az = 179°	Δh = - 5,1' (weg) Az=276°

Die geringfügigen Unterschiede der mit HO249-III ermittelten Az-Werte gegenüber den mit der Semiversusfunktion berechneten beruhen auf Abrundungen interpolierter Tafelwerte. Die Δh-Werte müssen natürlich von denjenigen mit Semiversus berechneten verschieden sein, da sie sich auf O_B und nicht auf O_g beziehen. (Daß die auf O_B bezogenen Δh-Werte unseres Beispiels absolut genommen kleiner sind als die auf O_g bezogenen und mit

Semiversus berechneten, ist hier reiner Zufall). Für die Az-Werte dagegen fällt der Unterschied $\overline{O_g O_B}$ im Vergleich zu den riesigen jeweiligen
Bildpunktentfernungen der Gestirne praktisch nicht ins Gewicht. Die so
ermittelten Standlinien sollen vom Leser später bei der Standortbestimmung in Abschn.5.3.3.1 zur Übung gezeichnet werden.

Die sonstigen Hilfstafeln von HO249-II/III Nr.1 bis 4 und 6 bis 7 sind
identisch mit Nr.1 bis 4 bzw. 7 bis 9 von HO249-I. Der Leser findet ihre
entsprechenden kurzen Erläuterungen bei der Besprechung der HO249-I-
Hilfstafeln.

Daß die HO249-I/II/III-Tafeln schließlich auch zur schnellen Az-Bestimmung für eine Kompaßkontrolle (vgl.Abschn.4.2.2.1) herangezogen werden
können, bedarf wohl kaum einer eingehenden Erläuterung.

5.3.3 Ermittlung eines Standortes

5.3.3.1 ohne Versegelung

Mit mindestens zwei Standlinien können wir nun einen Standort bestimmen.
Setzen wir voraus, daß zwischen den einzelnen Messungen, die zu den verschiedenen Standlinienermittlungen führten, keine allzu wesentlichen
Standortveränderungen liegen, daß diese Messungen also praktisch fast
gleichzeitig angestellt wurden, dann sprechen wir von einer Standortbestimmung ohne Versegelung. Mit ihr allein wollen wir uns in diesem Abschnitt beschäftigen.

Haben wir eine Seekarte geeigneten Maßstabs zur Verfügung, so können wir
unsere Standlinien direkt in diese Karte einzeichnen und den Schnitt-
punkt als wahren Ort O_w nach φ_w und λ_w an den Kartenrandeinteilungen ablesen. Bei Seekarten mit größeren Seegebieten ist dies nicht üblich.
Hier zeichnet man die Standlinien meist in eine im Handel erhältliche
Leernetzkarte (engl.: plotting sheet) ein und überträgt den darin ermittelten wahren Standort nach Länge und Breite in die ursprüngliche
Seekarte. Solche Leernetzkarten in Mercator-Projektion werden z.B. vom
Deutschen Hydrographischen Institut herausgegeben und können für verschiedene Breitengebiete käuflich erworben werden. Bei der Anwendung ist
darauf zu achten, daß die Längengradbeschriftung in der richtigen Richtung vorgenommen wird (rechts fortschreitend bei östlichen Längen mit
zunehmenden Gradzahlen, bei westlichen Längen mit abnehmenden Gradzahlen).

Schließlich können wir uns unseren Seekartenausschnitt nach den Regeln
von Abschn.2.4 bzw. 2.5 auch selbst entwerfen. Dies wollen wir hier an
den in Abschn.5.3.2 durchgerechneten Beispielen vorführen.

Wir beginnen mit den Beispielen 1 und 2 von Abschn.5.3.2.1 und schreiben die für uns
wesentlichen Ergebnisse nochmals kurz an:

O_g (φ_g = 54° 10'N, λ_g = 7° 8'E).

1) Sonne: Δh = +7' (hin); Az = 178°. - 2) Mond: Δh = +5' (hin); Az = 277°.

Wir zeichnen nun durch O_g ein rechtwinkeliges Achsenkreuz (vgl.Abb.5.18). Die Abszis-
sen-Achse ist φ_g, die Ordinatenachse λ_g. Auf den durch O_g gezogenen Azimutstrahlen
tragen wir von O_g die entsprechenden Δh ab, die die Leitpunkte liefern. Die Senkrechten durch diese Leitpunkte sind die Standlinien, die sich im wahren Ort O_w schneiden. Die Koordinaten von O_w erhalten wir durch die in Abschn.2.5 besprochene Mittel-
breitenkonstruktion (vgl.Abb.2.23): Auf der durch O_g laufenden Hilfslinie g, die gegenüber der φ_g-Linie um den Winkel φ_g geneigt ist, tragen wir die Einheiten unseres gewählten Maßstabs ab (in unserem Fall 0,5cm $\hat{=}$ 1sm = 1'). Die λ_w-Linie wird bei der Maß-
zahl 10,8 geschnitten und ergibt somit $\Delta\lambda$ = 10,8'; die φ_w-Linie schneidet die λ_g-Linie
etwa 7 Einheiten von O_g entfernt und ergibt $\Delta\varphi$ = 7'. Damit lauten die Koordinaten des
wahren Ortes O_w:φ_w = 54° 10'N - 7' = <u>54° 3'N</u> und λ_w = 7° 8'E - 10,8' = <u>6° 57,2'E</u>.
Schließlich ergibt sich aus Abb.5.18 die Besteckversetzung BV = $\overline{O_gO_w}$ zu $\overline{BV}$: $\overline{221}^o$ -9,4sm.

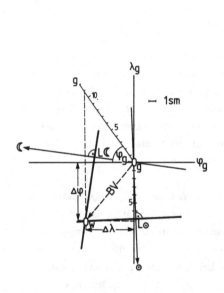

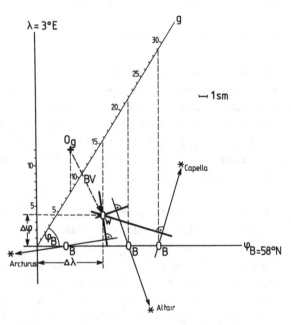

Abb.5.18 Standortbestimmung für
die Beispiele 1 und 2 von
Abschnitt 5.3.2.1

Abb.5.19 Standortbestimmung für das Beispiel 1
von Abschnitt 5.3.2.2

Bei den mit HO249 ermittelten Standlinien haben wir darauf zu achten,
daß durch die vollgradigen Anpassungen für <u>jede</u> Standlinie ein zugehö-
riger Bezugsort O_B (φ_B, λ_B) entsteht, durch den der entsprechende Azimutstrahl zu zeichnen und von dem das betreffende Δh abzutragen ist. Mit

den Ergebnissen des Beispiels 1 von Abschn.5.3.2.2 werden wir auch das vorführen:

O_g ($\varphi_g = 58^\circ$ 12'N, $\lambda_g = 3^\circ$ 8'E).

Capella : $\Delta h = + 1,6'$ Az = 17° O_B ($\varphi_B = 58^\circ$N, $\lambda_B = 3^\circ$ 29,1'E)

Altair : $\Delta h = - 4,7'$ Az =161° O_B ($\varphi_B = 58^\circ$N, $\lambda_B = 3^\circ$ 21,8'E)

Arcturus : $\Delta h = - 5,2'$ Az =263° O_B ($\varphi_B = 58^\circ$N, $\lambda_B = 3^\circ$ 6,7'E).

Mit φ_B und der nächsten günstigsten Länge (hier $\lambda=3^\circ$E) zeichnen wir wieder ein Achsen-kreuz mit der um φ_B gegen die φ_B-Linie geneigten Hilfsgraden g (vgl.Abb.5.19). Auf g tragen wir die Einheiten unseres Maßstabs ab (hier 0,5cm $\hat{=}$ 1sm = 1') und markieren da-mit auf der φ_B-Linie die verschiedenen Bezugsorte O_B. Durch diese O_B's zeichnen wir wieder die entsprechenden Azimutstrahlen mit den zugehörigen Δh's. Die Senkrechten durch die so entstehenden Leitpunkte sind unsere Standlinien, die sich in O_w (oder in einem O_w umgebenden Fehlerdreieck) schneiden. Die Koordinaten von O_w in Abb.5.19 er-geben sich zu $\Delta\varphi = 4'$ und $\Delta\lambda = 15,8'$. Damit bekommen wir schließlich :

$\varphi_w = 58^\circ$N + 4' = $\underline{58^\circ\ 4'N}$ und $\lambda_w = 3^\circ$E + 15,8' = $\underline{3^\circ\ 15,8'E}$

Tragen wir noch den Gißort O_g in Abb.5.19 ein, so ergibt sich eine Besteckversetzung BV = $O_g O_w$: 153° - 8,8sm. Eine Verschiebung des O_w infolge Erdpräzession findet nach Hilfstafel 5 von HO249-I für 1980 nicht statt.

Bei mehr als zwei Standlinien zur Standortbestimmung kann die Zeichnung schon sehr unübersichtlich werden. Um in einem solchen Fall Konfusionen in den so entstehenden "Schnittmusterbögen" zu vermeiden, zeichnet man dann nur noch die eigentliche Standlinie ohne die zugehörigen Hilfslinien. Der Leser ermittle zur Übung zeichnerisch den wahren Ort O_w des HO249-III-Beispiels 2 von Abschn.5.3.2.2 (das den Semiversus-Beispielen 1 und 2 von Abschn.5.3.2.1 entspricht) und vergleiche das Ergebnis mit dem nach Semiversus erhaltenen.

5.3.3.2 mit Versegelung

Versetzen wir uns auf ein Schiff in Küstennähe, das seinen Standort durch Kreuzpeilungen verschiedener in Sichtweite befindlicher Peilobjek-te bestimmen kann (vgl.Abb.5.1). Steht diesem Schiff nur ein einziges Peilobjekt für einen längeren Zeitraum zur Verfügung, so ist auch damit prinzipiell eine Standortbestimmung möglich, wenn das Peilobjekt mehr-mals gepeilt und die Zeit dazwischen bei konstantem Kurs und konstanter Geschwindigkeit gemessen wird. Damit bekommt man die Distanz d (bei kon-stantem Kurs) zwischen den beiden Messungen. Es ergibt sich dann die Auf-gabe, diesen Distanzvektor $\vec{d}$ so in die beiden Peilstrahlen der Doppel-peilung einzupassen, daß der Anfangspunkt des Vektors auf den ersten, der Endpunkt auf den zweiten Peilstrahl zu liegen kommt. Diese Endpunktlage auf dem 2. Peilstrahl ist dann der wahre Ort zum Zeitpunkt der zweiten

Peilung. Abb.5.20 zeigt uns das Konstruktionsprinzip: Wir tragen den
zwischen den beiden Peilungen zurückgelegten Weg d als Vektor (nach
Richtung und Größe) in P ab, ziehen durch den Endpunkt E' zum ersten
Peilstrahl eine Parallele, die den zweiten Peilstrahl im wahren Ort O_w
schneidet. Wir haben also gewissermaßen den ersten Peilstrahl um die versegelte Distanz d mitgenommen. Man sagt auch, man habe die erste Standlinie versegelt.

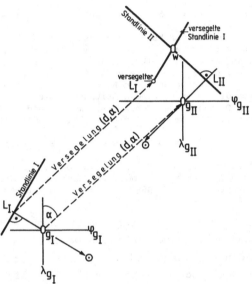

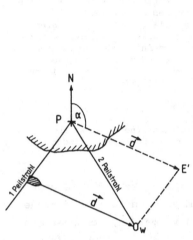

Abb.5.20
Versegelungs- oder Doppelpeilung   Abb.5.21 Standortbestimmung mit Versegelung

Entsprechend kann es uns bei der astronomischen Navigation passieren, daß
nur ein Gestirn zur Standortbestimmung zur Verfügung steht. Dann können
wir nach der ersten Messung des Gestirns in hinreichender Zeit - um eine
günstige Azimutänderung herbeizuführen - eine zweite Messung desselben
Gestirns vornehmen und die erste Standlinie versegeln. Zwischen diesen
beiden Messungen sind aber Kurs und Geschwindigkeit zur Zeitmessung konstant zu halten. Das allgemeine Konstruktionsprinzip zeigt Abb.5.21: Im
vermuteten Gißort O_{gI} (φ_{gI}, λ_{gI}) wird die erste Sonnenmessung vorgenommen. Nach einer Versegelung bei konstantem Kurs α wird nach d Seemeilen die Sonne zum zweiten Mal im vermuteten Gißort O_{gII}(φ_{gII},λ_{gII}) gemessen. Der Leitpunkt L_I der ersten Standlinie wird ebenfalls um d ver-
segelt. Die Parallele durch diesen versegelten Leitpunkt L_I zur ersten
Standlinie schneidet die zweite Standlinie im wahren Ort O_w.

Es liegt wohl auf der Hand, daß die Genauigkeit einer durch Versegelung
ermittelten O_w-Bestimmung im Vergleich zu einer ohne Versegelung gewonnenen zu wünschen übrig läßt. Stromversetzung, Steuerfehler und vor

allem bei Segelfahrzeugen auftretende Windabtriften stellen nur einige
der in die Standortbestimmung eingehenden Unsicherheiten dar. Daher
sollten derart beeinflußte Standortbestimmungen mit größter Vorsicht
angesehen werden.

Auch bei Standortbestimmungen mit Versegelung müssen wir natürlich darauf achten, daß die verwendeten Standlinien günstig zueinander liegen.
So ist es z.B. unsinnig, eine morgens ermittelte Nordstern-Standlinie zu
versegeln, um sie mit einer Mittagsbreiten-Standlinie zum Schnitt bringen zu wollen. Beide liegen in ost-westlicher Richtung. - Häufig wird
jedoch eine vormittags ermittelte Sonnenstandlinie versegelt und mit
einer Mittagsbreiten-Standlinie zum Schnitt gebracht. Man nennt so etwas
ein astronomisches Mittagsbesteck. Als numerisches Beispiel wollen wir
ein solches Mittagsbesteck vorrechnen.

Beispiel:

Am 19.8.57 befindet sich ein Schleppzug mit rwK = 0° auf der vermuteten Position
$\varphi_g = 54^\circ 10'N$, $\lambda_g = 7^\circ 8'E$ zur BUZ = $7^h 59^m 40^s$. Eine Sonnenunterrandbeobachtung ergibt
zu dieser Zeit ein $I_{AI} = 31^\circ 8'$. Danach behält man Kurs Nord mit einer konstanten Geschwindigkeit von v = 10kn bei. Zur Zeit der oberen Sonnenkulmination macht man eine
zweite Sonnenunterrandbeobachtung mit $I_{AII} = 48^\circ 1,9'$. Wo steht der Schleppzug zu dieser
Zeit? ($I_B = -1,9'$, AH = 10m, Uhrenstand = +20 sec.).

19.8.57 : I. Sonnenunterrand-Beobachtung

BUZ	= $7^h 59^m 40^s$				
Stand	= $\quad$ +20s				
MGZ	= $8^h 0^m 0^s$				
	↓				
t_{Grw}	= $299^\circ 6'$		$\delta = 12^\circ 50'N$		
$\lambda_{gI}(E)$	= $+7^\circ 8'$				
t	= $306^\circ 14'$	→ $t_e = 53^\circ 46'$	:	lg sem t_e	= 9,31061
		$\varphi_{gI} = 54^\circ 10'N$	:	lg cos φ_g	= 9,76747
		$\delta = 12^\circ 50'N$	:	lg cos δ	= 9,98901
I_{AI}	= $31^\circ 8'$			lg sem y	= 9,06709
I_B	= $-1,9'$				
KA_I	= $31^\circ 6,1'$			sem y	= 0,11671
GB	= $+8,7'$	$\varphi_{gI} - \delta = 41^\circ 20'$		sem($\varphi_{gI} - \delta$)	= 0,12456
h_b	= $31^\circ 14,8'$			sem z	= 0,24127
$h_r = 90^\circ - z = 31^\circ 9,8'$	◄———————			z	= $58^\circ 50,2'$
Δh	= $+5'$ (hin)				

------------------------------ ↓

A = -1,02

B = +0,28

C = -0,74 → Az = $S66^\circ E = 114^\circ$

Da nach dem Az-Wert die Standlinie ungefähr in nord-südlicher Richtung verläuft, deutet das Δh darauf hin, daß der Schleppzug vermutlich geringfügig östlich versetzt ist. Trotzdem ermitteln wir unseren zweiten Gißort O_{gII} durch Koppelrechnung von O_{gI} ausgehend.

Ermittlung der II. Beobachtungszeit und des II. Gißortes:

Nach dem Nautischen Jahrbuch findet am 19.8.57 die Sonnenkulmination um $T = 12^h\ 4^m$ MOZ statt. Würde man sich zu dieser Zeit noch auf $\lambda_g = 7° 8'E$ befinden (rwK=0°), so wäre die II. Beobachtungszeit in MGZ (vgl.Abschn.3.4.2):

MOZ d.ob.Kulm. $= 12^h\ 4^m$

$\lambda_g \doteq 7° 8'E \;\hat{=}\; -0h\ 29m$

―――――――――――――――――   N.J.

MGZ d.ob.Kulm. $= 11^h\ 35^m$ $\to$ $\delta\ =\ 12°\ 47,2'N$.

Fahrzeit bis zur II.Beobachtungszeit: $11^h\ 35^m\ -8^h\ =$ 3h 35m; mit v=10kn ergibt sich eine zurückgelegte Distanz d:

$$\underline{d}\ =\ 30\ sm\ +\ \frac{35\cdot10}{60}\ sm\ =\ \underline{35,8\ sm}\ .$$

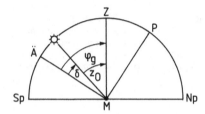

Abb.5.22 Meridianfigur zum

Mittagsbreiten-Beispiel

Da diese Distanz in nördlicher Richtung zurückgelegt wurde, ergibt sich als II. Gißort O_{gII}: *)

$$\varphi_{gII} = 54°\ 10'N + 35,8'\ =\ 54°\ 45,8'N,\ \lambda_{gII} = 7°\ 8'E$$

II. Sonnenunterrand-Beobachtung (Mittagsbreite)

I_{AII} = 48° 1,9'	$\to$	z_o = 90° - h_{ob} = 41° 50,6'N			
I_B = -1,9'	↑	δ =+12° 47,2'N			
KA_{II} = 48° 0'	↑	||	φ_{astr} = 54° 37,8'N	||	
GB = +9,4'	↑		φ_{gII} = 54° 45,8'N		
h_{ob} = 48°9,4'S	$\to$	| $\Delta\varphi$ |	=	8'	(südlich versetzt) .

Abb.5.23 zeigt die Konstruktion des wahren Ortes O_w: Durch den I.Gißort O_{gI} wird der aus der I. Beobachtung resultierende Azimutstrahl mit dem zugehörigen Δh gezeichnet. Am entstehenden Leitpunkt L_I verläuft senkrecht zum Azimutstrahl die I. Standlinie. Sowohl an O_{gI} als auch am L_T werden die Versegelungsvektoren nach Größe und Richtung angebracht. Es ergeben sich O_{gII} und durch Parallelverschiebung die versegelte I. Standlinie mit dem Leitpunkt L_I', die die II. Standlinie (Mittagsbreite) in O_w schneidet. Durch Zeichnen der gegenüber der φ_{gII}-Linie mit φ_{gII} geneigten Hilfsgeraden g und der entsprechenden Maßstabseinteilung kann λ_w ermittelt werden. Der wahre Ort O_w hat somit die Koordinaten:

―――――――――――

*) Bei anderen Kursen wäre der II. Gißort mit Hilfe der Besteckrechnung nach Abschn. 2.5 bzw. 2.4 zu ermitteln.

$$\varphi_w = 54^\circ \ 37,8'N, \qquad \lambda_w = 7^\circ \ 11,3'E \quad .$$

Auf dieser Position steht also der Schleppzug um $11^h \ 35^m$ MGZ.

Schließlich haben wir noch diejenige Standortbestimmung mit Versegelung zu besprechen, der mit HO249 ermittelte Standlinien zugrunde liegen. Hier ist darauf zu achten, daß Azimut und Δh einer Standlinie prinzipiell am Bezugsort O_B (und nicht am O_g) anzubringen sind. Die allgemeine Konstruktion des wahren Ortes O_w zeigt Abb.5.24: Am ersten Bezugsort O_{BI}, der zu dem ersten Gißort O_{gI} gehört, wird der aus der ersten Beobachtung resultierende Azimutstrahl mit entsprechendem Δh_I angebracht. Der sich aus $O_{gI}O_{gII}$ ergebende Versegelungsvektor $\vec{d}$ berührt mit seiner Spitze den versegelten ersten Leitpunkt L_I, durch den die versegelte erste Standlinie parallel zur ursprünglichen gezeichnet wird. Am zweiten Bezugsort O_{BII}, der zum zweiten Gißort O_{gII} gehört, wird der aus der zweiten Beobachtung resultierende Azimutstrahl mit entsprechendem Δh_{II} angebracht.

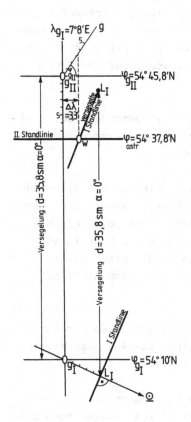

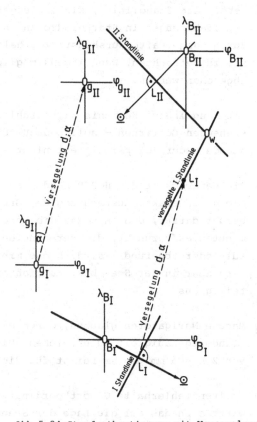

Abb.5.23 Zum Beispiel eines Mittagsbestecks

Abb.5.24 Standortbestimmung mit Versegelung aus Standlinien, die mit HO249 ermittelt wurden.

Die durch den so entstehenden zweiten Leitpunkt L_{II} senkrecht verlaufende zweite Standlinie schneidet die versegelte erste Standlinie im
wahren Ort O_w.

Der Leser berechne zur Übung die Standlinienelemente des letzten Beispiels mit HO249-III und konstruiere den wahren Standort.

5.3.4 Fehlerauswirkungen

In den letzten Abschnitten haben wir vereinzelt auf verschiedene Einflüsse hingewiesen, die zu fehlerhaften Standlinien bzw. Standortbestimmungen führen können. Wir wollen im folgenden diese Fehlereinflüsse
zusammenstellen und - soweit möglich - ihre Auswirkungen auf die Standortgenauigkeit diskutieren.

1) Versegelte Standlinien, die in Seegebieten mit starken Strömungen, bei
   Segelfahrzeugen in Starkwindzonen und allgemein über längere Zeiträume
   durch mangelhafte Kurskonstanz erhalten wurden, sind mit größter Skep-
   sis zu betrachten. Wenn irgend möglich, sollte von ihrer Verwendung
   abgesehen werden.

2) Die mangelhafte Kenntnis der Strahlenbrechung - insbesondere bei tief
   stehenden Gestirnen - sollte dazu führen, für Höhenmessungen Kimmabstände under 10° prinzipiell nicht zu verwenden.

3) Die Genauigkeit der HO249-Bände ist geringfügig kleiner als diejenige,
   die durch exakte Ausrechnung der Grundgleichungen vorhanden ist. Dies
   beruht darauf, daß in HO249 die berechneten Höhen auf volle Winkelminuten aufgerundet, die berechneten Azimute auf volle Winkelgrade
   auf- oder abgerundet sind. Diese minimalen Ungenauigkeiten wirken
   sich aber in der See- bzw. Luftfahrtnavigation praktisch nicht nach-
   teilig aus.

4) Manche Navigatoren glauben, durch extrem große Zeichnungen eine große
   Standortgenauigkeit zu erreichen. Dies ist eine Illusion. Ein Maßstab
   von 2 bis 5 mm pro sm reicht für die Praxis i.a. aus.

5) Sollten fehlerhafte Gißortkoordinaten φ_g und λ_g benutzt werden, so
   wirkt sich das auf die Lage der Standlinie _nicht_ aus (ausgenommen bei
   extrem großen Koordinatenänderungen). Lediglich die Standlinienelemente Az und vor allem Δh ändern sich.

6) Fehlerhafte Ablesung der Beobachtungsuhr oder falsche Uhrenstandbe-
   rücksichtigung (z.B. durch entgegengesetztes Vorzeichen) verschieben
   als Zeitfehler die Standlinie in ost-westliche Richtung. Wird dieser
   Fehler konsequent bei allen zur O_w-Bestimmung notwendigen Standlinien-
   rechnungen gemacht, so wird also die geographische Länge (nicht die
   Breite!) des Standortes dadurch verändert. Dies hängt damit zusammen,
   daß der Gestirnsbildpunkt in westlicher Richtung über die Erde wandert. Da das Gestirn zu einem Erdumlauf ungefähr 24 Stunden benötigt,
   entspricht einer Bildpunktwanderung von 15 Winkelminuten etwa 1 Zeitminute, einer solchen von 15 Winkelsekunden etwa 1 Zeitsekunde. Und
   zwar wird die Standlinie bei zu großer MGZ wegen eines größeren t_{Grw}
   nach Westen, bei zu kleiner MGZ wegen eines kleineren t_{Grw} nach Osten
   verschoben.

7) Wird das Azimut des Gestirns durch mangelhafte φ-, δ- oder t-Werte
   falsch berechnet, so findet eine Drehung der Standlinie statt und
   zwar i.a. um den Punkt, durch den der Azimutstrahl läuft (vgl. Abb.
   5.25). Bei niedrig stehenden Gestirnen ist wegen der damit verbun-
   denen geringen Krümmungen der Höhengleichen ein Azimutfehler bis zu
   2^O vernachlässigbar.

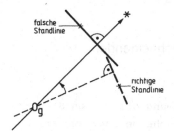

Abb.5.25 Drehung des Azimutstrahls um O_g
durch fehlerhafte φ-, δ- und t-Werte

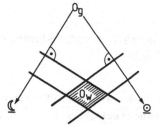

Abb.5.26 Fehlerparallelogramm durch
mangelhafte h- bzw. KA-Werte

8) Wird der Kimmabstand des Gestirns mangelhaft gemessen, oder treten
   bei der Beschickung zur Höhe Fehler auf, so wirkt sich das durch eine
   Parallelverschiebung der Standlinie aus. Dasselbe tritt natürlich
   auch bei einer fehlerhaften Höhenberechnung ein. Statt einer Standlinie entsteht durch diese Höhenfehler ein Standstreifen, der bei
   zwei verschiedenen Standlinien zu einem Fehlerparallelogramm führen
   kann (vgl.Abb.5.26). Allein durch eine unscharfe Kimm kann der Standstreifen in der Größenordnung von 2sm breit sein.

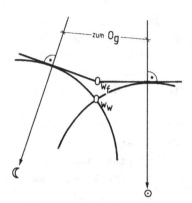

Abb.5.27 Entstehung eines "falschen" O_w durch
Benutzung zu großer Gestirnshöhen

9) Werden schließlich zu hoch stehende Gestirne für Standlinienbestim-
   mungen benutzt, so treten wegen der zu stark gekrümmten Höhengleichen erhebliche Abweichungen des durch die Höhengleichen selbst entstehenden Schnittpunktes ("wahrer" Ow_w) und des durch ihre Tangenten
   ermittelten ("falscher" Ow_f) auf (vgl.Abb.5.27). Daher sollten Messungen von Gestirnshöhen über 80° für das Höhenverfahren nach St.
   Hilaire nicht verwendet werden. Wir werden im nächsten Abschnitt ein
   Verfahren kennenlernen, für das diese Einschränkung entfällt, weil
   mit ihm der Schnittpunkt der wirklichen Höhengleichen (und nicht
   ihrer Tangenten) als O_w rechnerisch bestimmt wird.

5.4 Rechnerische Standortbestimmung aus zwei sich schneidenden Höhengleichen

Wir kommen nun zu einem Verfahren, das die Bestimmung des wahren Standortes O_w rechnerisch direkt aus der Kenntnis der Höhenmessung zweier
Gestirne gestattet. Eine Begrenzung der Gestirnshöhe nach oben hin
braucht hier im Gegensatz zum Höhenverfahren nach St. Hilaire nicht
mehr berücksichtigt zu werden, weil jetzt die Schnittpunkte der wirklichen Höhengleichen ermittelt werden. Lediglich die Schnittwinkel der
beiden Höhengleichen sollen nicht zu schleifend, d.h. zu spitz oder zu
stumpf sein, weil eine geringfügige Ungenauigkeit in der Höhenmessung
sich dann erheblich in der Rechnung auswirken kann.

Das Prinzip dieses Verfahrens verdeutlicht Abb.5.28. Wir setzen voraus,
daß die Kimmabstände zweier Gestirne G_1 und G_2 zu den jeweiligen wahren
Höhen beschickt vorliegen. Die entsprechenden Beobachtungszeiten sollen
möglichst nahe zusammenliegen, um von annähernd gleichzeitiger Beobachtung sprechen zu können. Dann sind die Höhengleichen auf der Erde Kreise

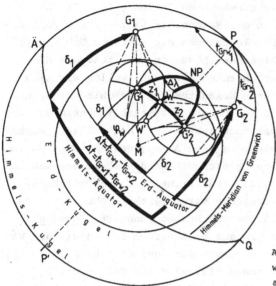

Abb.5.28 Rechnerische Bestimmung des wahren Beobachterstandortes W bzw. W' aus den Schnittpunkten zweier Höhengleichen

mit den Mittelpunkten G_1' und G_2' als Bildpunkte der beiden Gestirne. Diese beiden Kreise schneiden sich i.a. in zwei Punkten W und W', wovon einer der wahre Beobachterstandort ist. Welcher das im Einzelnen ist, geht aus den späteren Darlegungen genauer hervor. Ganz gleich, welchen der beiden Punkte W bzw. W' wir als wahren Standort annehmen, wir erhalten durch Großkreisverbindungen mit den Gestirnsbildpunkten G_1' bzw. G_2' und dem Erdnordpol NP sphärische Dreiecke. Falls wir W zugrundelegen: G_1' W NP und G_2' W NP. in diesen Dreiecken sind bekannt die Seiten $G_1'NP = 90^\circ - \delta_1$, $G_2'NP = 90^\circ - \delta_2$ und $G_1'W = z_1 = 90^\circ - h_1$, $G_2'W = z_2 = 90^\circ - h_2$. Unbekannt ist die Seite $WNP = 90^\circ - \varphi_w$. Ferner ist bekannt der Winkel $\sphericalangle G_1' NP G_2'$; dieser ist gleich $t_{Grw1} - t_{Grw2} = \Delta t$. Bezeichnen wir schließlich noch den Winkel $\sphericalangle G_1'NP$ W mit $\Delta\lambda$ (er ist der unbekannte Längenunterschied zwischen dem Bildpunktmeridian und dem Beobachtermeridian), so ist $\sphericalangle W NP G_2' = \Delta t - \Delta\lambda$. Damit können wir auf die beiden Dreiecke die sphärischen Seitenkosinussätze (vgl.Abschn.1.4) anwenden:

Dreieck G_1' NP W : $\cos(90^\circ - h_1) = \cos(90^\circ - \delta_1) \cdot \cos(90^\circ - \varphi_w) +$

$$+ \sin(90^\circ - \delta_1) \cdot \sin(90^\circ - \varphi_w) \cdot \cos \Delta\lambda \qquad (5.12)$$

Dreieck G_2' NP W : $\cos(90^\circ - h_2) = \cos(90^\circ - \delta_2) \cdot \cos(90^\circ - \varphi_w) +$

$$+ \sin(90^\circ - \delta_2) \cdot \sin(90^\circ - \varphi_w) \cdot \cos(\Delta t - \Delta\lambda). \qquad (5.13)$$

Dies sind zwei Gleichungen für die unbekannten Größen φ_w und $\Delta\lambda$. Leider
sind diese Gleichungen - wie man in der Mathematik sagt - transzendent.
D.h. man kann mit den üblichen bei Gleichungen mit mehreren Unbekannten
angewandten Verfahren keine geschlossenen Lösungen erhalten. Die Möglichkeit, numerische Iterationsverfahren einzusetzen, wollen wir nicht
wählen und statt dessen einen anderen bekannten Weg einschlagen. Wenn
wir nämlich die Großkreisdistanz d der beiden Gestirnsbildpunkte G_1' und
G_2' einführen, so bekommen wir zwar noch zusätzliche Gleichungen, können
aber aus diesem System dann sukzessive φ_w und $\Delta\lambda$ ausrechnen. Dies wollen
wir im Einzelnen vorführen und dabei gleich die beiden möglichen wahren
Beobachterorte W bzw. W' von Abb.5.28 berücksichtigen. Dazu zeichnen wir
uns die entstehenden sphärischen Dreiecke vergrößert als Abbn.5.29a und
5.29b heraus. Dabei liegt in Abb.5.29a der Beobachtungsort W oberhalb
und in Abb.5.29b W' unterhalb der Distanz d. Außerdem führen wir den Winkel α als Winkel zwischen der Distanz d und der Zenitdistanz $z_1 = 90^\circ - h_1$
ein; entsprechend den Winkel β zwischen Distanz d und Poldistanz $p_1 = 90^\circ - \delta_1$; schließlich ist dann der Winkel σ der Winkel zwischen Zenitdistanz $z_1 = 90^\circ - h_1$ und Poldistanz $p_1 = 90^\circ - \delta_1$.

Über den Zusammenhang von σ mit α und β gilt nun folgendes: Liegt der
Beobachtungsort W oberhalb der Distanz d (vgl.Abb.5.29a), dann ist

$$\sigma = \beta - \alpha \quad . \tag{5.14a}$$

Liegt dagegen der Beobachtungsort W' unterhalb der Distanz d (vgl. Abb.
5.29b), so ist

$$\sigma = \beta + \alpha \quad . \tag{5.14b}$$

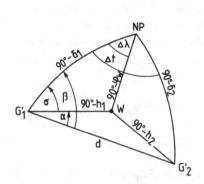

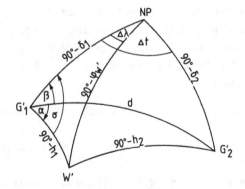

Abb.5.29a Beobachtungsort W oberhalb   Abb.5.29b Beobachtungsort W' unterhalb
der Großkreisdistanz $G_1'\ G_2' = d$ der Großkreisdistanz $G_1'\ G_2' = d$

Alle anderen nun folgenden Gleichungen gelten für beide Fälle. Wir schreiben sie für Abb.5.29a an, für Abb.5.29b ist dann lediglich W durch W' zu ersetzen.

Zuerst berechnen wir aus dem Dreieck NP G_1' G_2' die Distanz d mit dem sphärischen Seitenkosinussatz:

$$\cos d = \cos(90^\circ-\delta_1) \cdot \cos(90^\circ-\delta_2) + \sin(90^\circ-\delta_1) \cdot \sin(90^\circ-\delta_2) \cdot \cos \Delta t$$

oder

$$\cos d = \sin \delta_1 \cdot \sin \delta_2 + \cos \delta_1 \cdot \cos \delta_2 \cdot \cos \Delta t \quad . \qquad (5.15)$$

Mit diesem aus (5.15) erhaltenen d berechnen wir nun die Winkel α und β ebenfalls mit dem sphärischen Seitenkosinussatz:

Dreieck $G_1'G_2'$NP: $\cos(90^\circ-\delta_2)=\cos(90^\circ-\delta_1)\cdot\cos d+\sin(90^\circ-\delta_1)\cdot\sin d\cdot\cos \beta$

$$\cos \beta = \frac{\sin \delta_2 - \sin \delta_1 \cdot \cos d}{\cos \delta_1 \cdot \sin d} \quad ; \qquad (5.16)$$

Dreieck $G_1'G_2'$ W: $\cos(90^\circ-h_2)=\cos(90^\circ-h_1)\cdot\cos d+\sin(90^\circ-h_1)\cdot\sin d\cdot\cos \alpha$

$$\cos \alpha = \frac{\sin h_2 - \sin h_1 \cdot \cos d}{\cos h_1 \cdot \sin d} \quad . \qquad (5.17)$$

Mit β und α ist nach (5.14a) bzw. (5.14b) auch σ bekannt. Dann berechnet sich die unbekannte wahre Breite φ_w des Beobachtungsortes aus dem Dreieck G_1' W NP mit dem sphärischen Seitenkosinussatz zu:

$$\cos(90^\circ-\varphi_w) =\cos(90^\circ-\delta_1)\cdot\cos(90^\circ-h_1)+\sin(90^\circ-\delta_1)\cdot\sin(90^\circ-h_1)\cdot\cos \sigma$$

$$\sin \varphi_w = \sin \delta_1 \cdot \sin h_1 + \cos \delta_1 \cdot \cos h_1 \cdot \cos \sigma . \qquad (5.18)$$

Die unbekannte wahre Länge λ_w des Beobachtungsortes ist

$$\lambda_w = t_{Grw1} - \Delta\lambda \quad , \qquad (5.19)$$

wobei $\Delta\lambda$ aus dem Dreieck G_1' W NP ebenfalls mit dem sphärischen Seitenkosinussatz berechnet wird:

$$\cos(90^\circ-h_1)=\cos(90^\circ-\delta_1)\cdot\cos(90^\circ-\varphi_w)+\sin(90^\circ-\delta_1)\cdot\sin(90^\circ-\varphi_w)\cdot\cos \Delta\lambda$$

$$\cos \Delta\lambda = \frac{\sin h_1 - \sin\delta_1 \cdot \sin \varphi_w}{\cos \delta_1 \cdot \cos \varphi_w} \qquad . \qquad (5.20)$$

Mit der Kenntnis von φ_w und λ_w ist dann die rechnerische Bestimmung des unbekannten wahren Beobachtungsortes W abgeschlossen. Wir brauchten dazu keine Standlinien zu zeichnen; auch die Kenntnis eines Loggeortes war nicht unbedingt notwendig. Dadurch geht natürlich ein Stück Anschaulichkeit verloren. Deshalb ist es bei der Ausführung der Rechnung unbedingt empfehlenswert, vorher nach ungefährer Vermutung der Beobachtungsbreite festzustellen, ob der Beobachtungsort oberhalb oder unterhalb der Distanz d liegt und danach eine der Grundabbildungen (5.29a) bzw. (5.29b) zu skizzieren. Auch eine Polfigur trägt viel zur Verdeutlichung bei.

Wir haben unser Gleichungssystem (5.15) bis (5.20) für nördliche Breiten und nördliche Deklinationen abgeleitet. Der Leser führe dies auch für südliche Breiten und Deklinationen zur Übung durch unter Berücksichtigung von $\sin(90^o + x) = \cos x$ und $\cos(90^o + x) = -\sin x$. Er wird feststellen, daß unser abgeleitetes Gleichungssystem allgemein benutzt werden kann, wenn darin nördliche Breiten bzw. Deklinationen mit positivem und südliche entsprechend mit negativem Vorzeichen eingesetzt bzw. betrachtet werden. Sollten sich schließlich aus Gl.(5.19) negative Längen ergeben, so sind dies östliche Längen, wie man leicht aus Abb.5.28 für $\Delta\lambda > t_{Grw1}$ ersehen kann. Entsprechendes gilt für $180^o < \lambda_w \leq 360^o$.

Wir könnten nun für die praktische Handhabung diejenigen Gleichungen unseres Systems, die mit dem sphärischen Seitenkosinussatz erhalten wurden, mit der Semiversusfunktion umwandeln (vgl.Abschn.3.2.4.1), um nur Additionen bei der logarithmischen Rechnung durchführen zu müssen. Wir wollen aber davon Abstand nehmen, um die Anzahl der Gleichungen unseres Systems nicht noch mehr zu vergrößern. Wir gehen einfach davon aus, daß uns für diese etwas umfangreicheren Rechnungen ein Taschenrechner zur Verfügung steht (Rechenschiebergenauigkeit reicht hier nicht aus!).

Für die praktische Handhabung unseres Verfahrens hätten wir also nach folgendem Schema vorzugehen:

Gegeben: BUZ + Stand = Meßzeit (MGZ) für G_1 bzw. G_2

↓ N.J.

Gemessen: δ_1 bzw. δ_2

I_{A1}

I_B t_{Grw1} bzw. t_{Grw2}

$\overline{KA_1}$

$\overline{GB_1}$ $\Delta t = t_{Grw1} - t_{Grw2}$

$\overline{h_{b1}}$

                    Es soll immer t_{Grw1} westlich und t_{Grw2} östlich
I_{A2} von λ_w liegen ! (Polfigur) - Das Winkelintervall
I_B zwischen t_{Grw1} und t_{Grw2}, in dem λ_w liegt, soll
$\overline{}$ $< 180^{\circ}$ sein.
KA_2

$\overline{GB_2}$ Liegt O_w = W über oder unter d?

$\overline{h_{b2}}$

                    d   aus Gl. (5.15)
                                ↓
                    α und β aus Gl.(5.17) bzw. (5.16)
                                ↓
                    σ aus G.(5.14a) bzw. (5.14b) je nachdem, ob
                              O_w = W über bzw. unter d liegt.
                                ↓
                    $\underline{\varphi_w}$ aus Gl. (5.18)
                                ↓
                    $\Delta\lambda$ aus Gl. (5.20)
                                ↓
                    $\underline{\lambda_w}$ aus Gl. (5.19)

Ein praktisches Beispiel soll abschließend nach diesem Schema vorgerechnet werden:

Beispiel:

Man befand sich nach Koppelrechnung am 19.8.57 vermutlich auf $\varphi_g=54^{\circ}10'N$, $\lambda_g=7^{\circ}8'E$
und beobachtete zur BUZ = 11^h 30^m 10^s den Sonnenunterrand mit der $I_A=48^{\circ}36'$ und zur
BUZ = 11^h 31^m 0^s den Mondunterrand mit der $I_A=18^{\circ}35,7'$. Es betrugen $I_B = -1,9'$,
AH = 10m, Stand = +20s. Wo war der wahre Beobachtungsort O_w (φ_w,λ_w)?

Die Angabe des Gißortes ist im Grunde genommen nicht notwendig. Da es sich hier aber
um die Nachrechnung der nach dem Höhenverfahren von St.Hilaire in Abschn.5.3.2.1 be-
handelten Standlinienbeispiele 1 und 2 und des in Abschn.5.3.3.1 damit zeichnerisch
ermittelten Standortes handelt, kann diese Angabe sofort zur Prüfung dienen, ob W
oberhalb oder unterhalb von der Distanz d liegt.

Aus dem Nautischen Jahrbuch ergaben sich:

Mond: $\delta = 19° \; 25,1'$N , $t_{Grw} = 76° \; 11,1'$,

Sonne: $\delta = 12° \; 47,2'$N, $t_{Grw} = 351° \; 43,9'$.

Aus der Polfigur Abb.5.30 ergibt sich folgende Zuordnung:

Mond $\rightarrow$ 1, Sonne $\rightarrow$ 2.

Dann ist: $\Delta t = t_{Grw}$ (Mond)$- t_{Grw}$ (Sonne) $= -275° \; 32,8' \; \hat{=} \; 84° \; 27,2'$.

Aus einem Vergleich der Gißbreite φ_g mit δ_1 und δ_2 folgt, daß sich W oberhalb der Distanz d befindet. Damit liegt unseren Betrachtungen Abb.(5.29a) und Gl.(5.14a) zugrunde.

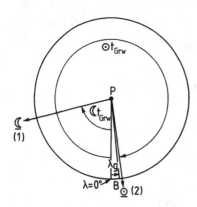

Abb.5.30 Polfigur zum Zahlenbeispiel

Beschickungen der Instrumentablesungen zu den wahren Beobachtungshöhen ergaben:

Mond: $h_b = h_1 = 19° \; 34,9'$;   Sonne: $h_b = h_2 = 48° \; 43,5'$.

Somit können wir aus dem Gleichungssystem (5.14) bis (5.20) sukzessive alle Größen berechnen:

Gl.(5.15) : $\cos d = 0,16250926$; $\sin d = 0,98670702$

Gl.(5.16) : $\cos \beta = 0,17971519$; $\beta = 79,646829°$

Gl.(5.17) : $\cos \alpha = 0,74995194$; $\alpha = 41,413785°$

Gl.(5.14a) : $\sigma = 38,233044°$

Gl.(5.18) : $\varphi_w = 54° \; 2' \; 13''$N   .

Die zeichnerische Lösung von Abschn.5.3.3.1 ergab: $\varphi_w = 54° \; 3'$N.

Gl.(5.20) : $\cos \Delta\lambda = 0,119353$; $\Delta\lambda = 83° \; 8' \; 42''$

Gl.(5.19) : $\lambda_w = 76° \; 11,1' - 83° \; 8,7' = -6° \; 57,6'$

  $\lambda_w = 6° \; 57,6'$E   .

Die zeichnerische Lösung von Abschn.5.3.3.1 ergab: $\lambda_w = 6° \; 57,2'$E.

5.5 Aufgaben

5.1) Am 19.8.57 beobachtete man zur BUZ = $19^h 33^m 10^s$ am Gißort φ_g = 46° 12'N, λ_g = 10° 38'W den Polarstern. Es betrugen I_A = 45° 46', I_B = +1,6', AH = 10m, Uhrenstand = -1m 10s. Auf welcher wahren Breite φ_{astr} stand man wirklich, und wie groß war die Breitenversetzung $\Delta\varphi$?

5.2) Kann auf der nördlichen Erdhalbkugel die Sonne zu bestimmten Zeiten auch im Nordmeridian beobachtet werden? Welche Beziehungen müssen dann zwischen der Sonnendeklination und der geographischen Breite bestehen?

5.3) Am 19.8.57 befand man sich nach Logge auf φ_g = 54° 10'N, λ_g = 8° 20'E und beobachtete im Südmeridian die Sonnenkulmination. Es betrugen I_A = 48° 19' für den Sonnenunterrand, I_B = +1,2', AH = 10m. Auf welcher Breite φ_{astr} befand man sich wirklich? Wie groß war die Breitenversetzung $\Delta\varphi$? Man kontrolliere das Ergebnis durch eine Meridianfigur und durch eine Vorausberechnung des zu erwartenden Kimmabstandes mittels φ_g.

5.4) In Ergänzung zu Aufgabe 5.3) machte man zur Bestimmung von λ_{astr} um $11^h 1^m 20^s$ MGZ und um $12^h 2^m 10^s$ MGZ Höhenmessungen der Sonne mit der gleichen Instrumentablesung. Auf welcher Länge λ_{astr} befand man sich am 19.8.57 zur Zeit der wirklichen oberen Sonnenkulmination?

5.5) Auf welchem Breitenkreis bewegt sich der Sonnenbildpunkt zur Zeit der Tag- und Nachtgleiche, zur Zeit der Sommer- bzw. Wintersonnenwende? Mit welcher Geschwindigkeit bewegt sich der Sonnenbildpunkt auf diesen Breitenkreisen, wenn der Erdumfang mit rund 40 000 km und die Umlaufzeit T der Sonne um die Erde mit 24 h angenommen wird?

5.6) Ist aus zwei fast gleichzeitig vorgenommenen Höhenmessungen des Vollmondes und der Sonne nach dem Höhenverfahren von St.Hilaire eine astronomische Standortbestimmung möglich?

5.7) Man befand sich nach Koppelrechnung am 20.8.57 vermutlich auf φ_g = 54° 24'N, λ_g = 20° 6'W und beobachtete zur BUZ = $9^h 32^m 20^s$ den Mondunterrand mit der I_A = 53° 10,2' und zur BUZ = $9^h 33^m 20^s$ den Sonnenunterrand mit der I_A = 28° 34'. Es betrugen I_B= +1,8',

AH = 10m, Uhrenstand = -20s. Man berechne mit der Semiversusfunktion Δh und Az der beiden Gestirne und bestimme zeichnerisch den wahren Standort. Wie groß ist die Besteckversetzung BV?

5.8) Man beobachtete am 16.9.80 (!) zur BUZ = 4^h 58^m 0^s auf der ungefähren Position φ_g = 58° 8'N, λ_g = 15° 6'W Dubhe mit I_A = 41° 28', auf der gleichen Position zur BUZ = 4^h 58^m 40^s Aldebaran mit I_A = 47° 8' und schließlich zur BUZ = 4^h 59^m 30^s Deneb mit I_A=30° 38,1'. Es betrugen AH = 10m, I_B = -1', Uhrenstand = +10s. Man ermittle mit HO249-I Az und Δh der gemessenen Fixsterne und bestimme den wahren Standort und die Besteckversetzung.

5.9) Man führe die Lösung der Aufgabe 5.7) mit der Tafel HO249-III aus.

5.10) Ein Schleppzug befand sich am 19.8.57 zur BUZ = 8^h 30^m 20^s auf der vermutlichen Position φ_{gI} = 54° 37'N, λ_{gI} = 7° 54,2'E. Zu dieser BUZ beobachtete der Navigator den Sonnenunterrand mit der I_A=34° 59,2'. Danach fuhr der Schleppzug mit rwK = 150° und der konstanten Geschwindigkeit v = 10 kn weiter. Die nächste Sonnenunterrandbeobachtung wurde zur BUZ = 11^h 30^m 20^s als Mittagsbreitenmessung mit I_A = 48° 19' vorgenommen. Auf welcher wirklichen Position befand sich der Schleppzug zur Zeit der zweiten Beobachtung? Es betrugen I_B = +1,2', AH = 10m, Uhrenstand = -20s.

5.11) Ein Navigator hat kurz hintereinander 4 verschiedene Gestirne beobachtet. Bei der Auswertung in einer Leernetzkarte stellt er zu seiner großen Freude fest, daß sich alle 4 Standlinien genau in einem Punkt schneiden. Bei der Überprüfung der Meßergebnisse bemerkt er aber, daß dieser so ermittelte wahre Standort leider falsch ist. Welchen Meßfehler hat er vermutlich gemacht? Wenn er die Größe des Meßfehlers kennt, wie kann er den wahren Standort dann leicht korrigieren?

5.12) Man ermittle rein rechnerisch mit der Methode von Abschn.5.4 aus den Angaben von Aufgabe 5.7) die Koordinaten des wahren Standortes.

6 Anhang

6.1 Trigonometrische Grundbegriffe und einige wichtige trigonometrische Formeln

6.1.1 Trigonometrische Funktionen

Man kann die trigonometrischen Funktionen eines Winkels α entweder am Einheitskreis (Abb.6.1) oder (allerdings nur für spitze Winkel) am rechtwinkligen Dreieck (Abb.6.2) definieren:

Sinus	:	$\sin \alpha$	= BC = a / c
Kosinus	:	$\cos \alpha$	= AC = b / c
Tangens	:	$\tan \alpha$	= B'C' = a / b
Kotangens	:	$\cot \alpha$	= DE = b / a
Sekans	:	$\sec \alpha$	= AB' = c / b
Kosekans	:	$\operatorname{cosec} \alpha$	= AE = c / a

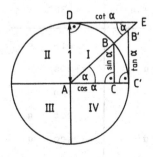

Abb.6.1 Einheitskreis

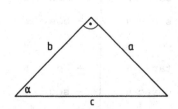

Abb.6.2 Ebenes rechtwinkliges Dreieck

Die Funktionen sec α = 1/cos α und cosec α = 1/sin α benutzt man in der
Navigation deswegen, weil durch sie Subtraktionen beim logarithmischen
Rechnen (siehe Abschn.6.2) vermieden werden können. Dort also, wo sin
bzw. cos im Nenner irgendwelcher Ausdrücke auftritt, rechnet man lieber
mit cosec bzw. sec.

Außerdem benutzt man in der Navigation häufig die sogenannte Semiversusfunktion, die definiert ist durch

$$\text{sem } \alpha = \sin^2 \alpha/2 \tag{6.1}$$

und nur positive Werte annehmen kann.

Die Vorzeichen der anderen oben definierten Funktionen ergeben sich aus
der Lage der beweglich zu denkenden Strecken AB bzw. AB' in den jeweiligen Einheitskreisquadranten (Abb.6.1).

Die eigentlichen Funktionswerte für spitze Winkel ($0^{\circ} \leq \alpha \leq 90^{\circ}$) entnimmt man Funktionstafeln (z.B. Tafel 13 von Fulst "Nautische Tafeln").

Für negative Winkel α werden die Funktionen auf solche positiver Winkel
nach folgenden Formeln zurückgeführt:

$$\left. \begin{array}{ll}
\sin(-\alpha) = -\sin \alpha, & \cosec(-\alpha) = -\cosec \alpha, \\
\cos(-\alpha) = \cos \alpha, & \sec(-\alpha) = \sec \alpha, \\
\tan(-\alpha) = -\tan \alpha, & \cot(-\alpha) = -\cot \alpha.
\end{array} \right\} \tag{6.2}$$

Liegt α zwischen 90° und 360°, so werden die Funktionen mit Hilfe der
folgenden Umrechnungstabelle auf Funktionen von spitzen Winkeln zurückgeführt:

	$\beta = 90^{\circ} \pm \alpha$	$\beta = 180^{\circ} \pm \alpha$	$\beta = 270^{\circ} \pm \alpha$	$\beta = 360^{\circ} - \alpha$
sin β	+ cos α	$\mp$ sin α	− cos α	− sin α
cos β	$\mp$ sin α	− cos α	$\pm$ sin α	+ cos α
tan β	$\mp$ cot α	$\pm$ tan α	$\mp$ cot α	− tan α
cot β	$\mp$ tan α	$\pm$ cot α	$\mp$ tan α	− cot α
sec β	$\mp$ cosec α	− sec α	$\pm$ cosec α	+ sec α
cosec β	+ sec α	$\mp$ cosec α	− sec α	− cosec α

Da die Funktion sem α = $\sin^2 \alpha/2$ nur positive Werte annehmen kann und symmetrisch zu α = 180° ist, werden für spitze Winkel ($\alpha \leq 90^O$) in Ergänzung zur obigen Tabelle lediglich folgende Umrechnungsformeln erwähnt:

$$\left.\begin{array}{rcl}
\text{sem } \alpha & = & \text{sem } (360^O - \alpha) \\
\text{sem}(90^O + \alpha) & = & \text{sem } (270^O - \alpha) \\
\text{sem}(180^O + \alpha) & = & \text{sem } (180^O - \alpha) \\
\text{sem}(270^O + \alpha) & = & \text{sem } (90^O - \alpha)
\end{array}\right\} (6.3)$$

6.1.2 Einige wichtige trigonometrische Formeln

$$\left.\begin{array}{rcl}
\sin^2\alpha + \cos^2\alpha & = & 1 \\
\sin \alpha/\cos \alpha & = & \tan \alpha \\
\cos \alpha/\sin \alpha & = & \cot \alpha
\end{array}\right\} (6.4)$$

	$\sin^2 \alpha$	$\cos^2 \alpha$	$\tan^2 \alpha$	$\cot^2 \alpha$
$\sin^2\alpha$	--	$1-\cos^2\alpha$	$\dfrac{\tan^2\alpha}{1+\tan^2\alpha}$	$\dfrac{1}{1+\cot^2\alpha}$
$\cos^2\alpha$	$1-\sin^2\alpha$	--	$\dfrac{1}{1+\tan^2\alpha}$	$\dfrac{\cot^2\alpha}{1+\cot^2\alpha}$
$\tan^2\alpha$	$\dfrac{\sin^2\alpha}{1-\sin^2\alpha}$	$\dfrac{1-\cos^2\alpha}{\cos^2\alpha}$	--	$\dfrac{1}{\cot^2\alpha}$
$\cot^2\alpha$	$\dfrac{1-\sin^2\alpha}{\sin^2\alpha}$	$\dfrac{\cos^2\alpha}{1-\cos^2\alpha}$	$\dfrac{1}{\tan^2\alpha}$	--

(6.5)

$$\left.\begin{array}{rcl}
\sin (\alpha\pm\beta) & = & \sin \alpha \cdot \cos \beta \pm \cos \alpha \cdot \sin \beta \\
\cos (\alpha\pm\beta) & = & \cos \alpha \cdot \cos \beta \mp \sin \alpha \cdot \sin \beta
\end{array}\right\} (6.6)$$

$$\left.\begin{array}{rcl}
\sin 2 \alpha & = & 2 \cdot \sin \alpha \cdot \cos \alpha \\
\cos 2 \alpha & = & \cos^2 \alpha - \sin^2\alpha
\end{array}\right\} (6.7)$$

$$\left.\begin{array}{rcl}
\text{sem } \alpha & = & \sin^2 \alpha/2 = (1-\cos \alpha)/2 \\
\cos^2 \alpha/2 & = & (1+\cos \alpha)/2
\end{array}\right\} (6.8)$$

$$\left.\begin{array}{l}\sin \alpha + \sin \beta = 2 \cdot \sin (\alpha+\beta)/2 \cdot \cos (\alpha-\beta)/2 \\[4pt] \sin \alpha - \sin \beta = 2 \cdot \cos (\alpha+\beta)/2 \cdot \sin (\alpha-\beta)/2 \\[4pt] \cos \alpha + \cos \beta = 2 \cdot \cos (\alpha+\beta)/2 \cdot \cos (\alpha-\beta)/2 \\[4pt] \cos \alpha - \cos \beta = -2 \cdot \sin (\alpha+\beta)/2 \cdot \sin (\alpha-\beta)/2 \end{array}\right\} (6.9)$$

$$\left.\begin{array}{l}\sin \alpha \cdot \sin \beta = [\cos(\alpha-\beta) - \cos(\alpha+\beta)]/2 \\[4pt] \cos \alpha \cdot \cos \beta = [\cos(\alpha-\beta) + \cos(\alpha+\beta)]/2 \\[4pt] \sin \alpha \cdot \cos \beta = [\sin(\alpha-\beta) + \sin(\alpha+\beta)]/2 \end{array}\right\} (6.10)$$

6.1.3 Berechnung von ebenen schiefwinkligen Dreiecken (vgl.Abb.6.3)

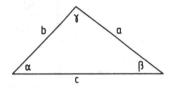

Abb.6.3 Ebenes schiefwinkliges Dreieck

Sinussatz   : $\sin \alpha/a = \sin \beta/b = \sin \gamma/c$ (6.11)

Kosinussätze: $a^2 = b^2 + c^2 - 2bc \cdot \cos \alpha$ (6.12)

$b^2 = a^2 + c^2 - 2ac \cdot \cos \beta$ (6.13)

$c^2 = a^2 + b^2 - 2ab \cdot \cos \gamma$ (6.14)

Flächeninhalt F:

$$\left.\begin{array}{l}2 \cdot F = a \cdot b \cdot \sin \gamma \\[4pt] 2 \cdot F = a \cdot c \cdot \sin \beta \\[4pt] 2 \cdot F = b \cdot c \cdot \sin \alpha \end{array}\right\} (6.15)$$

6.2 Logarithmen

Als Logarithmus L der Zahl N zur Basis a wird der Exponent derjenigen Potenz bezeichnet, in die man a erheben muß, um die Zahl N zu erhalten. Aus $a^L = N$ folgt also die Beziehung

$$L = \log_a N$$

und umgekehrt. Kennt man die Logarithmen der Zahlen N zu einer Basis a,
so lassen sich auch die Logarithmen dieser Zahlen N zu einer anderen
Basis nach folgender leicht zu merkenden Formel angeben:

$$\log_a N = \frac{\log N}{\log a} \; . \tag{6.16}$$

Hierin stehen auf der rechten Seite die Logarithmen zu einer beliebigen
(aber ein und derselben!) Basis. Die Logarithmen haben folgende Eigen-
schaften:

$$
\begin{aligned}
\log_a 1 &= 0 \\
\log_a a &= 1 \\
\log (N_1 \cdot N_2) &= \log N_1 + \log N_2 \\
\log N_1/N_2 &= \log N_1 - \log N_2 \\
\log N^n &= n \cdot \log N \\
\log N^{1/n} &= 1/n \cdot \log N
\end{aligned}
\tag{6.17}
$$

Am häufigsten benutzte Logarithmensysteme sind: 1) die dekadischen mit
der Basis 10, die wir mit "lg" bezeichnen ($\log_{10} N = \lg N$); 2) die natür-
lichen mit der Basis e = 2,71828..., die wir mit "ln" bezeichnen ($\log_e N = \ln N$).

Nach (6.16) lassen sich diese beiden Systeme ineinander überführen:

$$\ln N = \lg N \, / \, \lg e \quad (1/\lg e = 2,30259...) \, , \tag{6.18a}$$

$$\lg N = \ln N \, / \, \ln 10 \quad (1/\ln 10 = 0,43429...) \, . \tag{6.18b}$$

Die dekadischen Logarithmen, mit denen meist gerechnet wird, werden als
Dezimalbrüche geschrieben. Ihr ganzzahliger Anteil heißt Kennziffer des
Logarithmus, der gebrochene Mantisse. Beim Aufsuchen der in Logarithmentafeln enthaltenen Mantisse einer Zahl N werden sowohl die Stellung des
eventuell in N vorkommenden Kommas als auch die rechts oder links von ihm
stehenden Nullen nicht berücksichtigt. Bei einer n-stelligen Zahl N > 1
ist die positive Kennziffer n - 1; bei einer zwischen 0 und 1 liegenden
Zahl N stimmt die negative Kennziffer mit der Zahl der Nullen (einschließlich derjenigen vor dem Komma) überein. Insbesondere in Logarithmentafeln wird oft, um das Schreiben von negativen Kennziffern zu vermeiden, zu einem solchen Logarithmus die Zahl 10 addiert. Anstelle von
z.B. 0,8971-2 schreibt man 8,8971.

Alle in Fulst "Nautische Tafeln" enthaltenen Logarithmentafeln 12, 15,
16, 17 und 18 beziehen sich auf das System der dekadischen Logarithmen.
Der Leser übe anhand einer Logarithmentafel (z.B. Tafel 12) das Log-
arithmieren und Delogarithmieren.

6.3 Differentialgeometrische Ergänzungen zu Abschn. 2.3 *)

6.3.1 Wichtige grundlegende Begriffe

Eine Fläche läßt sich in verschiedener Form analytisch darstellen:

In impliziter Form:

$$F (x,y,z) = 0 \quad , \tag{6.19}$$

in expliziter Form:

$$z = f (x,y) \quad , \tag{6.20}$$

in Parameterform:

$$\vec{x} = \vec{x}(u,v) = \begin{cases} x(u,v) \\ y(u,v) \\ z(u,v) \end{cases} \tag{6.21}$$

Beispiel:

Die Gleichung der Kugel mit dem Radius R lautet

in impliziter Form:

$$x^2 + y^2 + z^2 - R^2 = 0$$

in expliziter Form: $z = \pm(R^2-x^2-y^2)^{1/2}$

$$\tag{6.22}$$

in Parameterform:

$$\vec{x} = \vec{x}(u,v) = R \cdot \begin{cases} \cos u \cdot \cos v \\ \sin u \cdot \cos v \\ \sin v \end{cases}$$

Man identifiziert hierbei die Parameter u und v leicht als geographische Länge λ bzw.
Breite φ der Erdkugel, d.h. also

$$\vec{x} = \vec{x}(\lambda,\varphi) = R \cdot \begin{cases} \cos \lambda \cdot \cos \varphi \\ \sin \lambda \cdot \cos \varphi \\ \sin \varphi \end{cases} \tag{6.22a}$$

Die Linien u = λ = const sind die Meridiane, diejenigen v = φ = const die Breitenkreise.

---

*) Vgl. Baule, B.: Die Mathematik des Naturforschers und Ingenieurs. Bd.VII: Differen-
tialgeometrie, S.31ff. Leipzig: S.Hirzel, 1950. Dies ist eine empfehlenswerte ausführ-
lichere Darstellung der Flächentheorie, deren für die Kartographie wesentliche Elemente
hier kurz zusammengefaßt sind.

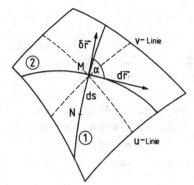

Abb.6.4 Bogendifferential und Schnittwinkel zweier
Flächenkurven 1 und 2

Ist M(u,v) ein beliebiger Punkt auf einer vorgegebenen Fläche (vgl.Abb.
6.4) und N(u+du, v+dv) ein in der Nähe von M liegender Punkt, so läßt
sich die Länge des Bogens MN auf der Fläche durch das Differential des
Bogens oder das Linienelement ds der Fläche als

$$ds^2 = E \cdot du^2 + 2F \cdot du \cdot dv + G \cdot dv^2 \qquad (6.23)$$

ausdrücken. Hierin stellen sich die sogenannten ersten Fundamentalkonstanten E, F, G durch folgende partielle Ableitungen der Fläche $\vec{x}$
(u,v) dar:

$$\left. \begin{aligned} E &= \vec{x}_u^2 = (\partial x/\partial u)^2 + (\partial y/\partial u)^2 + (\partial z/\partial u)^2 \\ F &= \vec{x}_u \cdot \vec{x}_v = \partial x/\partial u \cdot \partial x/\partial v + \partial y/\partial u \cdot \partial y/\partial v + \partial z/\partial u \cdot \partial z/\partial v \\ G &= \vec{x}_v^2 = (\partial x/\partial v)^2 + (\partial y/\partial v)^2 + (\partial z/\partial v)^2 \end{aligned} \right\} \quad (6.23a)$$

Beispiel:

Für die Kugel bekommt man:

$$\left. \begin{aligned} E &= \vec{x}_\lambda^2 = R^2 \cdot \cos^2\varphi \\ F &= O \\ G &= \vec{x}_\varphi^2 = R^2 \end{aligned} \right\} \quad (6.23b)$$

und damit als Linienelement auf der Kugelfläche

$$ds^2 = R^2 \cdot (\cos^2\varphi \cdot d\lambda^2 + d\varphi^2) \qquad (6.23c)$$

Der Winkel α (vgl.Abb.6.4) zwischen zwei auf der Fläche liegenden Kurven
1 und 2 (d.h. zwischen ihren Tangenten), die sich im Punkt M schneiden
und in diesem die Richtungen der Vektoren $\vec{dr}$ (du,dv) und $\vec{\delta r}$ (δu,δv)
haben, wird berechnet aus

$$\cos \alpha = \frac{d \vec{r} \cdot \delta \vec{r}}{[(d\vec{r})^2 \cdot (\delta \vec{r})^2]^{1/2}}$$

$$= \frac{E \cdot du \cdot \delta u + F \cdot (du \cdot \delta v + dv \cdot \delta u) + G \cdot dv \cdot \delta v}{(E \cdot du^2 + 2F \cdot du \cdot dv + G \cdot dv^2)^{1/2} \cdot (E \cdot \delta u^2 + 2F \cdot \delta u \cdot \delta v + G \cdot \delta v^2)^{1/2}}$$

(6.24)

Hierbei sind die E, F, G für den Punkt M zu berechnen. - Beide Kurven
stehen aufeinander senkrecht, wenn $d\vec{r} \cdot \delta \vec{r}$ = O ist, d.h. wenn der Zähler
von (6.24) verschwindet. F = O ist die Bedingung für die Orthogonalität
der Koordinatenlinie v = const und u = const was z.B. nach (6.23b) für
die Kugel der Fall ist.

Begrenzt irgendeine geschlossene Kurve auf der Fläche ein Flächenstück
S, so berechnet sich S als Doppelintegral

$$S = \iint d S \quad , \tag{6.25}$$

worin das Flächenelement dS folgendermaßen durch die Fundamentalkonstanten E, F und G dargestellt wird:

$$dS = (EG - F^2)^{1/2} \cdot du \cdot dv \quad . \tag{6.26}$$

Beispiel:
Für die Kugel ist $(EG - F^2)^{1/2} = R^2 \cdot \cos \varphi$ und damit

$$dS = R^2 \cdot \cos \varphi \cdot d\varphi \cdot d\lambda \quad .$$

Sind also E, F, G bekannt, so kann man Längen, Winkel und Flächeninhalte
auf einer vorgegebenen Fläche bestimmen.

6.3.2 Abbildungen zweier Flächen aufeinander

Sind zwei Flächen S_1 und S_2 in analytischer Form als $\vec{x}_1 = \vec{x}_1 (u,v)$ und
$\vec{x}_2 = \vec{x}_2 (u,v)$ gegeben, so kann man einem Punkt P (u,v) von S_1 einen
Punkt Q (u,v) von S_2 durch Gleichsetzen der Parameter u, v zuordnen. Man
spricht dann von einer Abbildung der beiden Flächen aufeinander. Diese
Abbildung heißt längentreu, wenn die Länge irgendeines Flächenkurven-
stücks nicht verändert wird; sie heißt flächentreu, wenn die Flächeninhalte entsprechender Flächenstücke gleich sind; und sie heißt schließlich winkeltreu (konform), wenn die entsprechenden Winkel zwischen
irgendwelchen sich schneidenden Flächenkurven gleich groß abgebildet
werden.

Zum Problem der längentreuen Abbildung:

Damit jede beliebige Kurve v = v(u) auf beiden Flächen die gleiche Länge hat, muß notwendig das Bogenelement auf beiden Flächen übereinstimmen, d.h.

$$ds_1 = ds_2 \quad . \tag{6.27}$$

Nach (6.23) muß also für eine längentreue Abbildung gelten:

$$\left.\begin{array}{l} E_1(u,v) = E_2(u,v) \\[1mm] F_1(u,v) = F_2(u,v) \\[1mm] G_1(u,v) = G_2(u,v) \quad . \end{array}\right\} \tag{6.28}$$

In diesem Fall sind sogar die Flächen aufeinander abwickelbar. Für die Kugel und eine berührende Zylinderfläche oder eine berührende Ebene ist für alle (u,v) die Bedingung (6.28) nicht erfüllbar. Daher ist es unmöglich, Karten zu konstruieren, die ein exaktes Abbild der Erdoberfläche darstellen. Einzelne Kurven der Erdoberfläche dagegen können längentreu abgebildet werden.

Zum Problem der flächentreuen Abbildung:

Bei einer flächentreuen Abbildung müssen notwendig die Flächenelemente dS übereinstimmen, d.h.

$$dS_1 = dS_2 \quad . \tag{6.29}$$

Nach (6.26) muß also für eine flächentreue Abbildung gelten:

$$E_1 \cdot G_1 - F_1{}^2 = E_2 \cdot G_2 - F_2{}^2 \quad . \tag{6.30}$$

Bilden die Koordinatenlinien u, v auf beiden Flächen ein orthogonales Netz, so ist $F_1 = 0$ und $F_2 = 0$ und man hat statt (6.30) einfach

$$E_1 \cdot G_1 = E_2 \cdot G_2 \quad . \tag{6.31}$$

Zum Problem der winkeltreuen Abbildung:

Ist eine Abbildung weder flächen- noch längentreu, so entstehen Flächen- bzw. Längenverzerrungen. Die Flächenverzerrung läßt sich mit Hilfe von (6.26) berechnen aus:

$$\frac{ds_2}{ds_1} = \frac{(E_2 \cdot G_2 - F_2^2)^{1/2}}{(E_1 \cdot G_1 - F_1^2)^{1/2}} \quad . \tag{6.32}$$

Um die Längenverzerrung zu erhalten, bilden wir mittels (6.23) den Ausdruck:

$$(ds_2/ds_1)^2 = \frac{E_2 + 2 \cdot F_2 \cdot dv/du + G_2 \cdot (dv/du)^2}{E_1 + 2 \cdot F_1 \cdot dv/du + G_1 \cdot (dv/du)^2} \quad . \tag{6.33}$$

Wir sehen hieraus, daß die Längenverzerrung nur dann in allen Richtungen die gleiche ist, wenn

$$E_2 = m^2 \cdot E_1 , \quad F_2 = m^2 \cdot F_1 , \quad G_2 = m^2 \cdot G_1 \tag{6.34}$$

mit einem beliebigen $m^2(u,v) > 0$ ist. Denn dann enthält (6.33) nicht mehr die Richtung dv/du, und man bekommt einfach als Längenverzerrungsmaß

$$ds_2/ds_1 = m (u,v) \quad , \tag{6.35}$$

das nur noch vom Ort (u,v) und nicht mehr von der Richtung dv/du abhängt. Eine solche Abbildung nennt man in der Mathematik eine konforme Abbildung. Sie ist immer winkeltreu, d.h. für sie gilt bezüglich der Schnittwinkel α entsprechender Flächenkurven:

$$\alpha_1 = \alpha_2 \quad . \tag{6.36}$$

Rufen wir uns also den Ausdruck für den Schnittwinkel α zweier Flächenkurven (6.24) in die Erinnerung zurück, so sehen wir, daß sich dieser beim Einsetzen der Bedingungen (6.34) für alle Flächenpunkte und Richtungspaare nicht verändert. Für eine winkeltreue Abbildung ist also (6.34) die notwendige Bedingung.

Beispiel:

Wir wollen die Bedingungen für eine winkeltreue Abbildung zwischen der Kugel (6.22a) und einer Projektions"fläche"

$$\vec{x}_2 = R \begin{cases} \lambda \\ 0 \\ \Phi^*(\varphi) \end{cases} \tag{6.37}$$

angeben. - Die E_1, F_1, G_1 der Kugel sind bereits in (6.23b) mitgeteilt worden. Aus (6.37) ergeben sich die ersten Fundamentalkonstanten der Projektions"fläche":

$$E_2 = \vec{x}_\lambda^2 = R^2$$

$$F_2 = \vec{x}_\lambda \cdot \vec{x}_\varphi = 0 \tag{6.38}$$

$$G_2 = R^2 \cdot \Phi^{*'2}(\varphi) \quad (\Phi^{*'} = d\Phi^*/d\varphi)$$

Da sowohl für die Kugel nach (6.23b) als auch für die Projektions"fläche" $F_1 = F_2 = 0$ sind, bedeutet Winkeltreue nach (6.34) lediglich:

$$E_2/G_2 = E_1/G_1$$

oder mit den Werten von (6.23b) bzw. (6.38)

$$\phi^{*'}(\varphi) = 1/\cos\varphi \quad . \tag{6.39}$$

Dies ist die in Abschn.2.3 mitgeteilte einfache Differentialgleichung (2.13), die leicht zu integrieren ist [Lösung: (2.14)].

Für die Längenverzerrung $m(u,v)$ nach (6.35) erhält man in unserem Beispiel gemäß (6.34)

$$E_2 = m^2(\varphi) \cdot E_1$$

einfach

$$m = 1/\cos\varphi \quad . \tag{6.40}$$

Dies ist Gl.(2.15) von Abschn.2.3. (Die Bedingung $G_2 = m^2(\varphi) \cdot G_1$ ergibt $\phi^{*'}(\varphi) = m$, was mit (6.40) wieder auf (6.39) führt).

6.4 Auszüge aus Tabellenwerken [*)]

6.4.1.1   Umrechnung von Winkel- in Zeitmaß (HO249)

6.4.1.2   Umrechnung von Zeit- in Winkelmaß

6.4.2   Gestirnskoordinaten vom 19./20.8.57 des Nautischen Jahrbuches (DHI)

6.4.3   Schalttafeln aus dem Nautischen Jahrbuch des DHI

6.4.4   Nordsternberichtigungen I, II, III des N.J. 57 (DHI)

6.4.5   Nordsternazimut des N.J. 57 (DHI)

6.4.6   Gestirnskoordinaten vom 15./16.9.80 des Nautischen Jahrbuches (DHI)

6.4.7   HO249-I (Epoche 1980) : Lat. 58°N

6.4.8   HO249-I (Epoche 1980) : Korrekturtafel 5

[*)] Die Wiedergabe der folgenden Tabellen (ausgenommen 6.4.1.2) erfolgt mit freundlicher Genehmigung des Deutschen Hydrographischen Instituts (DHI) in Hamburg bzw. der Defense Mapping Agency (HO) in Washington.

6.4.9   HO249-III : Lat. 54°N; $0 \leq \delta \leq 14^{o}$ same Name as Latitude
          $0^{o} \leq$ LHA $\leq 69^{o}$ bzw. $291^{o} \leq$ LHA $\leq 360^{o}$

6.4.10   HO249-III: Lat. 54°N; $15^{o} \leq \delta \leq 29^{o}$ same Name as Latitude
          $0^{o} \leq$ LHA $\leq 69^{o}$ bzw. $291^{o} \leq$ LHA $\leq 360^{o}$

6.4.11   HO249-III : Lat. 54°N; $15^{o} \leq \delta \leq 29^{o}$ same Name as Latitude
          $70^{o} \leq$ LHA $\leq 123^{o}$ bzw. $221^{o} \leq$ LHA $\leq 290^{o}$

6.4.12   HO249-II/III : δ - Korrekturtafel 5

6.4.1.1 Umrechnung von Winkel- in Zeitmaß (HO249)

°	h m	°	h m	°	h m	°	h m	°	h m	°	h m	′	m s	″	s
0	0 0	60	4 0	120	8 0	180	12 0	240	16 0	300	20 0	0	0 0	0	0.00
1	0 4	61	4 4	121	8 4	181	12 4	241	16 4	301	20 4	1	0 4	1	0.07
2	0 8	62	4 8	122	8 8	182	12 8	242	16 8	302	20 8	2	0 8	2	0.13
3	0 12	63	4 12	123	8 12	183	12 12	243	16 12	303	20 12	3	0 12	3	0.20
4	0 16	64	4 16	124	8 16	184	12 16	244	16 16	304	20 16	4	0 16	4	0.27
5	0 20	65	4 20	125	8 20	185	12 20	245	16 20	305	20 20	5	0 20	5	0.33
6	0 24	66	4 24	126	8 24	186	12 24	246	16 24	306	20 24	6	0 24	6	0.40
7	0 28	67	4 28	127	8 28	187	12 28	247	16 28	307	20 28	7	0 28	7	0.47
8	0 32	68	4 32	128	8 32	188	12 32	248	16 32	308	20 32	8	0 32	8	0.53
9	0 36	69	4 36	129	8 36	189	12 36	249	16 36	309	20 36	9	0 36	9	0.60
10	0 40	70	4 40	130	8 40	190	12 40	250	16 40	310	20 40	10	0 40	10	0.67
11	0 44	71	4 44	131	8 44	191	12 44	251	16 44	311	20 44	11	0 44	11	0.73
12	0 48	72	4 48	132	8 48	192	12 48	252	16 48	312	20 48	12	0 48	12	0.80
13	0 52	73	4 52	133	8 52	193	12 52	253	16 52	313	20 52	13	0 52	13	0.87
14	0 56	74	4 56	134	8 56	194	12 56	254	16 56	314	20 56	14	0 56	14	0.93
15	1 0	75	5 0	135	9 0	195	13 0	255	17 0	315	21 0	15	1 0	15	1.00
16	1 4	76	5 4	136	9 4	196	13 4	256	17 4	316	21 4	16	1 4	16	1.07
17	1 8	77	5 8	137	9 8	197	13 8	257	17 8	317	21 8	17	1 8	17	1.13
18	1 12	78	5 12	138	9 12	198	13 12	258	17 12	318	21 12	18	1 12	18	1.20
19	1 16	79	5 16	139	9 16	199	13 16	259	17 16	319	21 16	19	1 16	19	1.27
20	1 20	80	5 20	140	9 20	200	13 20	260	17 20	320	21 20	20	1 20	20	1.33
21	1 24	81	5 24	141	9 24	201	13 24	261	17 24	321	21 24	21	1 24	21	1.40
22	1 28	82	5 28	142	9 28	202	13 28	262	17 28	322	21 28	22	1 28	22	1.47
23	1 32	83	5 32	143	9 32	203	13 32	263	17 32	323	21 32	23	1 32	23	1.53
24	1 36	84	5 36	144	9 36	204	13 36	264	17 36	324	21 36	24	1 36	24	1.60
25	1 40	85	5 40	145	9 40	205	13 40	265	17 40	325	21 40	25	1 40	25	1.67
26	1 44	86	5 44	146	9 44	206	13 44	266	17 44	326	21 44	26	1 44	26	1.73
27	1 48	87	5 48	147	9 48	207	13 48	267	17 48	327	21 48	27	1 48	27	1.80
28	1 52	88	5 52	148	9 52	208	13 52	268	17 52	328	21 52	28	1 52	28	1.87
29	1 56	89	5 56	149	9 56	209	13 56	269	17 56	329	21 56	29	1 56	29	1.93
30	2 0	90	6 0	150	10 0	210	14 0	270	18 0	330	22 0	30	2 0	30	2.00
31	2 4	91	6 4	151	10 4	211	14 4	271	18 4	331	22 4	31	2 4	31	2.07
32	2 8	92	6 8	152	10 8	212	14 8	272	18 8	332	22 8	32	2 8	32	2.13
33	2 12	93	6 12	153	10 12	213	14 12	273	18 12	333	22 12	33	2 12	33	2.20
34	2 16	94	6 16	154	10 16	214	14 16	274	18 16	334	22 16	34	2 16	34	2.27
35	2 20	95	6 20	155	10 20	215	14 20	275	18 20	335	22 20	35	2 20	35	2.33
36	2 24	96	6 24	156	10 24	216	14 24	276	18 24	336	22 24	36	2 24	36	2.40
37	2 28	97	6 28	157	10 28	217	14 28	277	18 28	337	22 28	37	2 28	37	2.47
38	2 32	98	6 32	158	10 32	218	14 32	278	18 32	338	22 32	38	2 32	38	2.53
39	2 36	99	6 36	159	10 36	219	14 36	279	18 36	339	22 36	39	2 36	39	2.60
40	2 40	100	6 40	160	10 40	220	14 40	280	18 40	340	22 40	40	2 40	40	2.67
41	2 44	101	6 44	161	10 44	221	14 44	281	18 44	341	22 44	41	2 44	41	2.73
42	2 48	102	6 48	162	10 48	222	14 48	282	18 48	342	22 48	42	2 48	42	2.80
43	2 52	103	6 52	163	10 52	223	14 52	283	18 52	343	22 52	43	2 52	43	2.87
44	2 56	104	6 56	164	10 56	224	14 56	284	18 56	344	22 56	44	2 56	44	2.93
45	3 0	105	7 0	165	11 0	225	15 0	285	19 0	345	23 0	45	3 0	45	3.00
46	3 4	106	7 4	166	11 4	226	15 4	286	19 4	346	23 4	46	3 4	46	3.07
47	3 8	107	7 8	167	11 8	227	15 8	287	19 8	347	23 8	47	3 8	47	3.13
48	3 12	108	7 12	168	11 12	228	15 12	288	19 12	348	23 12	48	3 12	48	3.20
49	3 16	109	7 16	169	11 16	229	15 16	289	19 16	349	23 16	49	3 16	49	3.27
50	3 20	110	7 20	170	11 20	230	15 20	290	19 20	350	23 20	50	3 20	50	3.33
51	3 24	111	7 24	171	11 24	231	15 24	291	19 24	351	23 24	51	3 24	51	3.40
52	3 28	112	7 28	172	11 28	232	15 28	292	19 28	352	23 28	52	3 28	52	3.47
53	3 32	113	7 32	173	11 32	233	15 32	293	19 32	353	23 32	53	3 32	53	3.53
54	3 36	114	7 36	174	11 36	234	15 36	294	19 36	354	23 36	54	3 36	54	3.60
55	3 40	115	7 40	175	11 40	235	15 40	295	19 40	355	23 40	55	3 40	55	3.67
56	3 44	116	7 44	176	11 44	236	15 44	296	19 44	356	23 44	56	3 44	56	3.73
57	3 48	117	7 48	177	11 48	237	15 48	297	19 48	357	23 48	57	3 48	57	3.80
58	3 52	118	7 52	178	11 52	238	15 52	298	19 52	358	23 52	58	3 52	58	3.87
59	3 56	119	7 56	179	11 56	239	15 56	299	19 56	359	23 56	59	3 56	59	3.93
60	4 0	120	8 0	180	12 0	240	16 0	300	20 0	360	24 0	60	4 0	60	4.00

6.4.1.2 Umrechnung von Zeit- in Winkelmaß

h	o	$\frac{m}{s}$	$\frac{o}{'}$	$\frac{'}{"}$	$\frac{m}{s}$	$\frac{o}{'}$	$\frac{'}{"}$
1	15	1	0	15	31	7	45
2	30	2	0	30	32	8	0
3	45	3	0	45	33	8	15
4	60	4	1	0	34	8	30
5	75	5	1	15	35	8	45
6	90	6	1	30	36	9	0
7	105	7	1	45	37	9	15
8	120	8	2	0	38	9	30
9	135	9	2	15	39	9	45
10	150	10	2	30	40	10	0
11	165	11	2	45	41	10	15
12	180	12	3	0	42	10	30
13	195	13	3	15	43	10	45
14	210	14	3	30	44	11	0
15	225	15	3	45	45	11	15
16	240	16	4	0	46	11	30
17	255	17	4	15	47	11	45
18	270	18	4	30	48	12	0
19	285	19	4	45	49	12	15
20	300	20	5	0	50	12	30
21	315	21	5	15	51	12	45
22	330	22	5	30	52	13	0
23	345	23	5	45	53	13	15
24	360	24	6	0	54	13	30
		25	6	15	55	13	45
		26	6	30	56	14	0
		27	6	45	57	14	15
		28	7	0	58	14	30
		29	7	15	59	14	45
		30	7	30	60	15	0

$$24 \text{ h} \triangleq 360^o \qquad 360^o \triangleq 24 \text{ h}$$
$$1 \text{ h} \triangleq 15^o \qquad 1^o \triangleq 4 \text{ m}$$
$$1 \text{ m} \triangleq 15' \qquad 1' \triangleq 4 \text{ s}$$
$$1 \text{ s} \triangleq 15'' \qquad 1'' \triangleq 1/15 \text{ s}$$

6.4.2 Gestirnskoordinaten vom 19./20.8.57 des Nautischen Jahrbuches (DHI)

1957 August 19 Montag								Fixsterne		
Sonne r = 15.8			**Mond** Alter = 22.8 Tage					**Frühlp.**	Nr.	Sternwinkel	Abw.

MGZ h	Grw. Stw. ° '	Abw. ° '	Grw. Stw. ° '	Unt. '	Abw. ° '	Unt. '	Grw. Stw. ° '	Nr.	Sternwinkel ° '	Abw. ° '
0	179 4.9	N 12 56.5	269 25.6	9.7	N 18 43.7	4.1	327 4.7	1	358 26.6	N 28 51.5
1	194 5.0	12 55.7	283 54.3	9.6	18 47.8	4.0	342 7.1	3	353 56.7	S 42 31.9
2	209 5.2	12 54.9	298 22.9	9.6	18 51.8	3.9	357 9.6	5	349 37.7	S 18 12.9
3	224 5.3	12 54.1	312 51.5	9.6	18 55.7	3.8	12 12.1	7	343 9.2	N 35 23.8
4	239 5.4	12 53.3	327 20.1	9.4	18 59.5	3.8	27 14.5	8	335 57.6	S 57 26.8
5	254 5.6	N 12 52.5	341 48.5	9.4	N 19 3.3	3.6	42 17.0	11	328 47.9	N 23 15.8
6	269 5.7	12 51.6	356 16.9	9.3	19 6.9	3.5	57 19.5	12	314 58.8	N 3 55.6
7	284 5.9	12 50.8	10 45.2	9.2	19 10.4	3.4	72 21.9	13	313 38.6	N 40 47.5
8	299 6.0	12 50.0	25 13.4	9.2	19 13.8	3.4	87 24.4	14	309 40.3	N 49 42.5
9	314 6.2	12 49.2	39 41.6	9.1	19 17.2	3.2	102 26.9	15	303 45.3	N 23 58.5
10	329 6.3	N 12 48.4	54 9.7	9.1	N 19 20.4	3.1	117 29.3	16	291 37.5	N 16 25.5
11	344 6.4	12 47.6	68 37.8	9.0	19 23.5	3.0	132 31.8	17	281 52.4	S 8 14.9
12	359 6.6	12 46.8	83 5.8	8.9	19 26.5	2.9	147 34.3	18	281 36.5	N 45 57.2
13	14 6.7	12 45.9	97 33.7	8.8	19 29.4	2.8	162 36.7	19	279 17.1	N 6 18.8
14	29 6.9	12 45.1	112 1.5	8.8	19 32.2	2.7	177 39.2	24	271 46.8	N 7 24.0
15	44 7.0	N 12 44.3	126 29.3	8.7	N 19 34.9	2.6	192 41.6	25	270 53.7	N 44 56.5
16	59 7.2	12 43.5	140 57.0	8.7	19 37.5	2.5	207 44.1	27	264 15.1	S 52 40.2
17	74 7.3	12 42.7	155 24.7	8.5	19 40.0	2.3	222 46.6	28	261 11.0	N 16 26.2
18	89 7.4	12 41.9	169 52.2	8.6	19 42.3	2.3	237 49.0	29	259 10.9	S 16 39.4
19	104 7.6	12 41.0	184 19.8	8.4	19 44.6	2.1	252 51.5	30	255 45.7	S 28 54.7
20	119 7.7	N 12 40.2	198 47.2	8.4	N 19 46.7	2.1	267 54.0	35	234 35.7	S 59 22.4
21	134 7.9	12 39.4	213 14.6	8.3	19 48.8	1.9	282 56.4	37	221 49.4	S 69 32.6
22	149 8.0	12 38.6	227 41.9	8.3	19 50.7	1.8	297 58.9	41	194 43.6	N 61 58.8
23	164 8.2	12 37.8	242 9.2	8.2	19 52.5	1.7	313 1.4	42	183 16.6	N 14 48.6
								43	173 56.6	S 62 52.1

$T = 12^h 4^m$ Unt. = 0.8 $T = 6^h 15^m$ HP $\begin{matrix} 4^h & 12^h & 20^h \\ 56.7 & 57.0 & 57.3 \end{matrix}$ $T = 2^h 11^m$

Venus			Mars			Jupiter			Saturn		
Venus			**Mars**			**Jupiter**			**Saturn**		

MGZ h	Grw. Stw. ° '	Abw. ° '	Grw. Stw. ° '	Abw. ° '	Grw. Stw. ° '	Abw. ° '	Grw. Stw. ° '	Abw. ° '
0	147 51.8	N 1 17.5	168 7.4	N 9 59.6	144 35.6	N 0 10.1	80 51.5	S 19 59.0
1	162 51.6	1 16.3	183 8.3	9 59.0	159 37.6	0 9.9	95 53.9	19 59.0
2	177 51.4	1 15.0	198 9.3	9 58.4	174 39.6	0 9.7	110 56.3	19 59.0
3	192 51.1	1 13.7	213 10.3	9 57.8	189 41.7	0 9.5	125 58.8	19 59.0
4	207 50.9	1 12.4	228 11.2	9 57.2	204 43.7	0 9.3	141 1.2	19 59.1
5	222 50.6	N 1 11.1	243 12.2	N 9 56.6	219 45.7	N 0 9.1	156 3.7	S 19 59.1
6	237 50.4	1 9.8	258 13.2	9 56.0	234 47.7	0 8.9	171 6.1	19 59.1
7	252 50.1	1 8.5	273 14.2	9 55.4	249 49.8	0 8.7	186 8.5	19 59.1
8	267 49.9	1 7.2	288 15.1	9 54.8	264 51.8	0 8.5	201 11.0	19 59.1
9	282 49.7	1 6.0	303 16.1	9 54.2	279 53.8	0 8.3	216 13.4	19 59.1
10	297 49.4	N 1 4.7	318 17.1	N 9 53.6	294 55.8	N 0 8.2	231 15.8	S 19 59.1
11	312 49.2	1 3.4	333 18.0	9 53.0	309 57.9	0 8.0	246 18.3	19 59.2
12	327 48.9	1 2.1	348 19.0	9 52.4	324 59.9	0 7.8	261 20.7	19 59.2
13	342 48.7	1 0.8	3 20.0	9 51.8	340 1.9	0 7.6	276 23.1	19 59.2
14	357 48.4	0 59.5	18 21.0	9 51.2	355 3.9	0 7.4	291 25.6	19 59.2
15	12 48.2	N 0 58.2	33 21.9	N 9 50.6	10 6.0	N 0 7.2	306 28.0	S 19 59.2
16	27 48.0	0 56.9	48 22.9	9 50.0	25 8.0	0 7.0	321 30.4	19 59.2
17	42 47.7	0 55.6	63 23.9	9 49.4	40 10.0	0 6.8	336 32.9	19 59.2
18	57 47.5	0 54.4	78 24.9	9 48.8	55 12.0	0 6.6	351 35.3	19 59.3
19	72 47.2	0 53.1	93 25.8	9 48.2	70 14.1	0 6.4	6 37.7	19 59.3
20	87 47.0	N 0 51.8	108 26.8	N 9 47.6	85 16.1	N 0 6.2	21 40.2	S 19 59.3
21	102 46.7	0 50.5	123 27.8	9 47.0	100 18.1	0 6.0	36 42.6	19 59.3
22	117 46.5	0 49.2	138 28.8	9 46.4	115 20.1	0 5.8	51 45.0	19 59.3
23	132 46.3	0 47.9	153 29.7	9 45.8	130 22.1	0 5.6	66 47.5	19 59.3
Unt.	− 0.2	1.3	1.0	0.6	2.0	0.2	2.4	0.0

$T = 14^h 9^m$ HP = 0.1 $T = 12^h 47^m$ HP = 0.1 $T = 14^h 20^m$ HP = 0.0 $T = 18^h 34^m$ HP = 0.0

6.4.2   Fortsetzung

Fixsterne			1957 August 20 Dienstag								
Nr.	**Sternwinkel**	**Abw.**	**Sonne** r = 15.8			**Mond** Alter = 23.8 Tage					**Frühlp.**
	° ′	° ′	**MGZ** h	**Grw. Stw.** ° ′	**Abw.** ° ′	**Grw. Stw.** ° ′	**Unt.** ′	**Abw.** ° ′	**Unt.** ′		**Grw. Stw.** ° ′
44	172 48.0	S 56 52.8	0	179 8.3	N 12 36.9	256 36.4	8.2	N 19 54.2	1.6		328 3.8
45	168 41.6	S 59 27.6	1	194 8.5	12 36.1	271 3.6	8.0	19 55.8	1.5		343 6.3
49	159 15.6	S 10 56.4	2	209 8.6	12 35.3	285 30.6	8.1	19 57.3	1.4		358 8.8
50	153 32.1	N 49 31.7	3	224 8.8	12 34.5	299 57.7	7.9	19 58.7	1.2		13 11.2
51	149 47.6	S 60 10.4	4	239 8.9	12 33.7	314 24.6	7.9	19 59.9	1.1		28 13.7
53	146 34.1	N 19 24.3	5	254 9.0	N 12 32.8	328 51.5	7.9	N 20 1.0	1.1		43 16.1
54	140 49.2	S 60 39.9	6	269 9.2	12 32.0	343 18.4	7.8	20 2.1	0.8		58 18.6
56	137 51.9	S 15 52.0	7	284 9.3	12 31.2	357 45.2	7.7	20 2.9	0.8		73 21.1
57	137 18.4	N 74 20.0	8	299 9.5	12 30.4	12 11.9	7.7	20 3.7	0.7		88 23.5
60	124 27.1	N 6 33.6	9	314 9.6	12 29.5	26 38.6	7.6	20 4.4	0.5		103 26.0
61	113 17.6	S 26 20.4	10	329 9.8	N 12 28.7	41 5.2	7.6	N 20 4.9	0.4		118 28.5
62	108 56.8	S 68 57.3	11	344 9.9	12 27.9	55 31.8	7.5	20 5.3	0.3		133 30.9
64	97 18.6	S 37 4.5	12	359 10.1	12 27.1	69 58.3	7.5	20 5.6	0.2		148 33.4
65	96 45.2	N 12.35.6	13	14 10.2	12 26.2	84 24.8	7.4	20 5.8	0.1		163 35.9
66	96 25.4	S 42 58.4	14	29 10.4	12 25.4	98 51.2	7.4	20 5.9	0.1		178 38.3
67	91 5.3	N 51 30.0	15	44 10.5	N 12 24.6	113 17.6	7.3	N 20 5.8	0.2		193 40.8
68	84 39.1	S 34 24.3	16	59 10.7	12 23.8	127 43.9	7.2	20 5.6	0.3		208 43.2
69	81 7.0	N 38 44.9	17	74 10.8	12 22.9	142 10.1	7.2	20 5.3	0.4		223 45.7
71	62 48.8	N 8 45.6	18	89 11.0	12 22.1	156 36.3	7.2	20 4.9	0.6		238 48.2
72	54 24.6	S 56 52.2	19	104 11.1	12 21.3	171 2.5	7.1	20 4.3	0.7		253 50.6
73	49 59.6	N 45 7.9	20	119 11.3	N 12 20.5	185 28.6	7.1	N 20 3.6	0.8		268 53.1
75	34 27.9	N 9 41.0	21	134 11.4	12 19.6	199 54.7	7.0	20 2.8	0.9		283 55.6
76	28 35.8	S 47 9.8	22	149 11.6	12 18.8	214 20.7	7.0	20 1.9	1.1		298 58.0
77	19 57.2	S 47 6.2	23	164 11.7	12 18.0	228 46.7	6.9	20 0.8	1.1		314 0.5
78	16 9.8	S 29 50.6									
			T = 12ʰ 3ᵐ Unt.= 0.8			T = 7ʰ 9ᵐ HP	4ʰ 57.6	12ʰ 57.9	20ʰ 58.2		T=2ʰ 7ᵐ

	Venus			Mars			Jupiter			Saturn		
MGZ h	**Grw. Stw.** ° ′	**Abw.** ° ′		**Grw. Stw.** ° ′	**Abw.** ° ′		**Grw. Stw.** ° ′	**Abw.** ° ′		**Grw. Stw.** ° ′	**Abw.** ° ′	
0	147 46.0	N 0 46.6		168 30.7	N 9 45.2		145 24.2	N 0 5.4		81 49.9	S 19 59.3	
1	162 45.8	0 45.3		183 31.7	9 44.5		160 26.2	0 5.2		96 52.3	19 59.4	
2	177 45.5	0 44.0		198 32.6	9 43.9		175 28.2	0 5.0		111 54.8	19 59.4	
3	192 45.3	0 42.7		213 33.6	9 43.3		190 30.2	0 4.8		126 57.2	19 59.4	
4	207 45.1	0 41.5		228 34.6	9 42.7		205 32.3	0 4.6		141 59.6	19 59.4	
5	222 44.8	N 0 40.2		243 35.6	N 9 42.1		220 34.3	N 0 4.4		157 2.0	S 19 59.4	
6	237 44.6	0 38.9		258 36.5	9 41.5		235 36.3	0 4.2		172 4.5	19 59.4	
7	252 44.3	0 37.6		273 37.5	9 40.9		250 38.3	0 4.0		187 6.9	19 59.4	
8	267 44.1	0 36.3		288 38.5	9 40.3		265 40.3	0 3.8		202 9.3	19 59.5	
9	282 43.9	0 35.0		303 39.5	9 39.7		280 42.4	0 3.7		217 11.8	19 59.5	
10	297 43.6	N 0 33.7		318 40.4	N 9 39.1		295 44.4	N 0 3.5		232 14.2	S 19 59.5	
11	312 43.4	0 32.4		333 41.4	9 38.5		310 46.4	0 3.3		247 16.6	19 59.5	
12	327 43.1	0 31.1		348 42.4	9 37.9		325 48.4	0 3.1		262 19.1	19 59.5	
13	342 42.9	0 29.8		3 43.4	9 37.3		340 50.4	0 2.9		277 21.5	19 59.5	
14	357 42.7	0 28.6		18 44.3	9 36.7		355 52.5	0 2.7		292 23.9	19 59.6	
15	12 42.4	N 0 27.3		33 45.3	N 9 36.1		10 54.5	N 0 2.5		307 26.3	S 19 59.6	
16	27 42.2	0 26.0		48 46.3	9 35.5		25 56.5	0 2.3		322 28.8	19 59.6	
17	42 41.9	0 24.7		63 47.3	9 34.9		40 58.5	0 2.1		337 31.2	19 59.6	
18	57 41.7	0 23.4		78 48.2	9 34.3		56 0.6	0 1.9		352 33.6	19 59.6	
19	72 41.5	0 22.1		93 49.2	9 33.7		71 2.6	0 1.7		7 36.1	19 59.6	
20	87 41.2	N 0 20.8		108 50.2	N 9 33.1		86 4.6	N 0 1.5		22 38.5	S 19 59.6	
21	102 41.0	0 19.5		123 51.2	9 32.5		101 6.6	0 1.3		37 40.9	19 59.7	
22	117 40.7	0 18.2		138 52.1	9 31.9		116 8.6	0 1.1		52 43.3	19 59.7	
23	132 40.5	0 16.9		153 53.1	9 31.3		131 10.7	0 0.9		67 45.8	19 59.7	
Unt.	− 0.2	1.3		1.0	0.6		2.0	0.2		2.4	0.0	
	T = 14ʰ 9ᵐ HP = 0.1			T = 12ʰ 45ᵐ HP = 0.1			T = 14ʰ 17ᵐ HP = 0.0			T = 18ʰ 30ᵐ HP = 0.0		

6.4.3   Schalttafeln aus dem Nautischen Jahrbuch des DHI

30ᵐ   Schalttafel   31ᵐ

30m	Zuwachs Grw. Stw.			Unt.	Verb.	31m	Zuwachs Grw. Stw.			Unt.	Verb.
s	Sonne Planet	Frühl.p.	Mond	′	′	s	Sonne Planet	Frühl.p.	Mond	′	′
0	7 30,0	7 31,2	7 9,5	0,0	0,0	0	7 45,0	7 46,3	7 23,8	0,0	0,0
1	30,3	31,5	9,7	0,3	0,2	1	45,3	46,5	24,1	0,3	0,2
2	30,5	31,7	10,0	0,6	0,3	2	45,5	46,8	24,3	0,6	0,3
3	30,8	32,0	10,2	0,9	0,5	3	45,8	47,0	24,5	0,9	0,5
4	31,0	32,2	10,5	1,2	0,6	4	46,0	47,3	24,8	1,2	0,6
5	7 31,3	7 32,5	7 10,7	1,5	0,8	5	7 46,3	7 47,5	7 25,0	1,5	0,8
6	31,5	32,7	10,9	1,8	0,9	6	46,5	47,8	25,2	1,8	0,9
7	31,8	33,0	11,2	2,1	1,1	7	46,8	48,0	25,5	2,1	1,1
8	32,0	33,2	11,4	2,4	1,2	8	47,0	48,3	25,7	2,4	1,3
9	32,3	33,5	11,6	2,7	1,4	9	47,3	48,5	26,0	2,7	1,4
10	7 32,5	7 33,7	7 11,9	3,0	1,5	10	7 47,5	7 48,8	7 26,2	3,0	1,6
11	32,8	34,0	12,1	3,3	1,7	11	47,8	49,0	26,4	3,3	1,7
12	33,0	34,2	12,4	3,6	1,8	12	48,0	49,3	26,7	3,6	1,9
13	33,3	34,5	12,6	3,9	2,0	13	48,3	49,5	26,9	3,9	2,0
14	33,5	34,7	12,8	4,2	2,1	14	48,5	49,8	27,2	4,2	2,2
15	7 33,8	7 35,0	7 13,1	4,5	2,3	15	7 48,8	7 50,0	7 27,4	4,5	2,4
16	34,0	35,2	13,3	4,8	2,4	16	49,0	50,3	27,6	4,8	2,5
17	34,3	35,5	13,6	5,1	2,6	17	49,3	50,5	27,9	5,1	2,7
18	34,5	35,7	13,8	5,4	2,7	18	49,5	50,8	28,1	5,4	2,8
19	34,8	36,0	14,0	5,7	2,9	19	49,8	51,0	28,4	5,7	3,0
20	7 35,0	7 36,2	7 14,3	6,0	3,0	20	7 50,0	7 51,3	7 28,6	6,0	3,2
21	35,3	36,5	14,5	6,3	3,2	21	50,3	51,5	28,8	6,3	3,3
22	35,5	36,7	14,7	6,6	3,4	22	50,5	51,8	29,1	6,6	3,5
23	35,8	37,0	15,0	6,9	3,5	23	50,8	52,0	29,3	6,9	3,6
24	36,0	37,2	15,2	7,2	3,7	24	51,0	52,3	29,5	7,2	3,8
25	7 36,3	7 37,5	7 15,5	7,5	3,8	25	7 51,3	7 52,5	7 29,8	7,5	3,9
26	36,5	37,7	15,7	7,8	4,0	26	51,5	52,8	30,0	7,8	4,1
27	36,8	38,0	15,9	8,1	4,1	27	51,8	53,0	30,3	8,1	4,3
28	37,0	38,2	16,2	8,4	4,3	28	52,0	53,3	30,5	8,4	4,4
29	37,3	38,5	16,4	8,7	4,4	29	52,3	53,5	30,7	8,7	4,6
30	7 37,5	7 38,8	7 16,7	9,0	4,6	30	7 52,5	7 53,8	7 31,0	9,0	4,7
31	37,8	39,0	16,9	9,3	4,7	31	52,8	54,0	31,2	9,3	4,9
32	38,0	39,3	17,1	9,6	4,9	32	53,0	54,3	31,5	9,6	5,0
33	38,3	39,5	17,4	9,9	5,0	33	53,3	54,5	31,7	9,9	5,2
34	38,5	39,8	17,6	10,2	5,2	34	53,5	54,8	31,9	10,2	5,4
35	7 38,8	7 40,0	7 17,9	10,5	5,3	35	7 53,8	7 55,0	7 32,2	10,5	5,5
36	39,0	40,3	18,1	10,8	5,5	36	54,0	55,3	32,4	10,8	5,7
37	39,3	40,5	18,3	11,1	5,6	37	54,3	55,5	32,6	11,1	5,8
38	39,5	40,8	18,6	11,4	5,8	38	54,5	55,8	32,9	11,4	6,0
39	39,8	41,0	18,8	11,7	5,9	39	54,8	56,0	33,1	11,7	6,1
40	7 40,0	7 41,3	7 19,0	12,0	6,1	40	7 55,0	7 56,3	7 33,4	12,0	6,3
41	40,3	41,5	19,3	12,3	6,3	41	55,3	56,5	33,6	12,3	6,5
42	40,5	41,8	19,5	12,6	6,4	42	55,5	56,8	33,8	12,6	6,6
43	40,8	42,0	19,8	12,9	6,6	43	55,8	57,1	34,1	12,9	6,8
44	41,0	42,3	20,0	13,2	6,7	44	56,0	57,3	34,3	13,2	6,9
45	7 41,3	7 42,5	7 20,2	13,5	6,9	45	7 56,3	7 57,6	7 34,6	13,5	7,1
46	41,5	42,8	20,5	13,8	7,0	46	56,5	57,8	34,8	13,8	7,2
47	41,8	43,0	20,7	14,1	7,2	47	56,8	58,1	35,0	14,1	7,4
48	42,0	43,3	21,0	14,4	7,3	48	57,0	58,3	35,3	14,4	7,6
49	42,3	43,5	21,2	14,7	7,5	49	57,3	58,6	35,5	14,7	7,7
50	7 42,5	7 43,8	7 21,4	15,0	7,6	50	7 57,5	7 58,8	7 35,7	15,0	7,9
51	42,8	44,0	21,7	15,3	7,8	51	57,8	59,1	36,0	15,3	8,0
52	43,0	44,3	21,9	15,6	7,9	52	58,0	59,3	36,2	15,6	8,2
53	43,3	44,5	22,1	15,9	8,1	53	58,3	59,6	36,5	15,9	8,3
54	43,5	44,8	22,4	16,2	8,2	54	58,5	7 59,8	36,7	16,2	8,5
55	7 43,8	7 45,0	7 22,6	16,5	8,4	55	7 58,8	8 0,1	7 36,9	16,5	8,7
56	44,0	45,3	22,9	16,8	8,5	56	59,0	0,3	37,2	16,8	8,8
57	44,3	45,5	23,1	17,1	8,7	57	59,3	0,6	37,4	17,1	9,0
58	44,5	45,8	23,3	17,4	8,8	58	59,5	0,8	37,7	17,4	9,1
59	44,8	46,0	23,6	17,7	9,0	59	59,8	1,1	37,9	17,7	9,3

6.4.3   Fortsetzung

32^m   Schalttafel   33^m

32m	Zuwachs Grw. Stw.			Unt.	Verb.	33m	Zuwachs Grw. Stw.			Unt.	Verb.
	Sonne Planet	Frühl.p.	Mond				Sonne Planet	Frühl.p.	Mond		
s	° ′	° ′	° ′	′	′	s	° ′	° ′	° ′	′	′
0	8 0,0	8 1,3	7 38,1	0,0	0,0	0	8 15,0	8 16,4	7 52,4	0,0	0,0
1	0,3	1,6	38,4	0,3	0,2	1	15,3	16,6	52,7	0,3	0,2
2	0,5	1,8	38,6	0,6	0,3	2	15,5	16,9	52,9	0,6	0,3
3	0,8	2,1	38,8	0,9	0,5	3	15,8	17,1	53,2	0,9	0,5
4	1,0	2,3	39,1	1,2	0,6	4	16,0	17,4	53,4	1,2	0,7
5	8 1,3	8 2,6	7 39,3	1,5	0,8	5	8 16,3	8 17,6	7 53,6	1,5	0,8
6	1,5	2,8	39,6	1,8	1,0	6	16,5	17,9	53,9	1,8	1,0
7	1,8	3,1	39,8	2,1	1,1	7	16,8	18,1	54,1	2,1	1,2
8	2,0	3,3	40,0	2,4	1,3	8	17,0	18,4	54,4	2,4	1,3
9	2,3	3,6	40,3	2,7	1,5	9	17,3	18,6	54,6	2,7	1,5
10	8 2,5	8 3,8	7 40,5	3,0	1,6	10	8 17,5	8 18,9	7 54,8	3,0	1,7
11	2,8	4,1	40,8	3,3	1,8	11	17,8	19,1	55,1	3,3	1,8
12	3,0	4,3	41,0	3,6	2,0	12	18,0	19,4	55,3	3,6	2,0
13	3,3	4,6	41,2	3,9	2,1	13	18,3	19,6	55,6	3,9	2,2
14	3,5	4,8	41,5	4,2	2,3	14	18,5	19,9	55,8	4,2	2,3
15	8 3,8	8 5,1	7 41,7	4,5	2,4	15	8 18,8	8 20,1	7 56,0	4,5	2,5
16	4,0	5,3	42,0	4,8	2,6	16	19,0	20,4	56,3	4,8	2,7
17	4,3	5,6	42,2	5,1	2,8	17	19,3	20,6	56,5	5,1	2,8
18	4,5	5,8	42,4	5,4	2,9	18	19,5	20,9	56,7	5,4	3,0
19	4,8	6,1	42,7	5,7	3,1	19	19,8	21,1	57,0	5,7	3,2
20	8 5,0	8 6,3	7 42,9	6,0	3,2	20	8 20,0	8 21,4	7 57,2	6,0	3,4
21	5,3	6,6	43,1	6,3	3,4	21	20,3	21,6	57,5	6,3	3,5
22	5,5	6,8	43,4	6,6	3,6	22	20,5	21,9	57,7	6,6	3,7
23	5,8	7,1	43,6	6,9	3,7	23	20,8	22,1	57,9	6,9	3,9
24	6,0	7,3	43,9	7,2	3,9	24	21,0	22,4	58,2	7,2	4,0
25	8 6,3	8 7,6	7 44,1	7,5	4,1	25	8 21,3	8 22,6	7 58,4	7,5	4,2
26	6,5	7,8	44,3	7,8	4,2	26	21,5	22,9	58,7	7,8	4,4
27	6,8	8,1	44,6	8,1	4,4	27	21,8	23,1	58,9	8,1	4,5
28	7,0	8,3	44,8	8,4	4,6	28	22,0	23,4	59,1	8,4	4,7
29	7,3	8,6	45,1	8,7	4,7	29	22,3	23,6	59,4	8,7	4,9
30	8 7,5	8 8,8	7 45,3	9,0	4,9	30	8 22,5	8 23,9	7 59,6	9,0	5,0
31	7,8	9,1	45,5	9,3	5,0	31	22,8	24,1	7 59,9	9,3	5,2
32	8,0	9,3	45,8	9,6	5,2	32	23,0	24,4	8 0,1	9,6	5,4
33	8,3	9,6	46,0	9,9	5,4	33	23,3	24,6	0,3	9,9	5,5
34	8,5	9,8	46,2	10,2	5,5	34	23,5	24,9	0,6	10,2	5,7
35	8 8,8	8 10,1	7 46,5	10,5	5,7	35	8 23,8	8 25,1	8 0,8	10,5	5,9
36	9,0	10,3	46,7	10,8	5,8	36	24,0	25,4	1,0	10,8	6,0
37	9,3	10,6	47,0	11,1	6,0	37	24,3	25,6	1,3	11,1	6,2
38	9,5	10,8	47,2	11,4	6,2	38	24,5	25,9	1,5	11,4	6,4
39	9,8	11,1	47,4	11,7	6,3	39	24,8	26,1	1,8	11,7	6,5
40	8 10,0	8 11,3	7 47,7	12,0	6,5	40	8 25,0	8 26,4	8 2,0	12,0	6,7
41	10,3	11,6	47,9	12,3	6,7	41	25,3	26,6	2,2	12,3	6,9
42	10,5	11,8	48,2	12,6	6,8	42	25,5	26,9	2,5	12,6	7,0
43	10,8	12,1	48,4	12,9	7,0	43	25,8	27,1	2,7	12,9	7,2
44	11,0	12,3	48,6	13,2	7,2	44	26,0	27,4	2,9	13,2	7,4
45	8 11,3	8 12,6	7 48,9	13,5	7,3	45	8 26,3	8 27,6	8 3,2	13,5	7,5
46	11,5	12,8	49,1	13,8	7,5	46	26,5	27,9	3,4	13,8	7,7
47	11,8	13,1	49,3	14,1	7,6	47	26,8	28,1	3,7	14,1	7,9
48	12,0	13,3	49,6	14,4	7,8	48	27,0	28,4	3,9	14,4	8,0
49	12,3	13,6	49,8	14,7	8,0	49	27,3	28,6	4,1	14,7	8,2
50	8 12,5	8 13,8	7 50,1	15,0	8,1	50	8 27,5	8 28,9	8 4,4	15,0	8,4
51	12,8	14,1	50,3	15,3	8,3	51	27,8	29,1	4,6	15,3	8,5
52	13,0	14,3	50,5	15,6	8,4	52	28,0	29,4	4,9	15,6	8,7
53	13,3	14,6	50,8	15,9	8,6	53	28,3	29,6	5,1	15,9	8,9
54	13,5	14,8	51,0	16,2	8,8	54	28,5	29,9	5,3	16,2	9,0
55	8 13,8	8 15,1	7 51,3	16,5	8,9	55	8 28,8	8 30,1	8 5,6	16,5	9,2
56	14,0	15,4	51,5	16,8	9,1	56	29,0	30,4	5,8	16,8	9,4
57	14,3	15,6	51,7	17,1	9,3	57	29,3	30,6	6,1	17,1	9,5
58	14,5	15,9	52,0	17,4	9,4	58	29,5	30,9	6,3	17,4	9,7
59	14,8	16,1	52,2	17,7	9,6	59	29,8	31,1	6,5	17,7	9,9

6.4.3   Fortsetzung

58ᵐ   Schalttafel   59ᵐ

58ᵐ	Sonne Planet	Frühl.p.	Mond	Unt.	Verb.	59ᵐ	Sonne Planet	Frühl.p.	Mond	Unt.	Verb.
0	14 30,0	14 32,4	13 50,4	0,0	0,0	0	14 45,0	14 47,4	14 4,7	0,0	0,0
1	30,3	32,6	50,6	0,3	0,3	1	45,3	47,7	4,9	0,3	0,3
2	30,5	32,9	50,8	0,6	0,6	2	45,5	47,9	5,2	0,6	0,6
3	30,8	33,1	51,1	0,9	0,9	3	45,8	48,2	5,4	0,9	0,9
4	31,0	33,4	51,3	1,2	1,2	4	46,0	48,4	5,6	1,2	1,2
5	14 31,3	14 33,6	13 51,6	1,5	1,5	5	14 46,3	14 48,7	14 5,9	1,5	1,5
6	31,5	33,9	51,8	1,8	1,8	6	46,5	48,9	6,1	1,8	1,8
7	31,8	34,1	52,0	2,1	2,0	7	46,8	49,2	6,4	2,1	2,1
8	32,0	34,4	52,3	2,4	2,3	8	47,0	49,4	6,6	2,4	2,4
9	32,3	34,6	52,5	2,7	2,6	9	47,3	49,7	6,8	2,7	2,7
10	14 32,5	14 34,9	13 52,8	3,0	2,9	10	14 47,5	14 49,9	14 7,1	3,0	3,0
11	32,8	35,1	53,0	3,3	3,2	11	47,8	50,2	7,3	3,3	3,3
12	33,0	35,4	53,2	3,6	3,5	12	48,0	50,4	7,5	3,6	3,6
13	33,3	35,6	53,5	3,9	3,8	13	48,3	50,7	7,8	3,9	3,9
14	33,5	35,9	53,7	4,2	4,1	14	48,5	50,9	8,0	4,2	4,2
15	14 33,8	14 36,1	13 53,9	4,5	4,4	15	14 48,8	14 51,2	14 8,3	4,5	4,5
16	34,0	36,4	54,2	4,8	4,7	16	49,0	51,4	8,5	4,8	4,8
17	34,3	36,6	54,4	5,1	5,0	17	49,3	51,7	8,7	5,1	5,1
18	34,5	36,9	54,7	5,4	5,3	18	49,5	51,9	9,0	5,4	5,4
19	34,8	37,1	54,9	5,7	5,6	19	49,8	52,2	9,2	5,7	5,7
20	14 35,0	14 37,4	13 55,1	6,0	5,9	20	14 50,0	14 52,4	14 9,5	6,0	6,0
21	35,3	37,6	55,4	6,3	6,1	21	50,3	52,7	9,7	6,3	6,2
22	35,5	37,9	55,6	6,6	6,4	22	50,5	52,9	9,9	6,6	6,5
23	35,8	38,1	55,9	6,9	6,7	23	50,8	53,2	10,2	6,9	6,8
24	36,0	38,4	56,1	7,2	7,0	24	51,0	53,4	10,4	7,2	7,1
25	14 36,3	14 38,6	13 56,3	7,5	7,3	25	14 51,3	14 53,7	14 10,6	7,5	7,4
26	36,5	38,9	56,6	7,8	7,6	26	51,5	53,9	10,9	7,8	7,7
27	36,8	39,1	56,8	8,1	7,9	27	51,8	54,2	11,1	8,1	8,0
28	37,0	39,4	57,0	8,4	8,2	28	52,0	54,4	11,4	8,4	8,3
29	37,3	39,6	57,3	8,7	8,5	29	52,3	54,7	11,6	8,7	8,6
30	14 37,5	14 39,9	13 57,5	9,0	8,8	30	14 52,5	14 54,9	14 11,8	9,0	8,9
31	37,8	40,1	57,8	9,3	9,1	31	52,8	55,2	12,1	9,3	9,2
32	38,0	40,4	58,0	9,6	9,4	32	53,0	55,4	12,3	9,6	9,5
33	38,3	40,7	58,2	9,9	9,7	33	53,3	55,7	12,6	9,9	9,8
34	38,5	40,9	58,5	10,2	9,9	34	53,5	55,9	12,8	10,2	10,0
35	14 38,8	14 41,2	13 58,7	10,5	10,2	35	14 53,8	14 56,2	14 13,0	10,5	10,4
36	39,0	41,4	59,0	10,8	10,5	36	54,0	56,4	13,3	10,8	10,7
37	39,3	41,7	59,2	11,1	10,8	37	54,3	56,7	13,5	11,1	11,0
38	39,5	41,9	59,4	11,4	11,1	38	54,5	56,9	13,8	11,4	11,3
39	39,8	42,2	59,7	11,7	11,4	39	54,8	57,2	14,0	11,7	11,6
40	14 40,0	14 42,4	13 59,9	12,0	11,7	40	14 55,0	14 57,4	14 14,2	12,0	11,9
41	40,3	42,7	14 0,1	12,3	12,0	41	55,3	57,7	14,5	12,3	12,2
42	40,5	42,9	0,4	12,6	12,3	42	55,5	57,9	14,7	12,6	12,5
43	40,8	43,2	0,6	12,9	12,6	43	55,8	58,2	14,9	12,9	12,8
44	41,0	43,4	0,9	13,2	12,9	44	56,0	58,4	15,2	13,2	13,1
45	14 41,3	14 43,7	14 1,1	13,5	13,2	45	14 56,3	14 58,7	14 15,4	13,5	13,4
46	41,5	43,9	1,3	13,8	13,5	46	56,5	59,0	15,7	13,8	13,7
47	41,8	44,2	1,6	14,1	13,7	47	56,8	59,2	15,9	14,1	14,0
48	42,0	44,4	1,8	14,4	14,0	48	57,0	59,5	16,1	14,4	14,3
49	42,3	44,7	2,1	14,7	14,3	49	57,3	14 59,7	16,4	14,7	14,6
50	14 42,5	14 44,9	14 2,3	15,0	14,6	50	14 57,5	15 0,0	14 16,6	15,0	14,9
51	42,8	45,2	2,5	15,3	14,9	51	57,8	0,2	16,9	15,3	15,2
52	43,0	45,4	2,8	15,6	15,2	52	58,0	0,5	17,1	15,6	15,5
53	43,3	45,7	3,0	15,9	15,5	53	58,3	0,7	17,3	15,9	15,8
54	43,5	45,9	3,3	16,2	15,8	54	58,5	1,0	17,6	16,2	16,1
55	14 43,8	14 46,2	14 3,5	16,5	16,1	55	14 58,8	15 1,2	14 17,8	16,5	16,4
56	44,0	46,4	3,7	16,8	16,4	56	59,0	1,5	18,0	16,8	16,7
57	44,3	46,7	4,0	17,1	16,7	57	59,3	1,7	18,3	17,1	17,0
58	44,5	46,9	4,2	17,4	17,0	58	59,5	2,0	18,5	17,4	17,3
59	44,8	47,2	4,4	17,7	17,3	59	59,8	2,2	18,8	17,7	17,6

6.4.4   Nordsternberichtigungen I, II, III des N.J. 57 (DHI)

Nordstern 1957

I — Erste Berichtigung

Bestimmung der Breite

Ortsstundenwinkel des Frühlingspunktes

	0°	15°	30°	45°	60°	75°	90°	105°	120°	135°	150°	165°
0	-49.4	-54.8	-56.4	-54.1	-48.0	-38.6	-26.6	-12.9	+ 1.7	+16.1	+29.3	+40.5
30	49.6	54.9	56.4	53.9	47.7	38.3	26.2	12.4	2.2	16.5	29.7	40.8
1	49.9	55.0	56.4	53.8	47.5	37.9	25.8	11.9	2.7	17.0	30.1	41.1
30	50.1	55.1	56.3	53.6	47.2	37.5	25.3	11.4	3.2	17.5	30.5	41.4
2	50.3	55.2	56.3	53.5	46.9	37.2	24.9	11.0	3.6	17.9	30.9	41.8
30	50.5	55.3	56.3	53.3	46.7	36.8	24.4	10.5	4.1	18.4	31.3	42.1
3	50.8	55.4	56.2	53.1	46.4	36.4	24.0	10.0	4.6	18.8	31.7	42.4
30	51.0	55.5	56.2	53.0	46.1	36.0	23.6	9.5	5.1	19.3	32.1	42.7
4	51.2	55.6	56.2	52.8	45.8	35.7	23.1	9.0	5.6	19.7	32.5	43.0
30	51.4	55.7	56.1	52.6	45.5	35.3	22.7	8.5	6.1	20.2	32.9	43.3
5	-51.6	-55.8	-56.1	-52.4	-45.2	-34.9	-22.2	- 8.1	+ 6.6	+20.6	+33.3	+43.6
30	51.8	55.8	56.0	52.3	44.9	34.5	21.7	7.6	7.0	21.1	33.7	43.9
6	52.0	55.9	55.9	52.1	44.6	34.1	21.3	7.1	7.5	21.5	34.0	44.2
30	52.2	56.0	55.9	51.9	44.3	33.7	20.8	6.6	8.0	22.0	34.4	44.5
7	52.4	56.0	55.8	51.7	44.0	33.3	20.4	6.1	8.5	22.4	34.8	44.8
30	52.5	56.1	55.7	51.5	43.7	32.9	19.9	5.6	9.0	22.9	35.2	45.0
8	52.7	56.1	55.6	51.3	43.4	32.5	19.5	5.1	9.5	23.3	35.5	45.3
30	52.9	56.2	55.6	51.1	43.1	32.1	19.0	4.7	9.9	23.8	35.9	45.6
9	53.1	56.2	55.5	50.9	42.8	31.7	18.5	4.2	10.4	24.2	36.3	45.9
30	53.2	56.3	55.4	50.6	42.4	31.3	18.1	3.7	10.9	24.6	36.6	46.1
10	-53.4	-56.3	-55.3	-50.4	-42.1	-30.9	-17.6	- 3.2	+11.4	+25.1	+37.0	+46.4
30	53.6	56.3	55.2	50.2	41.8	30.5	17.1	2.7	11.8	25.5	37.4	46.7
11	53.7	56.3	55.1	50.0	41.4	30.1	16.7	2.2	12.3	25.9	37.7	46.9
30	53.9	56.4	55.0	49.7	41.1	29.6	16.2	1.7	12.8	26.4	38.1	47.2
12	54.0	56.4	54.8	49.5	40.7	29.2	15.7	1.2	13.3	26.8	38.4	47.4
30	54.1	56.4	54.7	49.3	40.4	28.8	15.3	0.7	13.7	27.2	38.8	47.7
13	54.3	56.4	54.6	49.0	40.1	28.4	14.8	- 0.3	14.2	27.6	39.1	47.9
30	54.4	56.4	54.5	48.8	39.7	27.9	14.3	+ 0.2	14.7	28.0	39.5	48.2
14	54.5	56.4	54.3	48.5	39.4	27.5	13.8	0.7	15.1	28.5	39.8	48.4
30	54.7	56.4	54.2	48.3	39.0	27.1	13.4	1.2	15.6	28.9	40.1	48.6
15	-54.8	-56.4	-54.1	-48.0	-38.6	-26.6	-12.9	+ 1.7	+16.1	+29.3	+40.5	+48.9

II — Zweite Berichtigung

Ortsstundenwinkel des Frühlingspunktes

Wahre Höhe des Nordst.	0°	15°	30°	45°	60°	75°	90°	105°	120°	135°	150°	165°	180°	195°	210°	225°	240°	255°	270°	285°	300°	315°	330°	345°	360°
0	-0.2	0.0	0.0	0.1	0.2	0.4	0.6	0.7	0.8	0.7	0.6	0.4	0.2	0.0	0.0	0.1	0.2	0.4	0.6	0.7	0.8	0.7	0.6	0.4	0.2
10	0.2	0.0	0.0	0.1	0.2	0.4	0.5	0.7	0.7	0.7	0.5	0.3	0.2	0.0	0.0	0.1	0.2	0.4	0.5	0.7	0.7	0.7	0.5	0.3	0.2
20	0.1	0.0	0.0	0.1	0.2	0.3	0.5	0.6	0.6	0.6	0.5	0.3	0.1	0.0	0.0	0.1	0.2	0.3	0.5	0.6	0.6	0.6	0.5	0.3	0.1
30	0.1	0.0	0.0	0.0	0.1	0.3	0.4	0.5	0.5	0.5	0.4	0.3	0.1	0.0	0.0	0.0	0.1	0.3	0.4	0.5	0.5	0.5	0.4	0.3	0.1
40	0.1	0.0	0.0	0.0	0.1	0.2	0.3	0.4	0.4	0.4	0.3	0.2	0.1	0.0	0.0	0.0	0.1	0.2	0.3	0.4	0.4	0.4	0.3	0.2	0.1
50	0.1	0.0	0.0	0.0	0.0	0.1	0.1	0.2	0.2	0.2	0.2	0.1	0.1	0.0	0.0	0.0	0.0	0.1	0.2	0.2	0.2	0.2	0.2	0.1	0.1
55	-0.0	0.0	0.0	0.0	0.0	0.0	0.1	0.1	0.1	0.1	0.1	0.1	0.1	0.0	0.0	0.0	0.0	0.0	0.1	0.1	0.1	0.1	0.1	0.1	0.0
60	0.0	0.0	0.0	0.0	0.0	0.0	0.0	0.0	0.0	0.0	0.0	0.0	0.0	0.0	0.0	0.0	0.0	0.0	0.0	0.0	0.0	0.0	0.0	0.0	0.0
65	+0.0	0.0	0.0	0.0	0.0	0.1	0.1	0.1	0.2	0.2	0.2	0.1	0.1	0.0	0.0	0.0	0.0	0.1	0.1	0.1	0.2	0.2	0.2	0.1	0.0
70	0.1	0.0	0.0	0.0	0.1	0.2	0.4	0.4	0.5	0.4	0.3	0.2	0.1	0.0	0.0	0.0	0.1	0.2	0.4	0.4	0.5	0.4	0.3	0.2	0.1
75	0.2	0.1	0.0	0.1	0.2	0.5	0.7	0.9	0.9	0.8	0.7	0.4	0.2	0.1	0.0	0.1	0.2	0.5	0.7	0.9	0.9	0.8	0.7	0.4	0.2
80	+0.4	0.1	0.0	0.1	0.5	0.9	1.4	1.7	1.8	1.7	1.3	0.9	0.4	0.1	0.0	0.1	0.5	0.9	1.4	1.7	1.8	1.7	1.3	0.9	0.4

6.4.4   Fortsetzung

Nordstern 1957

aus der Höhe des Nordsterns

I — Erste Berichtigung

Ortsstundenwinkel des Frühlingspunktes

°		180°	195°	210°	225°	240°	255°	270°	285°	300°	315°	330°	345°
0		+48.9	+54.0	+55.5	+53.3	+47.6	+38.6	+27.0	+13.5	- 1.0	-15.5	-29.0	-40.6
	30	49.1	54.1	55.5	53.2	47.3	38.2	26.6	13.0	1.5	16.0	29.4	40.9
1		49.3	54.2	55.5	53.0	47.1	37.9	26.1	12.5	2.0	16.4	29.8	41.3
	30	49.5	54.3	55.5	52.9	46.8	37.5	25.7	12.1	2.5	16.9	30.3	41.6
2		49.8	54.4	55.4	52.8	46.5	37.2	25.3	11.6	2.9	17.4	30.7	41.9
	30	50.0	54.5	55.4	52.6	46.3	36.8	24.8	11.1	3.4	17.8	31.1	42.3
3		50.2	54.6	55.4	52.5	46.0	36.5	24.4	10.6	3.9	18.3	31.5	42.6
	30	50.4	54.7	55.3	52.3	45.7	36.1	24.0	10.2	4.4	18.8	31.9	42.9
4		50.6	54.8	55.3	52.1	45.5	35.7	23.5	9.7	4.9	19.2	32.3	43.2
	30	50.8	54.8	55.2	52.0	45.2	35.4	23.1	9.2	5.4	19.7	32.7	43.5
5		+51.0	+54.9	+55.2	+51.8	+44.9	+35.0	+22.7	+ 8.7	- 5.9	-20.2	-33.1	-43.9
	30	51.2	55.0	55.1	51.6	44.6	34.6	22.2	8.2	6.4	20.6	33.5	44.2
6		51.3	55.1	55.1	51.4	44.3	34.2	21.8	7.8	6.8	21.1	33.9	44.5
	30	51.5	55.1	55.0	51.3	44.0	33.8	21.3	7.3	7.3	21.5	34.3	44.8
7		51.7	55.2	55.0	51.1	43.7	33.5	20.9	6.8	7.8	22.0	34.7	45.1
	30	51.9	55.2	54.9	50.9	43.4	33.1	20.4	6.3	8.3	22.4	35.1	45.4
8		52.0	55.3	54.8	50.7	43.1	32.7	20.0	5.8	8.8	22.9	35.5	45.7
	30	52.2	55.3	54.7	50.5	42.8	32.3	19.5	5.3	9.3	23.3	35.9	46.0
9		52.4	55.4	54.6	50.3	42.5	31.9	19.1	4.9	9.8	23.8	36.2	46.2
	30	52.5	55.4	54.6	50.1	42.2	31.5	18.6	4.4	10.2	24.2	36.6	46.5
10		+52.7	+55.4	+54.5	+49.9	+41.9	+31.1	+18.1	+ 3.9	-10.7	-24.7	-37.0	-46.8
	30	52.8	55.5	54.4	49.6	41.6	30.7	17.7	3.4	11.2	25.1	37.4	47.1
11		53.0	55.5	54.3	49.4	41.3	30.3	17.2	2.9	11.7	25.6	37.7	47.3
	30	53.1	55.5	54.2	49.2	40.9	29.9	16.8	2.4	12.2	26.0	38.1	47.6
12		53.3	55.5	54.1	49.0	40.6	29.5	16.3	1.9	12.6	26.4	38.5	47.9
	30	53.4	55.5	53.9	48.8	40.3	29.1	15.8	1.5	13.1	26.9	38.8	48.1
13		53.5	55.5	53.8	48.5	40.0	28.7	15.4	1.0	13.6	27.3	39.2	48.4
	30	53.6	55.5	53.7	48.3	39.6	28.2	14.9	+ 0.5	14.1	27.7	39.5	48.6
14		53.8	55.5	53.6	48.1	39.3	27.8	14.4	0.0	14.5	28.2	39.9	48.9
	30	53.9	55.5	53.5	47.8	38.9	27.4	14.0	- 0.5	15.0	28.6	40.2	49.1
15		+54.0	+55.5	+53.3	+47.6	+38.6	+27.0	+13.5	- 1.0	-15.5	-29.0	-40.6	-49.4

III — Dritte Berichtigung

Ortsstundenwinkel des Frühlingspunktes

1957	0°	15°	30°	45°	60°	75°	90°	105°	120°	135°	150°	165°	180°	195°	210°	225°	240°	255°	270°	285°	300°	315°	330°	345°	360°
Jan. 1	+0.6	0.6	0.6	0.6	0.5	0.5	0.5	0.5	0.4	0.4	0.4	0.3	0.3	0.3	0.3	0.3	0.4	0.4	0.4	0.5	0.5	0.5	0.5	0.6	0.6
Febr. 1	0.5	0.6	0.6	0.6	0.6	0.7	0.6	0.6	0.6	0.5	0.5	0.4	0.4	0.3	0.3	0.2	0.2	0.2	0.3	0.3	0.3	0.4	0.5	0.5	0.5
März 1	0.4	0.5	0.5	0.6	0.7	0.7	0.7	0.7	0.7	0.7	0.6	0.6	0.5	0.4	0.3	0.3	0.2	0.2	0.1	0.1	0.2	0.2	0.3	0.4	0.4
April 1	0.2	0.3	0.4	0.5	0.6	0.7	0.7	0.8	0.8	0.8	0.8	0.7	0.6	0.6	0.5	0.4	0.3	0.2	0.1	0.1	0.1	0.1	0.2	0.2	0.2
Mai 1	+0.1	0.2	0.3	0.4	0.5	0.6	0.7	0.7	0.8	0.8	0.8	0.8	0.7	0.6	0.5	0.4	0.3	0.2	0.1	0.1	0.0	0.0	0.0	0.1	0.1
Juni 1	0.0	0.1	0.1	0.2	0.3	0.4	0.5	0.6	0.7	0.8	0.8	0.9	0.8	0.8	0.7	0.6	0.5	0.4	0.3	0.2	0.1	0.0	0.0	0.0	0.0
Juli 1	0.0	0.0	0.1	0.1	0.2	0.3	0.4	0.5	0.6	0.7	0.7	0.8	0.8	0.8	0.8	0.7	0.6	0.5	0.4	0.3	0.2	0.1	0.1	0.0	0.0
Aug. 1	0.1	0.1	0.1	0.1	0.1	0.1	0.2	0.3	0.4	0.5	0.6	0.7	0.7	0.8	0.8	0.8	0.8	0.7	0.7	0.6	0.5	0.4	0.3	0.2	0.1
Sept. 1	+0.3	0.2	0.2	0.1	0.1	0.1	0.1	0.2	0.2	0.3	0.4	0.5	0.6	0.6	0.7	0.7	0.8	0.8	0.8	0.7	0.6	0.6	0.5	0.4	0.3
Okt. 1	0.5	0.4	0.3	0.2	0.2	0.1	0.1	0.1	0.1	0.2	0.2	0.3	0.4	0.5	0.5	0.6	0.7	0.7	0.8	0.8	0.8	0.7	0.7	0.6	0.5
Nov. 1	0.7	0.6	0.5	0.4	0.3	0.2	0.2	0.1	0.1	0.1	0.1	0.1	0.2	0.3	0.4	0.5	0.5	0.6	0.7	0.7	0.8	0.8	0.8	0.8	0.7
Dez. 1	·0.8	0.8	0.7	0.6	0.5	0.4	0.3	0.2	0.1	0.1	0.0	0.0	0.0	0.0	0.1	0.2	0.3	0.4	0.5	0.6	0.7	0.8	0.8	0.9	0.8
Dez. 32	+0.9	0.9	0.8	0.7	0.7	0.6	0.4	0.3	0.2	0.1	0.1	0.0	0.0	0.0	0.1	0.1	0.2	0.3	0.4	0.5	0.7	0.7	0.8	0.9	0.9

6.4.5   Nordsternazimut des N.J. 57 (DHI)

Nordstern 1957

Ortsstunden-winkel d. Frühlp.	Azimut des Nordsterns									+φ — h
	0°	30°	40°	50°	Breite 55°	60°	65°	70°	75°	
0	0.4	0.5	0.6	0.7	0.8	0.9	1.1	1.3	1.8	+ 49
15	0.2	0.2	0.3	0.3	0.4	0.4	0.5	0.7	0.9	55
30	360.0	360.0	360.0	360.0	359.9	359.9	359.9	359.9	359.9	56
45	359.7	359.7	359.6	359.6	359.5	359.4	359.3	359.2	358.6	54
60	359.5	359.4	359.3	359.2	359.1	359.0	358.8	358.5	358.0	48
75	359.3	359.2	359.1	358.9	358.8	358.6	358.3	357.9	357.2	39
90	359.2	359.0	358.9	358.7	358.5	358.3	358.0	357.5	356.7	27
105	359.1	358.9	358.8	358.6	358.4	358.2	357.8	357.3	356.4	+ 13
120	359.1	358.9	358.8	358.5	358.4	358.1	357.8	357.3	356.4	- 2
135	359.1	359.0	358.8	358.6	358.4	358.2	357.9	357.4	356.6	16
150	359.2	359.1	359.0	358.8	358.6	358.4	358.2	357.7	357.0	29
165	359.4	359.3	359.2	359.0	358.9	358.7	358.5	358.2	357.6	40
180	359.6	359.5	359.4	359.3	359.2	359.1	359.0	358.8	358.4	49
195	359.8	359.8	359.7	359.7	359.6	359.6	359.5	359.4	359.2	54
210	0.0	0.0	0.0	0.0	0.0	0.1	0.1	0.1	0.1	56
225	0.3	0.3	0.3	0.4	0.5	0.5	0.6	0.8	1.0	53
240	0.5	0.6	0.6	0.8	0.8	1.0	1.1	1.4	1.8	48
255	0.7	0.8	0.9	1.0	1.2	1.3	1.6	1.9	2.5	39
270	0.8	0.9	1.1	1.3	1.4	1.6	1.9	2.4	3.1	27
285	0.9	1.1	1.2	1.4	1.6	1.8	2.1	2.6	3.5	- 13
300	0.9	1.1	1.2	1.5	1.6	1.9	2.2	2.7	3.6	+ 1
315	0.9	1.0	1.2	1.4	1.6	1.8	2.1	2.7	3.5	15
330	0.8	0.9	1.0	1.3	1.4	1.6	1.9	2.4	3.2	29
345	0.6	0.7	0.8	1.0	1.1	1.3	1.6	1.9	2.6	+ 41

6.4.6   Gestirnskoordinaten vom 15./16.9.80 des Nautischen Jahr-
          buches (DHI)

1980 SEPTEMBER 15   Montag

259	SONNE r = 15.9		MOND Alter = 5.6 Tage				FRÜHLP.	FIXSTERNE		
MGZ	Grw.Stw.	Abw.	Grw.Stw.	Unt.	Abw.	Unt.	Grw.Stw.	Nr.	Sternwinkel	Abw.
h	° ′	° ′	° ′	′	° ′	′	° ′		° ′	° ′
0	181 10.7	N 3 3.3	121 54.6	13.7	S 13 33.6	7.5	354 6.5	1	358 9.0	N 28 59.1
1	196 10.9	3 2.3	136 27.3	13.6	13 41.1	7.4	9 8.9	3	353 39.9	S 42 24.6
2	211 11.2	3 1.3	150 59.9	13.6	13 48.5	7.3	24 11.4	5	349 20.6	S 18 5.5
3	226 11.4	3 0.4	165 32.5	13.6	13 55.8	7.3	39 13.8	7	342 50.1	N 35 31.0
4	241 11.6	2 59.4	180 5.1	13.5	14 3.1	7.2	54 16.3	8	335 44.8	S 57 20.0
5	256 11.8	N 2 58.5	194 37.6	13.5	S 14 10.3	7.2	69 18.8	11	328 28.7	N 23 22.2
6	271 12.0	2 57.5	209 10.1	13.4	14 17.5	7.1	84 21.2	12	314 41.0	N 4 0.9
7	286 12.3	2 56.5	223 42.5	13.4	14 24.6	7.0	99 23.7	13	313 16.3	N 40 52.7
8	301 12.5	2 55.6	238 14.9	13.4	14 31.6	7.0	114 26.2	14	309 15.8	N 49 47.4
9	316 12.7	2 54.6	252 47.3	13.2	14 38.6	6.9	129 28.6	15	303 25.0	N 24 2.7
10	331 12.9	N 2 53.6	267 19.5	13.3	S 14 45.5	6.9	144 31.1	16	291 17.9	N 16 28.2
11	346 13.1	2 52.7	281 51.8	13.2	14 52.4	6.8	159 33.6	17	281 36.0	S 8 13.3
12	1 13.4	2 51.7	296 24.0	13.1	14 59.2	6.7	174 36.0	18	281 11.3	N 45 58.5
13	16 13.6	2 50.7	310 56.1	13.1	15 5.9	6.7	189 38.5	19	278 58.8	N 6 20.0
14	31 13.8	2 49.8	325 28.2	13.0	15 12.6	6.6	204 41.0	24	271 28.3	N 7 24.3
15	46 14.0	N 2 48 8	340 0.2	13.0	S 15 19.2	6.5	219 43.4	25	270 28.6	N 44 56.6
16	61 14.3	2 47.9	354 32.2	12.9	15 25.7	6.5	234 45.9	27	264 7.3	S 52 40.9
17	76 14.5	2 46.9	9 4.1	12.9	15 32.2	6.4	249 48.3	28	260 51.3	N 16 25.0
18	91 14.7	2 45.9	23 36.0	12.8	15 38.6	6.4	264 50.8	29	258 55.8	S 16 41.2
19	106 14.9	2 45.0	38 7.8	12.8	15 45.0	6.2	279 53.3	30	255 32.2	S 28 56.5
20	121 15.1	N 2 44.0	52 39.6	12.7	S 15 51.2	6.3	294 55.7	32	246 39.9	N 31 55.8
21	136 15.4	2 43.0	67 11.3	12.7	15 57.5	6.1	309 58.2	33	245 26.0	N 5 16.5
22	151 15.6	2 42.1	81 43.0	12.6	16 3.6	6.1	325 0.7	34	243 58.4	N 28 4.4
23	166 15.8	2 41.1	96 14.6	12.6	16 9.7	6.0	340 3.1	35	234 28.6	S 59 26.6
								37	221 45.6	S 69 38.1

T=11ʰ55ᵐ   Unt.=1.0   T=16ʰ23ᵐ   MGZ 4ʰ   12ʰ   20ʰ   T= 0ʰ24ᵐ
                                    HP 54.5 54.6 54.8

MGZ	VENUS		MARS		JUPITER		SATURN	
	Grw.Stw.	Abw.	Grw.Stw.	Abw.	Grw.Stw.	Abw.	Grw.Stw.	Abw.
h	° ′	° ′	° ′	° ′	° ′	° ′	° ′	° ′
0	224 19.2	N 17 7.3	135 36.8	S 15 39.8	181 52.4	N 4 29.0	174 1.2	N 2 12.6
1	239 18.9	17 6.8	150 37.6	15 40.3	196 54.3	4 28.8	189 3.4	2 12.5
2	254 18.6	17 6.3	165 38.4	15 40.9	211 56.3	4 28.6	204 5.6	2 12.4
3	269 18.3	17 5.8	180 39.2	15 41.4	226 58.3	4 28.4	219 7.8	2 12.3
4	284 17.9	17 5.3	195 40.0	15 42.0	242 0.2	4 28.2	234 9.9	2 12.1
5	299 17.6	N 17 4.8	210 40.8	S 15 42.5	257 2.2	N 4 28.0	249 12.1	N 2 12.0
6	314 17.3	17 4.3	225 41.6	15 43.1	272 4.2	4 27.8	264 14.3	2 11.9
7	329 17.0	17 3.8	240 42.4	15 43.6	287 6.1	4 27.5	279 16.5	2 11.8
8	344 16.6	17 3.3	255 43.2	15 44.2	302 8.1	4 27.3	294 18.7	2 11.6
9	359 16.3	17 2.9	270 44.0	15 44.7	317 10.1	4 27.1	309 20.8	2 11.5
10	14 16.0	N 17 2.4	285 44.8	S 15 45.3	332 12.0	N 4 26.9	324 23.0	N 2 11.4
11	29 15.7	17 1.9	300 45.6	15 45.8	347 14.0	4 26.7	339 25.2	2 11.3
12	44 15.3	17 1.4	315 46.4	15 46.4	2 16.0	4 26.5	354 27.4	2 11.1
13	59 15.0	17 0.9	330 47.3	15 46.9	17 17.9	4 26.3	9 29.6	2 11.0
14	74 14.7	17 0.4	345 48.1	15 47.5	32 19.9	4 26.1	24 31.7	2 10.9
15	89 14.4	N 16 59.9	0 48.9	S 15 48.0	47 21.8	N 4 25.8	39 33.9	N 2 10.8
16	104 14.1	16 59.4	15 49.7	15 48.6	62 23.8	4 25.6	54 36.1	2 10.7
17	119 13.7	16 58.8	30 50.5	15 49.1	77 25.8	4 25.4	69 38.3	2 10.5
18	134 13.4	16 58.3	45 51.3	15 49.7	92 27.7	4 25.2	84 40.5	2 10.4
19	149 13.1	16 57.8	60 52.1	15 50.2	107 29.7	4 25.0	99 42.6	2 10.3
20	164 12.8	N 16 57.3	75 52.9	S 15 50.8	122 31.7	N 4 24.8	114 44.8	N 2 10.2
21	179 12.4	16 56.8	90 53.7	15 51.3	137 33.6	4 24.6	129 47.0	2 10.0
22	194 12.1	16 56.3	105 54.5	15 51.8	152 35.6	4 24.4	144 49.2	2 9.9
23	209 11.8	16 55.8	120 55.3	15 52.4	167 37.6	4 24.1	159 51.4	2 9.8
Unt.	-0.3	0.5	0.8	0.5	2.0	0.2	2.2	0.1
	T= 9ʰ 3ᵐ	HP=0.2	T=14ʰ57ᵐ	HP=0.1	T=11ʰ51ᵐ	HP=0.0	T=12ʰ22ᵐ	HP=0.0
		Gr.=-3.8		Gr.=+1.5		Gr.=-1.2		Gr.=+1.2

6.4.6   Fortsetzung

1980 SEPTEMBER 16   Dienstag

FIXSTERNE			260	SONNE	r = 15.9		MOND	Alter = 6.6 Tage			FRÜHLP.
Nr.	Sternwinkel	Abw.	MGZ	Grw.Stw.	Abw.	Grw.Stw.	Unt.	Abw.	Unt.	Grw.Stw.	
	° ′	° ′	h	° ′	° ′	° ′		° ′		° ′	
41	194 22.9	N 61 51.4	0	181 16.0	N 2 40.1	110 46.2	12.5	S 16 15.7	5.9	355 5.6	
43	173 37.8	S 62 59.5	1	196 16.3	2 39.2	125 17.7	12.4	16 21.6	5.9	10 8.1	
44	172 29.3	S 57 0.2	2	211 16.5	2 38.2	139 49.1	12.4	16 27.5	5.8	25 10.5	
45	168 21.8	S 59 34.9	3	226 16.7	2 37.3	154 20.5	12.4	16 33.3	5.7	40 13.0	
50	153 18.9	N 49 24.9	4	241 16.9	2 36.3	168 51.9	12.3	16 39.0	5.6	55 15.4	
51	149 23.8	S 60 16.8	5	256 17.1	N 2 35.3	183 23.2	12.2	S 16 44.6	5.6	70 17.9	
53.	146 18.7	N 19 17.3	6	271 17.4	2 34.4	197 54.4	12.2	16 50.2	5.5	85 20.4	
54	140 26.2	S 60 45.2	7	286 17.6	2 33.4	212 25.6	12.1	16 55.7	5.4	100 22.8	
57	137 19.8	N 74 14.5	8	301 17.8	2 32.4	226 56.7	12.1	17 1.1	5.4	115 25.3	
60	124 10.6	N 6 29.4	9	316 18.0	2 31.5	241 27.8	12.0	17 6.5	5.2	130 27.8	
61	112 57.0	S 26 23.3	10	331 18.3	N 2 30.5	255 58.8	12.0	S 17 11.7	5.2	145 30.2	
62	108 21.3	S 68 59.8	11	346 18.5	2 29.5	270 29.8	11.9	17 16.9	5.1	160 32.7	
64	96 55.8	S 37 5.4	12	1 18.7	2 28.6	285 0.7	11.8	17 22.0	5.1	175 35.2	
65	96 29.6	N 12 34.7	13	16 18.9	2 27.6	299 31.5	11.8	17 27.1	4.9	190 37.6	
66	96 1.3	S 42 59.2	14	31 19.1	2 26.6	314 2.3	11.7	17 32.0	4.9	205 40.1	
67	90 57.7	N 51 29.9	15	46 19.4	N 2 25.7	328 33.0	11.7	S 17 36.9	4.8	220 42.6	
68	84 16.8	S 34 23.7	16	61 19.6	2 24.7	343 3.7	11.6	17 41.7	4.7	235 45.0	
69	80 55.7	N 38 46.3	17	76 19.8	2 23.7	357 34.3	11.6	17 46.4	4.7	250 47.5	
71	62 32.4	N 8 49.2	18	91 20.0	2 22.8	12 4.9	11.5	17 51.1	4.5	265 49.9	
72	53 58.0	S 56 48.0	19	106 20.3	2 21.8	26 35.4	11.4	17 55.6	4.5	280 52.4	
73	49 48.1	N 45 12.9	20	121 20.5	N 2 20.8	41 5.8	11.4	S 18 0.1	4.4	295 54.9	
75	34 11.3	N 9 47.3	21	136 20.7	2 19.9	55 36.2	11.4	18 4.5	4.3	310 57.3	
76	28·14.6	S 47 3.3	22	151 20.9	2 18.9	70 6.6	11.3	18 8.8	4.2	325 59.8	
77	19 37.1	S 46 59.2	23	166 21.1	2 17.9	84 36.9	11.2	18 13.0	4.1	341 2.3	
78	15 51.1	S 29 43.4									

T=11ʰ55ᵐ Unt.=1.0   T=17ʰ10ᵐ   MGZ 4ʰ   12ʰ   20ʰ   T= 0ʰ20ᵐ
                                          HP 54.9 55.1 55.3

	VENUS		MARS		JUPITER		SATURN	
MGZ	Grw.Stw.	Abw.	Grw.Stw.	Abw.	Grw.Stw.	Abw.	Grw.Stw.	Abw.
h	° ′	° ′	° ′	° ′	° ′	° ′	° ′	° ′
0	224 11.5	N 16 55.3	135 56.1	S 15 52.9	182 39.5	N 4 23.9	174 53.5	N 2 9.7
1	239 11.1	16 54.8	150 56.9	15 53.5	197 41.5	4 23.7	189 55.7	2 9.6
2	254 10.8	16 54.3	165 57.6	15 54.0	212 43.5	4 23.5	204 57.9	2 9.4
3	269 10.5	16 53.8	180 58.5	15 54.6	227 45.4	4 23.3	220 0.1	2 9.3
4	284 10.2	16 53.3	195 59.3	15 55.1	242 47.4	4 23.1	235 2.3	2 9.2
5	299 9.8	N 16 52.7	211 0.1	S 15 55.7	257 49.4	N 4 22.9	250 4.4	N 2 9.1
6	314 9.5	16 52.2	226 0.9	15 56.2	272 51.3	4 22.7	265 6.6	2 8.9
7	329 9.2	16 51.7	241 1.7	15 56.8	287 53.3	4 22.5	280 8.8	2 8.8
8	344 8.9	16 51.2	256 2.5	15 57.3	302 55.2	4 22.2	295 11.0	2 8.7
9	359 8.5	16 50.7	271 3.3	15 57.9	317 57.2	4 22.0	310 13.2	2 8.6
10	14 8.2	N 16 50.2	286 4.1	S 15 58.4	332 59.2	N 4 21.8	325 15.3	N 2 8.5
11	29 7.9	16 49.6	301 4.9	15 58.9	348 1.1	4 21.6	340 17.5	2 8.3
12	44 7.5	16 49.1	316 5.7	15 59.5	3 3.1	4 21.4	355 19.7	2 8.2
13	59 7.2	16 48.6	331 6.5	16 0.0	18 5.1	4 21.2	10 21.9	2 8.1
14	74 6.9	16 48.1	346 7.3	16 0.6	33 7.0	4 21.0	25 24.1	2 8.0
15	89 6.6	N 16 47.6	1 8.1	S 16 1.1	48 9.0	N 4 20.8	40 26.2	N 2 7.8
16	104 6.2	16 47.0	16 8.9	16 1.7	63 11.0	4 20.5	55 28.4	2 7.7
17	119 5.9	16 46.5	31 9.7	16 2.2	78 12.9	4 20.3	70 30.6	2 7.6
18	134 5.6	16 46.0	46 10.5	16 2.8	93 14.9	4 20.1	85 32.8	2 7.5
19	149 5.2	16 45.5	61 11.2	16 3.3	108 16.9	4 19.9	100 35.0	2 7.4
20	164 4.9	N 16 44.9	76 12.0	S 16 3.8	123 18.8	N 4 19.7	115 37.1	N 2 7.2
21	179 4.6	16 44.4	91 12.8	16 4.4	138 20.8	4 19.5	130 39.3	2 7.1
22	194 4.3	16 43.9	106 13.6	16 4.9	153 22.8	4 19.3	145 41.5	2 7.0
23	209 3.9	16 43.4	121 14.4	16 5.5	168 24.7	4 19.1	160 43.7	2 6.9
Unt.	-0.3	0.5	0.8	0.5	2.0	0.2	2.2	0.1
	T= 9ʰ 3ᵐ	HP=0.2	T=14ʰ55ᵐ	HP=0.1	T=11ʰ48ᵐ	HP=0.0	T=12ʰ19ᵐ	HP=0.0
		Gr.=-3.8		Gr.=+1.5		Gr.=-1.2		Gr.=+1.2

6.4.7 HO249-I (Epoche 1980) : Lat. 58°N

LAT 58°N

LHA ♈	Hc	Zn	Hc	Zn	Hc	Zn	Hc	Zn	Hc	Zn	Hc	Zn	Hc	Zn
	Dubhe		•CAPELLA		ALDEBARAN		Hamal		•Alpheratz		ALTAIR		•VEGA	
0	30 23	008	42 57	069	25 09	099	48 41	133	60 57	177	21 48	251	36 35	286
1	30 27	008	43 27	069	25 41	100	49 04	135	60 58	178	21 18	252	36 05	287
2	30 32	009	43 56	070	26 12	101	49 26	136	60 59	180	20 48	253	35 35	288
3	30 37	009	44 26	071	26 43	102	49 48	137	60 58	182	20 17	254	35 04	289
4	30 42	010	44 56	071	27 14	103	50 10	139	60 56	184	19 47	254	34 34	289
5	30 48	010	45 27	072	27 45	104	50 30	140	60 54	186	19 16	255	34 04	290
6	30 54	011	45 57	073	28 16	105	50 50	141	60 50	187	18 45	256	33 35	291
7	31 00	012	46 27	073	28 47	106	51 10	143	60 46	189	18 14	257	33 05	292
8	31 07	012	46 58	074	29 17	107	51 29	144	60 40	191	17 43	258	32 36	292
9	31 13	013	47 28	075	29 48	107	51 47	145	60 33	193	17 12	259	32 06	293
10	31 21	013	47 59	075	30 18	108	52 05	147	60 26	195	16 41	260	31 37	294
11	31 28	014	48 30	076	30 48	109	52 22	148	60 17	196	16 09	261	31 08	294
12	31 36	014	49 01	077	31 18	110	52 39	150	60 08	198	15 38	262	30 39	295
13	31 44	015	49 32	078	31 48	111	52 54	151	59 58	200	15 06	262	30 10	296
14	31 52	015	50 03	078	32 17	112	53 09	153	59 46	201	14 35	263	29 42	297
	Dubhe		•CAPELLA		ALDEBARAN		Hamal		•Alpheratz		DENEB		•VEGA	
15	32 00	016	50 34	079	32 46	113	53 24	154	59 34	203	49 32	281	29 14	297
16	32 09	016	51 05	080	33 16	114	53 37	156	59 21	205	49 00	282	28 45	298
17	32 18	017	51 37	080	33 44	115	53 50	157	59 08	206	48 29	282	28 17	299
18	32 28	017	52 08	081	34 13	116	54 02	159	58 53	208	47 58	283	27 50	299
19	32 37	018	52 40	082	34 42	117	54 13	160	58 38	210	47 27	284	27 22	300
20	32 47	018	53 11	083	35 10	118	54 24	162	58 22	211	46 57	284	26 55	301
21	32 57	019	53 43	083	35 38	119	54 33	163	58 05	213	46 26	285	26 27	302
22	33 08	020	54 14	084	36 05	120	54 42	165	57 47	214	45 55	286	26 00	302
23	33 19	020	54 46	085	36 32	121	54 50	166	57 29	216	45 25	287	25 34	303
24	33 30	021	55 18	086	36 59	122	54 57	168	57 10	217	44 54	287	25 07	304
25	33 41	021	55 49	087	37 26	123	55 03	170	56 50	219	44 24	288	24 41	304
26	33 53	022	56 21	087	37 53	125	55 09	171	56 30	220	43 54	289	24 15	305
27	34 04	022	56 53	088	38 19	126	55 13	173	56 09	222	43 24	289	23 49	306
28	34 16	023	57 25	089	38 44	127	55 17	174	55 47	223	42 54	290	23 23	307
29	34 29	023	57 56	090	39 10	128	55 19	176	55 25	225	42 24	291	22 58	307
	Dubhe		•CAPELLA		ALDEBARAN		Hamal		•Alpheratz		DENEB		•VEGA	
30	34 41	024	58 28	091	39 34	129	55 21	178	55 03	226	41 54	291	22 32	308
31	34 54	024	59 00	092	39 59	130	55 22	179	54 39	227	41 25	292	22 08	309
32	35 07	025	59 32	093	40 23	131	55 22	181	54 16	229	40 55	293	21 43	309
33	35 21	025	60 04	093	40 47	132	55 21	182	53 51	230	40 26	293	21 18	310
34	35 35	026	60 35	094	41 10	134	55 19	184	53 27	231	39 57	294	20 54	311
35	35 48	026	61 07	095	41 33	135	55 17	186	53 02	233	39 28	295	20 30	312
36	36 03	027	61 39	096	41 55	136	55 13	187	52 36	234	38 59	295	20 07	312
37	36 17	027	62 10	097	42 17	137	55 09	189	52 10	235	38 30	296	19 43	313
38	36 32	028	62 42	098	42 39	138	55 03	190	51 44	236	38 02	297	19 20	314
39	36 47	028	63 13	099	42 59	140	54 57	192	51 17	238	37 34	297	18 57	314
40	37 02	029	63 44	100	43 20	141	54 50	194	50 50	239	37 05	298	18 35	315
41	37 17	029	64 16	101	43 40	142	54 42	195	50 23	240	36 37	299	18 12	316
42	37 33	030	64 47	102	43 59	143	54 33	197	49 55	241	36 10	299	17 50	317
43	37 49	030	65 18	103	44 18	144	54 24	198	49 27	242	35 42	300	17 29	317
44	38 05	031	65 49	105	44 36	146	54 13	200	48 59	243	35 14	301	17 07	318
	•Dubhe		POLLUX		BETELGEUSE		•ALDEBARAN		Hamal		Alpheratz		•DENEB	
45	38 21	031	33 27	090	29 22	128	44 54	147	54 02	201	48 30	245	34 47	301
46	38 38	032	33 59	090	29 46	129	45 11	148	53 50	203	48 01	246	34 20	302
47	38 54	032	34 30	091	30 11	130	45 27	150	53 38	204	47 32	247	33 53	303
48	39 11	033	35 02	092	30 35	132	45 43	151	53 24	206	47 03	248	33 26	303
49	39 29	033	35 34	093	30 58	133	45 58	152	53 10	207	46 33	249	33 00	304
50	39 46	034	36 06	094	31 22	134	46 12	154	52 55	209	46 04	250	32 34	305
51	40 04	034	36 37	095	31 44	135	46 26	155	52 39	210	45 34	251	32 08	305
52	40 22	035	37 09	096	32 07	136	46 39	156	52 23	212	45 04	252	31 42	306
53	40 40	035	37 41	097	32 29	137	46 52	158	52 06	213	44 33	253	31 16	307
54	40 58	035	38 12	097	32 50	138	47 03	159	51 48	215	44 03	254	30 51	307
55	41 17	036	38 44	098	33 11	139	47 14	160	51 29	216	43 32	255	30 25	308
56	41 36	036	39 15	099	33 32	140	47 24	162	51 10	217	43 01	256	30 00	308
57	41 55	037	39 46	100	33 52	141	47 34	163	50 51	219	42 30	257	29 36	309
58	42 14	037	40 18	101	34 12	142	47 43	165	50 31	220	41 59	258	29 11	310
59	42 33	038	40 49	102	34 31	144	47 51	166	50 10	221	41 28	259	28 47	310
	•Dubhe		POLLUX		BETELGEUSE		•ALDEBARAN		Hamal		Alpheratz		•DENEB	
60	42 53	038	41 20	103	34 49	145	47 58	167	49 49	223	40 57	260	28 23	311
61	43 13	039	41 51	104	35 07	146	48 05	169	49 27	224	40 26	261	27 59	312
62	43 33	039	42 22	105	35 25	147	48 10	170	49 04	225	39 54	262	27 35	312
63	43 53	040	42 52	106	35 42	148	48 15	172	48 42	227	39 23	262	27 12	313
64	44 13	040	43 23	107	35 58	149	48 19	173	48 18	228	38 51	263	26 49	314
65	44 34	041	43 53	108	36 14	151	48 23	175	47 54	229	38 20	264	26 26	314
66	44 55	041	44 23	109	36 30	152	48 25	176	47 30	230	37 48	265	26 03	315
67	45 16	041	44 53	110	36 44	153	48 27	178	47 06	232	37 16	266	25 41	316
68	45 37	042	45 23	111	36 58	154	48 28	179	46 40	233	36 45	267	25 19	316
69	45 58	042	45 53	112	37 12	155	48 28	180	46 15	234	36 13	268	24 57	317
70	46 20	043	46 22	113	37 25	157	48 28	182	45 49	235	35 41	269	24 36	318
71	46 41	043	46 51	114	37 37	158	48 26	183	45 23	236	35 09	269	24 15	318
72	47 03	044	47 20	115	37 49	159	48 24	185	44 56	237	34 37	270	23 54	319
73	47 25	044	47 49	116	38 00	160	48 21	186	44 29	238	34 06	271	23 33	320
74	47 48	045	48 17	117	38 10	162	48 17	188	44 02	240	33 34	272	23 13	320
	•Dubhe		REGULUS		PROCYON		•SIRIUS		ALDEBARAN		•Alpheratz		DENEB	
75	48 10	045	17 11	095	29 00	134	12 16	154	48 12	189	33 02	273	22 52	321
76	48 32	045	17 42	096	29 23	135	12 29	155	48 07	191	32 30	274	22 33	322
77	48 55	046	18 14	096	29 45	136	12 42	156	48 01	192	31 59	275	22 13	322
78	49 18	046	18 46	097	30 07	137	12 55	157	47 54	193	31 27	275	21 54	323
79	49 41	047	19 17	098	30 29	138	13 07	158	47 46	195	30 55	276	21 35	324
80	50 04	047	19 49	099	30 50	139	13 18	159	47 37	196	30 24	277	21 16	324
81	50 28	048	20 20	100	31 11	140	13 29	160	47 28	198	29 52	278	20 58	325
82	50 51	048	20 51	101	31 31	141	13 40	161	47 18	199	29 21	279	20 40	326
83	51 15	048	21 22	102	31 51	142	13 50	162	47 08	200	28 49	279	20 22	327
84	51 39	049	21 53	103	32 10	143	13 59	163	46 56	202	28 18	280	20 05	327
85	52 03	049	22 24	103	32 29	144	14 08	164	46 44	203	27 47	281	19 48	328
86	52 27	050	22 55	104	32 47	146	14 17	165	46 31	204	27 16	282	19 31	329
87	52 51	050	23 26	105	33 05	147	14 25	166	46 18	206	26 45	283	19 15	329
88	53 16	050	23 57	106	33 22	148	14 32	167	46 03	207	26 14	283	18 59	330
89	53 40	051	24 27	107	33 39	149	14 39	168	45 49	209	25 43	284	18 43	331

LAT 58°N

LHA ♈	Hc	Zn	Hc	Zn	Hc	Zn	Hc	Zn	Hc	Zn	Hc	Zn	Hc	Zn
	Dubhe		•REGULUS		PROCYON		SIRIUS		•ALDEBARAN		Mirfak		•DENEB	
90	54 05	051	24 57	108	33 55	150	14 45	169	45 33	210	65 51	267	18 28	331
91	54 30	052	25 28	109	34 10	151	14 51	170	45 17	211	65 19	268	18 12	332
92	54 55	052	25 58	110	34 25	152	14 56	171	45 00	212	64 47	269	17 58	333
93	55 20	052	26 27	111	34 40	154	15 01	172	44 43	214	64 16	270	17 43	333
94	55 45	053	26 57	112	34 54	155	15 05	173	44 25	215	63 44	271	17 29	334
95	56 10	053	27 26	113	35 07	156	15 09	174	44 06	216	63 12	272	17 16	335
96	56 36	053	27 56	114	35 20	157	15 12	175	43 47	218	62 40	272	17 02	336
97	57 01	054	28 25	115	35 32	158	15 14	176	43 28	219	62 08	273	16 49	336
98	57 27	054	28 53	116	35 43	160	15 16	177	43 07	220	61 37	274	16 37	337
99	57 53	055	29 22	117	35 54	161	15 18	178	42 47	221	61 05	275	16 24	338
100	58 19	055	29 50	118	36 04	162	15 18	179	42 25	222	60 33	276	16 12	338
101	58 45	055	30 18	119	36 13	163	15 19	180	42 04	224	60 02	276	16 01	339
102	59 11	056	30 46	120	36 22	164	15 18	181	41 42	225	59 30	277	15 50	340
103	59 37	056	31 14	121	36 31	166	15 18	182	41 19	226	58 59	278	15 39	340
104	60 04	056	31 41	122	36 38	167	15 16	183	40 56	227	58 27	279	15 28	341
	Alioth		•REGULUS		PROCYON		BETELGEUSE		•ALDEBARAN		Mirfak		•DENEB	
105	45 26	053	32 08	123	36 45	168	37 49	201	40 32	228	57 56	279	15 18	342
106	45 52	053	32 34	124	36 51	169	37 38	202	40 08	229	57 24	280	15 09	343
107	46 17	054	33 01	125	36 57	171	37 25	203	39 44	231	56 53	281	14 59	343
108	46 43	054	33 27	126	37 02	172	37 13	205	39 19	232	56 22	281	14 50	344
109	47 09	055	33 52	127	37 06	173	36 59	206	38 54	233	55 51	282	14 42	345
110	47 35	055	34 18	128	37 09	174	36 45	207	38 28	234	55 20	283	14 34	345
111	48 01	056	34 42	129	37 12	176	36 30	208	38 03	235	54 49	283	14 26	346
112	48 27	056	35 07	130	37 14	177	36 15	209	37 36	236	54 18	284	14 19	347
113	48 54	057	35 31	131	37 16	178	35 59	211	37 10	237	53 47	285	14 11	348
114	49 21	057	35 55	132	37 17	179	35 43	212	36 43	238	53 16	285	14 05	348
115	49 47	058	36 18	133	37 17	181	35 26	213	36 16	239	52 46	286	13 59	349
116	50 14	058	36 41	134	37 16	182	35 08	214	35 48	240	52 15	287	13 53	350
117	50 41	059	37 04	136	37 15	183	34 50	215	35 20	241	51 45	287	13 47	350
118	51 09	059	37 26	137	37 13	184	34 31	216	34 52	242	51 14	288	13 42	351
119	51 36	060	37 47	138	37 10	186	34 12	217	34 24	243	50 44	289	13 38	352
	•Kochab		ARCTURUS		•REGULUS		PROCYON		BETELGEUSE		•CAPELLA		DENEB	
120	51 41	025	14 21	076	38 08	139	37 06	187	33 53	219	62 29	262	13 33	353
121	51 54	026	14 52	077	38 29	140	37 02	188	33 33	220	61 58	263	13 29	353
122	52 08	026	15 23	078	38 49	141	36 57	189	33 12	221	61 26	264	13 26	354
123	52 22	026	15 55	079	39 09	143	36 52	191	32 51	222	60 54	265	13 23	355
124	52 36	026	16 26	080	39 28	144	36 46	192	32 30	223	60 23	266	13 20	356
125	52 50	026	16 57	081	39 46	145	36 39	193	32 08	224	59 51	267	13 18	356
126	53 04	027	17 28	081	40 04	146	36 32	194	31 45	225	59 19	268	13 16	357
127	53 19	027	18 00	082	40 22	147	36 23	195	31 23	226	58 47	269	13 15	358
128	53 33	027	18 31	083	40 38	149	36 15	197	30 59	227	58 16	270	13 13	358
129	53 48	027	19 03	084	40 55	150	36 05	198	30 36	228	57 44	270	13 13	359
130	54 02	028	19 35	085	41 10	151	35 55	199	30 12	229	57 12	271	13 13	000
131	54 17	028	20 06	086	41 25	152	35 44	200	29 48	231	56 40	272	13 13	001
132	54 32	028	20 38	086	41 40	154	35 33	202	29 23	232	56 09	273	13 13	001
133	54 47	028	21 10	087	41 54	155	35 21	203	28 58	233	55 37	274	13 14	002
134	55 02	028	21 42	088	42 07	156	35 09	204	28 32	234	55 05	274	13 15	003
	DENEB		•VEGA		ARCTURUS		•REGULUS		PROCYON		BETELGEUSE		•CAPELLA	
135	13 17	003	11 20	028	22 13	089	42 19	157	34 55	205	28 07	235	54 33	275
136	13 19	004	11 35	029	22 45	090	42 31	159	34 42	206	27 41	236	54 02	276
137	13 22	005	11 50	029	23 17	091	42 42	160	34 27	207	27 14	237	53 30	277
138	13 25	006	12 06	030	23 49	091	42 53	161	34 12	209	26 47	238	52 59	278
139	13 28	006	12 22	031	24 21	092	43 03	163	33 57	210	26 20	239	52 27	278
140	13 32	007	12 38	032	24 52	093	43 12	164	33 41	211	25 53	240	51 56	279
141	13 36	008	12 55	032	25 24	094	43 20	165	33 24	212	25 26	241	51 24	280
142	13 40	009	13 12	033	25 56	095	43 28	167	33 07	213	24 58	242	50 53	281
143	13 45	009	13 30	034	26 27	096	43 35	168	32 49	214	24 30	242	50 22	281
144	13 51	010	13 48	035	26 59	097	43 41	169	32 31	215	24 01	243	49 51	282
145	13 56	011	14 06	035	27 31	098	43 46	171	32 12	217	23 33	244	49 20	283
146	14 02	011	14 25	036	28 02	098	43 51	172	31 53	218	23 04	245	48 49	283
147	14 09	012	14 43	037	28 33	099	43 55	173	31 33	219	22 35	246	48 18	284
148	14 16	013	15 03	037	29 05	100	43 58	175	31 13	220	22 06	247	47 47	285
149	14 23	014	15 22	038	29 36	101	44 01	176	30 53	221	21 36	248	47 16	286
	DENEB		•VEGA		ARCTURUS		Denebola		•REGULUS		POLLUX		•CAPELLA	
150	14 31	014	15 42	039	30 07	102	42 12	144	44 03	178	51 54	233	46 46	286
151	14 39	015	16 02	040	30 38	103	42 30	145	44 04	179	51 28	234	46 15	287
152	14 47	016	16 23	040	31 09	104	42 48	146	44 04	180	51 02	236	45 45	288
153	14 56	016	16 43	041	31 40	105	43 06	147	44 03	182	50 36	237	45 15	288
154	15 05	017	17 04	042	32 11	106	43 23	149	44 02	183	50 09	238	44 44	289
155	15 15	018	17 26	043	32 41	107	43 39	150	44 00	184	49 42	239	44 14	290
156	15 25	019	17 47	043	33 12	108	43 54	151	43 57	186	49 14	240	43 45	290
157	15 35	019	18 09	044	33 42	109	44 09	153	43 54	187	48 46	241	43 15	291
158	15 46	020	18 32	045	34 12	110	44 24	154	43 50	188	48 18	243	42 45	292
159	15 57	021	18 54	046	34 42	110	44 37	155	43 45	190	47 50	244	42 16	292
160	16 08	021	19 17	046	35 11	111	44 51	156	43 39	191	47 21	245	41 46	293
161	16 20	022	19 40	047	35 41	112	45 03	158	43 32	192	46 53	246	41 17	294
162	16 32	023	20 03	048	36 10	113	45 15	159	43 25	194	46 23	247	40 48	294
163	16 45	023	20 27	048	36 39	114	45 25	161	43 17	195	45 54	248	40 19	295
164	16 57	024	20 51	049	37 08	115	45 36	162	43 09	196	45 24	249	39 50	296
	•DENEB		VEGA		ARCTURUS		•SPICA		REGULUS		•POLLUX		CAPELLA	
165	17 11	025	21 15	050	37 37	116	14 57	143	42 59	198	44 55	250	39 22	296
166	17 24	026	21 40	051	38 05	118	15 16	144	42 49	199	44 25	251	38 53	297
167	17 38	026	22 04	051	38 33	119	15 34	145	42 39	200	43 55	252	38 25	298
168	17 52	027	22 29	052	39 01	120	15 52	146	42 27	202	43 24	253	37 57	298
169	18 07	028	22 54	053	39 28	121	16 09	147	42 15	203	42 54	254	37 29	299
170	18 22	028	23 20	053	39 56	122	16 26	148	42 02	204	42 23	255	37 01	300
171	18 37	029	23 45	054	40 22	123	16 43	149	41 49	206	41 52	256	36 34	300
172	18 53	030	24 11	055	40 49	124	16 59	150	41 35	207	41 21	257	36 06	301
173	19 09	030	24 37	056	41 15	125	17 15	151	41 20	208	40 50	258	35 39	301
174	19 25	031	25 04	056	41 41	126	17 30	152	41 05	209	40 19	259	35 12	302
175	19 42	032	25 30	057	42 06	127	17 44	153	40 49	211	39 48	260	34 45	303
176	19 59	033	25 57	058	42 32	128	17 58	154	40 33	212	39 17	261	34 19	303
177	20 16	033	26 24	058	42 56	130	18 12	155	40 16	213	38 45	262	33 52	304
178	20 33	034	26 51	059	43 21	131	18 25	156	39 58	214	38 14	263	33 26	305
179	20 51	035	27 18	060	43 44	132	18 38	157	39 40	215	37 42	263	33 00	305

6.4.7 Fortsetzung

LAT 58°N

LHA ♈	Hc Zn	Hc Zn	Hc Zn	Hc Zn	Hc Zn	Hc Zn	Hc Zn
	•DENEB	VEGA	ARCTURUS	•SPICA	REGULUS	•POLLUX	CAPELLA
180	21 09 035	27 46 060	44 08 133	18 50 158	39 21 217	37 11 264	32 34 306
181	21 28 036	28 14 061	44 31 134	19 01 159	39 02 218	36 39 265	32 08 307
182	21 47 037	28 42 062	44 53 136	19 12 160	38 42 219	36 07 266	31 43 307
183	22 06 037	29 10 063	45 15 137	19 23 161	38 22 220	35 35 267	31 18 308
184	22 25 038	29 38 063	45 37 138	19 33 162	38 01 221	35 04 268	30 53 309
185	22 45 039	30 07 064	45 58 139	19 42 163	37 40 223	34 32 269	30 28 309
186	23 05 039	30 35 065	46 18 141	19 51 164	37 18 224	34 00 270	30 04 310
187	23 25 040	31 04 065	46 38 142	20 00 165	36 56 225	33 28 270	29 39 311
188	23 46 041	31 33 066	46 57 143	20 07 166	36 33 226	32 57 271	29 15 311
189	24 07 041	32 02 067	47 16 144	20 15 167	36 10 227	32 25 272	28 52 312
190	24 28 042	32 32 068	47 34 146	20 21 168	35 47 228	31 53 273	28 28 313
191	24 49 043	33 01 068	47 52 147	20 27 169	35 23 229	31 21 274	28 05 313
192	25 11 043	33 31 069	48 09 148	20 33 171	34 59 230	30 50 275	27 42 314
193	25 33 044	34 01 070	48 25 150	20 38 172	34 34 231	30 18 275	27 19 314
194	25 55 045	34 30 071	48 41 151	20 42 173	34 09 232	29 46 276	26 56 315
	•DENEB	VEGA	Rasalhague	•ARCTURUS	REGULUS	•POLLUX	CAPELLA
195	26 18 045	35 01 071	21 58 102	48 56 153	33 43 234	29 15 277	26 34 316
196	26 40 046	35 31 072	22 29 103	49 10 154	33 18 235	28 43 278	26 12 316
197	27 03 047	36 01 073	23 00 103	49 24 155	32 52 236	28 12 279	25 50 317
198	27 27 047	36 31 073	23 31 104	49 37 157	32 25 237	27 40 279	25 29 318
199	27 50 048	37 02 074	24 02 105	49 49 158	31 58 238	27 09 280	25 08 318
200	28 14 049	37 33 075	24 33 106	50 00 160	31 31 239	26 38 281	24 47 319
201	28 38 049	38 03 076	25 03 107	50 11 161	31 04 240	26 06 282	24 26 320
202	29 02 050	38 34 076	25 33 108	50 21 163	30 36 241	25 35 283	24 05 320
203	29 26 051	39 05 077	26 04 109	50 30 164	30 09 242	25 04 283	23 45 321
204	29 51 051	39 36 078	26 34 110	50 38 165	29 40 243	24 34 284	23 26 322
205	30 16 052	40 07 079	27 03 111	50 46 167	29 12 244	24 03 285	23 06 322
206	30 41 053	40 39 079	27 33 112	50 53 168	28 43 245	23 32 286	22 47 323
207	31 07 053	41 10 080	28 02 113	50 59 170	28 15 246	23 02 287	22 28 324
208	31 32 054	41 41 081	28 32 114	51 04 171	27 46 247	22 31 287	22 09 324
209	31 58 055	42 13 082	29 01 115	51 08 173	27 16 248	22 01 288	21 51 325
	•DENEB	VEGA	Rasalhague	•ARCTURUS	REGULUS	•POLLUX	CAPELLA
210	32 24 055	42 44 083	29 29 116	51 11 174	26 47 249	21 31 289	21 33 326
211	32 50 056	43 16 083	29 58 117	51 14 176	26 17 249	21 01 290	21 15 326
212	33 17 057	43 47 084	30 26 118	51 16 177	25 47 250	20 31 290	20 58 327
213	33 43 057	44 19 085	30 54-119	51 17 179	25 17 251	20 01 291	20 41 328
214	34 10 058	44 51 086	31 22 120	51 17 180	24 47 252	19 32 292	20 24 329
215	34 37 058	45 22 087	31 49 121	51 16 182	24 17 253	19 02 293	20 07 329
216	35 04 059	45 54 087	32 17 122	51 15 183	23 46 254	18 33 294	19 51 330
217	35 32 060	46 26 088	32 44 123	51 13 185	23 15 255	18 04 294	19 35 331
218	35 59 060	46 58 089	33 10 124	51 09 186	22 45 256	17 35 295	19 20 331
219	36 27 061	47 29 090	33 36 125	51 05 188	22 14 257	17 06 296	19 05 332
220	36 55 062	48 01 091	34 02 126	51 01 189	21 43 258	16 38 297	18 50 333
221	37 23 062	48 33 092	34 28 127	50 55 191	21 12 259	16 09 297	18 36 333
222	37 51 063	49 05 092	34 53 128	50 48 192	20 40 259	15 41 298	18 21 334
223	38 20 064	49 37 093	35 18 129	50 41 194	20 09 260	15 13 299	18 08 335
224	38 48 064	50 08 094	35 43 130	50 33 195	19 38 261	14 46 300	17 54 335
	DENEB	•VEGA	Rasalhague	•ARCTURUS	Denebola	Dubhe	•CAPELLA
225	39 17 065	50 40 095	36 07 131	50 24 197	33 55 240	61 04 303	17 41 336
226	39 46 066	51 12 096	36 31 132	50 15 198	33 28 241	60 37 303	17 28 337
227	40 15 066	51 43 097	36 54 133	50 04 200	33 00 242	60 10 304	17 16 337
228	40 44 067	52 15 098	37 17 135	49 53 201	32 31 243	59 44 304	17 04 338
229	41 14 068	52 46 099	37 39 136	49 41 203	32 03 244	59 18 304	16 52 339
230	41 43 068	53 18 100	38 01 137	49 29 204	31 34 245	58 52 305	16 41 340
231	42 13 069	53 49 101	38 23 138	49 15 205	31 05 246	58 25 305	16 30 340
232	42 43 070	54 20 102	38 44 139	49 01 207	30 36 247	57 59 305	16 20 341
233	43 12 070	54 51 103	39 04 140	48 47 208	30 07 248	57 34 306	16 09 342
234	43 42 071	55 22 104	39 24 142	48 31 210	29 37 249	57 08 306	16 00 342
235	44 13 072	55 53 105	39 44 143	48 15 211	29 07 250	56 42 306	15 50 343
236	44 43 073	56 24 106	40 03 144	47 58 212	28 37 251	56 17 307	15 41 344
237	45 13 073	56 54 107	40 21 145	47 41 214	28 07 252	55 51 307	15 32 344
238	45 44 074	57 24 108	40 39 146	47 23 215	27 37 253	55 26 308	15 24 345
239	46 14 075	57 55 109	40 56 148	47 05 216	27 07 254	55 01 308	15 16 346
	DENEB	•VEGA	Rasalhague	•ARCTURUS	Denebola	Dubhe	•CAPELLA
240	46 45 075	58 24 110	41 13 149	46 45 218	26 36 255	54 36 308	15 09 347
241	47 16 076	58 54 111	41 29 150	46 26 219	26 05 255	54 11 309	15 01 347
242	47 47 077	59 24 113	41 45 151	46 05 220	25 34 256	53 46 309	14 55 348
243	48 18 077	59 53 114	42 00 153	45 45 221	25 04 257	53 22 310	14 48 349
244	48 49 078	60 22 115	42 14 154	45 23 223	24 32 258	52 57 310	14 42 349
245	49 20 079	60 50 116	42 28 155	45 02 224	24 01 259	52 33 310	14 36 350
246	49 51 080	61 19 118	42 41 156	44 39 225	23 30 260	52 09 311	14 31 351
247	50 23 080	61 47 119	42 53 158	44 16 226	22 59 261	51 45 311	14 26 352
248	50 54 081	62 14 120	43 05 159	43 53 228	22 27 262	51 21 312	14 22 352
249	51 25 082	62 42 122	43 16 160	43 29 229	21 56 263	50 57 312	14 18 353
250	51 57 083	63 09 123	43 26 162	43 05 230	21 24 263	50 34 312	14 14 354
251	52 28 083	63 35 124	43 36 163	42 41 231	20 53 264	50 10 313	14 11 354
252	53 00 084	64 01 126	43 45 164	42 16 232	20 21 265	49 47 313	14 08 355
253	53 32 085	64 27 127	43 53 166	41 51 233	19 49 266	49 24 314	14 05 356
254	54 03 086	64 52 129	44 00 167	41 25 235	19 17 267	49 01 314	14 03 357
	Schedar	DENEB	•ALTAIR	Rasalhague	•ARCTURUS	Dubhe	•CAPELLA
255	35 42 038	54 35 087	31 05 129	44 07 168	40 59 236	48 38 314	14 02 357
256	36 02 039	55 07 087	31 30 130	44 13 170	40 32 237	48 16 315	14 00 358
257	36 22 039	55 39 088	31 54 131	44 18 171	40 06 238	47 53 315	13 59 359
258	36 42 040	56 10 089	32 18 132	44 23 172	39 39 239	47 31 316	13 59 359
259	37 02 040	56 42 090	32 41 133	44 27 174	39 11 240	47 09 316	13 59 000
260	37 23 041	57 14 091	33 04 134	44 30 175	38 43 241	46 47 317	13 59 001
261	37 44 041	57 46 092	33 27 135	44 32 177	38 16 242	46 25 317	14 00 002
262	38 05 042	58 18 092	33 49 136	44 34 178	37 47 243	46 04 318	14 01 002
263	38 26 043	58 49 093	34 11 137	44 34 179	37 19 244	45 42 318	14 02 003
264	38 48 043	59 21 094	34 32 139	44 34 181	36 50 245	45 21 318	14 04 004
265	39 10 044	59 53 095	34 53 140	44 34 182	36 21 246	45 00 319	14 06 004
266	39 32 044	60 24 096	35 13 141	44 32 183	35 52 247	44 39 319	14 09 005
267	39 54 045	60 56 097	35 33 142	44 30 185	35 23 248	44 18 320	14 12 006
268	40 16 045	61 27 098	35 52 143	44 27 186	34 53 249	43 58 320	14 16 007
269	40 39 046	61 59 099	36 11 144	44 23 188	34 23 250	43 38 321	14 19 007

LAT 58°N

LHA ♈	Hc Zn	Hc Zn	Hc Zn	Hc Zn	Hc Zn	Hc Zn	Hc Zn
	•CAPELLA	Alpheratz	•ALTAIR	Rasalhague	•ARCTURUS	Alkaid	Dubhe
270	14 24 008	23 20 072	36 29 145	44 18 189	33 53 251	53 01 285	43 18 321
271	14 28 009	23 50 073	36 47 147	44 13 190	33 23 252	52 31 286	42 58 322
272	14 33 009	24 21 074	37 04 148	44 07 192	32 53 253	52 00 286	42 38 322
273	14 39 010	24 51 075	37 21 149	44 00 193	32 22 254	51 30 287	42 19 323
274	14 44 011	25 22 075	37 37 150	43 53 194	31 51 255	50 59 288	41 59 323
275	14 51 012	25 53 076	37 52 151	43 45 196	31 21 256	50 29 288	41 40 323
276	14 57 012	26 24 077	38 07 153	43 36 197	30 50 257	49 59 289	41 22 324
277	15 04 013	26 55 078	38 22 154	43 26 198	30 19 258	49 29 289	41 03 324
278	15 11 014	27 26 078	38 35 155	43 16 200	29 48 259	48 59 290	40 45 325
279	15 19 014	27 57 079	38 48 156	43 05 201	29 17 259	48 29 291	40 26 325
280	15 27 015	28 28 080	39 01 158	42 53 202	28 45 260	47 59 291	40 08 326
281	15 36 016	29 00 081	39 13 159	42 41 204	28 14 261	47 30 292	39 51 326
282	15 45 017	29 31 082	39 24 160	42 28 205	27 42 262	47 00 293	39 33 327
283	15 54 017	30 02 082	39 34 161	42 14 206	27 11 263	46 31 293	39 16 327
284	16 03 018	30 34 083	39 44 163	42 00 207	26 39 264	46 02 294	38 59 328
	•CAPELLA	Alpheratz	•ALTAIR	Rasalhague	•ARCTURUS	Alkaid	Dubhe
285	16 13 019	31 06 084	39 53 164	41 45 209	26 08 265	45 33 295	38 42 328
286	16 24 019	31 37 085	40 02 165	41 29 210	25 36 266	45 04 295	38 25 329
287	16 35 020	32 09 086	40 10 166	41 13 211	25 04 267	44 35 296	38 09 329
288	16 46 021	32 41 087	40 17 168	40 56 212	24 32 267	44 07 296	37 53 330
289	16 57 021	33 12 087	40 23 169	40 39 214	24 01 268	43 38 297	37 37 330
290	17 09 022	33 44 088	40 29 170	40 21 215	23 29 269	43 10 298	37 21 331
291	17 21 023	34 16 089	40 34 172	40 03 216	22 57 270	42 42 298	37 06 331
292	17 33 024	34 48 090	40 38 173	39 44 217	22 25 271	42 14 299	36 50 332
293	17 46 024	35 20 091	40 42 174	39 24 218	21 53 272	41 46 299	36 35 332
294	18 00 025	35 51 092	40 45 175	39 04 220	21 22 272	41 19 300	36 21 333
295	18 13 026	36 23 092	40 47 177	38 44 221	20 50 273	40 51 301	36 06 333
296	18 27 026	36 55 093	40 48 178	38 23 222	20 18 274	40 24 301	35 52 334
297	18 41 027	37 27 094	40 49 179	38 01 223	19 47 275	39 57 302	35 38 334
298	18 56 028	37 58 095	40 49 181	37 39 224	19 15 276	39 30 303	35 24 335
299	19 11 028	38 30 096	40 48 182	37 17 225	18 43 277	39 04 303	35 11 335
	CAPELLA	•Alpheratz	Enif	ALTAIR	•VEGA	Alphecca	•Dubhe
300	19 26 029	39 02 097	37 54 147	40 47 183	66 29 224	34 47 266	34 58 336
301	19 42 030	39 33 098	38 11 148	40 44 185	66 06 226	34 15 267	34 45 336
302	19 58 030	40 05 099	38 27 149	40 41 186	65 43 228	33 43 267	34 32 337
303	20 14 031	40 36 100	38 43 151	40 38 187	65 19 229	33 12 268	34 20 337
304	20 30 032	41 07 101	38 58 152	40 33 189	64 55 231	32 40 269	34 07 338
305	20 47 032	41 38 102	39 13 153	40 28 190	64 30 232	32 08 270	33 56 338
306	21 05 033	42 10 102	39 27 154	40 23 191	64 04 234	31 36 271	33 44 339
307	21 22 034	42 41 103	39 41 156	40 16 192	63 38 235	31 05 272	33 33 339
308	21 40 034	43 11 104	39 53 157	40 09 194	63 12 237	30 33 272	33 21 340
309	21 58 035	43 42 105	40 06 158	40 01 195	62 45 238	30 01 273	33 11 340
310	22 17 036	44 13 106	40 17 159	39 52 196	62 18 240	29 29 274	33 00 341
311	22 35 036	44 43 107	40 28 161	39 43 198	61 50 241	28 58 275	32 50 341
312	22 54 037	45 13 108	40 38 162	39 33 199	61 22 242	28 26 276	32 40 342
313	23 14 038	45 44 109	40 48 163	39 23 200	60 54 244	27 54 277	32 30 342
314	23 33 038	46 13 110	40 56 165	39 12 201	60 26 245	27 23 277	32 21 343
	CAPELLA	•Hamal	Alpheratz	Enif	•ALTAIR	VEGA	•Alioth
315	23 53 039	26 44 088	46 43 111	41 05 166	39 00 203	59 57 246	33 14 325
316	24 14 040	27 16 089	47 13 113	41 12 167	38 47 204	59 27 247	32 56 326
317	24 34 040	27 48 090	47 42 114	41 19 168	38 34 205	58 58 248	32 39 327
318	24 55 041	28 19 091	48 11 115	41 25 170	38 20 206	58 28 250	32 21 327
319	25 16 042	28 51 092	48 40 116	41 30 171	38 06 207	57 58 251	32 04 328
320	25 37 042	29 23 092	49 08 117	41 35 172	37 51 209	57 28 252	31 47 328
321	25 59 043	29 55 093	49 36 118	41 39 174	37 35 210	56 58 253	31 31 329
322	26 21 044	30 26 094	50 04 119	41 42 175	37 19 211	56 28 254	31 14 329
323	26 43 044	30 58 095	50 32 120	41 44 176	37 03 212	55 57 255	30 58 330
324	27 05 045	31 30 096	50 59 122	41 46 178	36 45 213	55 26 256	30 43 331
325	27 28 046	32 01 097	51 26 123	41 47 179	36 28 215	54 55 257	30 27 331
326	27 51 046	32 33 098	51 53 124	41 47 180	36 09 216	54 24 258	30 12 332
327	28 14 047	33 04 099	52 19 125	41 46 182	35 50 217	53 53 259	29 57 332
328	28 37 048	33 36 099	52 45 126	41 45 183	35 31 218	53 22 260	29 42 333
329	29 01 048	34 07 100	53 10 128	41 43 184	35 11 219	52 50 261	29 28 333
	CAPELLA	•Hamal	Alpheratz	Enif	•ALTAIR	VEGA	•Alioth
330	29 25 049	34 38 101	53 35 129	41 41 186	34 51 220	52 19 262	29 14 334
331	29 49 050	35 09 102	53 59 130	41 37 187	34 30 222	51 47 263	29 00 335
332	30 13 050	35 41 103	54 23 132	41 33 188	34 09 223	51 16 264	28 46 335
333	30 38 051	36 11 104	54 47 133	41 28 189	33 47 224	50 44 265	28 33 336
334	31 03 052	36 42 105	55 10 134	41 22 191	33 25 225	50 12 266	28 20 336
335	31 28 052	37 13 106	55 32 136	41 16 192	33 02 226	49 41 267	28 08 337
336	31 53 053	37 43 107	55 54 137	41 09 193	32 39 227	49 09 267	27 55 337
337	32 19 054	38 14 108	56 16 139	41 01 195	32 16 228	48 37 268	27 43 338
338	32 44 054	38 44 109	56 36 140	40 53 196	31 52 229	48 05 269	27 32 339
339	33 10 055	39 14 110	56 56 142	40 44 197	31 27 230	47 34 270	27 20 339
340	33 36 056	39 44 111	57 16 143	40 34 199	31 03 231	47 02 271	27 09 340
341	34 03 056	40 13 112	57 35 145	40 24 200	30 38 232	46 30 272	26 58 340
342	34 29 057	40 43 113	57 53 146	40 13 201	30 12 233	45 58 273	26 48 341
343	34 56 057	41 12 114	58 10 148	40 01 202	29 47 234	45 26 273	26 38 342
344	35 23 058	41 41 115	58 27 149	39 48 204	29 21 235	44 55 274	26 28 342
	CAPELLA	ALDEBARAN	•Hamal	Alpheratz	•ALTAIR	VEGA	•Alioth
345	35 50 059	17 14 086	42 09 116	58 43 151	28 54 236	44 23 275	26 18 343
346	36 17 059	17 46 087	42 38 117	58 58 152	28 28 237	43 51 276	26 09 343
347	36 45 060	18 18 088	43 06 118	59 12 154	28 01 238	43 20 277	26 00 344
348	37 12 061	18 49 089	43 34 119	59 26 156	27 34 239	42 48 277	25 52 345
349	37 40 061	19 21 090	44 01 120	59 38 157	27 06 240	42 17 278	25 43 345
350	38 08 062	19 53 091	44 29 121	59 50 159	26 38 241	41 45 279	25 35 346
351	38 36 063	20 25 091	44 56 123	60 01 161	26 10 242	41 14 280	25 28 346
352	39 05 063	20 56 092	45 22 124	60 11 163	25 42 243	40 43 280	25 20 347
353	39 33 064	21 28 093	45 49 125	60 20 164	25 14 244	40 11 281	25 13 348
354	40 02 065	22 00 094	46 14 126	60 28 166	24 45 245	39 40 282	25 07 348
355	40 31 065	22 32 095	46 40 127	60 36 168	24 16 246	39 09 283	25 01 349
356	41 00 066	23 03 096	47 05 128	60 42 170	23 47 247	38 38 283	24 55 349
357	41 29 067	23 35 097	47 30 130	60 47 171	23 17 248	38 07 284	24 49 350
358	41 58 067	24 06 097	47 54 131	60 51 173	22 48 249	37 37 285	24 44 351
359	42 27 068	24 38 098	48 18 132	60 55 175	22 18 250	37 06 286	24 39 351

6.4.8   HO249-I (Epoche 1980) : Korrekturtafel 5

1977

L.H.A. ♈	N. 89°	N. 80°	N. 70°	N. 60°	N. 50°	N. 40°	N. 20°	0°	S. 20°	S. 40°	S. 50°	S. 60°	S. 70°	S. 80°	S. 89°	L.H.A. ♈
0	1 170	1 190	1 210	1 230	1 230	2 240	2 250	2 250	2 250	2 240	2 240	1 230	1 220	1 210	1 190	0
30	1 200	1 220	1 230	1 240	2 240	2 240	2 250	2 250	2 250	1 240	1 230	1 220	1 210	1 180	1 160	30
60	1 230	1 240	1 250	2 250	2 250	2 250	2 260	2 250	2 250	1 240	1 230	1 220	1 190	1 150	1 130	60
90	1 260	1 260	1 260	2 260	2 270	2 270	2 270	2 270	1 260	1 260	1 260	0 —	0 —	0 —	1 100	90
120	1 290	1 280	1 280	2 280	2 280	2 280	2 280	2 280	1 280	1 290	1 290	0 —	0 —	1 060	1 070	120
150	1 320	1 310	1 300	2 290	2 290	2 290	2 290	2 290	2 290	1 300	1 310	1 320	1 350	1 020	1 040	150
180	1 350	1 330	1 320	1 310	2 300	2 300	2 290	2 290	2 300	2 300	1 310	1 320	1 330	1 350	1 010	180
210	1 020	1 000	1 330	1 320	1 310	1 300	2 300	2 290	2 290	2 300	2 300	1 300	1 310	1 320	1 340	210
240	1 050	1 030	1 350	1 320	1 310	1 300	2 290	2 290	2 290	2 290	2 290	1 290	1 300	1 310		240
270	1 080	0 —	0 —	0 —	1 290	1 280	1 280	2 280	2 270	2 280	2 280	2 280	1 280	1 280	1 280	270
300	1 110	1 120	0 —	0 —	1 250	1 250	1 260	2 260	2 260	2 260	2 260	2 260	1 260	1 260	1 250	300
330	1 140	1 160	1 190	1 220	1 230	1 240	2 250	2 250	2 250	2 250	2 250	2 250	1 240	1 230	1 220	330
360	1 170	1 190	1 210	1 230	1 230	2 240	2 250	2 250	2 250	2 240	2 240	1 230	1 220	1 210	1 190	360

1978

L.H.A. ♈	N. 89°	N. 80°	N. 70°	N. 60°	N. 50°	N. 40°	N. 20°	0°	S. 20°	S. 40°	S. 50°	S. 60°	S. 70°	S. 80°	S. 89°	L.H.A. ♈
0	1 160	0 —	1 210	1 220	1 230	1 240	1 240	1 250	1 250	1 240	1 240	1 240	1 230	1 220	1 200	0
30	1 190	1 210	1 220	1 230	1 240	1 240	1 250	1 250	1 240	1 240	1 230	1 220	1 210	1 190	1 170	30
60	1 220	1 230	1 240	1 250	1 250	1 250	1 250	1 250	1 250	1 240	1 230	0 —	0 —	0 —	1 140	60
90	1 250	1 260	1 260	1 260	1 260	1 260	1 260	1 260	1 260	1 250	0 —	0 —	0 —	0 —	1 110	90
120	1 280	1 280	1 280	1 280	1 280	1 280	1 280	1 280	1 280	1 280	0 —	0 —	0 —	0 —	1 080	120
150	1 310	1 300	1 300	1 290	1 290	1 290	1 290	1 290	1 290	1 300	1 310	0 —	0 —	0 —	1 050	150
180	1 340	1 320	1 310	1 310	1 300	1 300	1 290	1 290	1 300	1 300	1 310	1 320	1 330	0 —	1 020	180
210	1 010	1 350	1 330	1 320	1 310	1 300	1 300	1 290	1 300	1 300	1 300	1 310	1 320	1 330	1 350	210
240	1 040	0 —	0 —	0 —	1 310	1 300	1 290	1 290	1 290	1 290	1 290	1 290	1 300	1 310	1 320	240
270	1 070	0 —	0 —	0 —	0 —	1 290	1 280	1 280	1 280	1 280	1 280	1 280	1 280	1 280	1 290	270
300	1 100	0 —	0 —	0 —	0 —	1 260	1 260	1 270	1 270	1 270	1 270	1 260	1 260	1 260	1 260	300
330	1 130	0 —	0 —	0 —	1 230	1 240	1 250	1 250	1 250	1 250	1 250	1 250	1 250	1 240	1 230	330
360	1 160	0 —	1 210	1 220	1 230	1 240	1 240	1 250	1 250	1 240	1 240	1 240	1 230	1 220	1 200	360

There is no correction for **1979** or **1980**

1981

L.H.A. ♈	N. 89°	N. 80°	N. 70°	N. 60°	N. 50°	N. 40°	N. 20°	0°	S. 20°	S. 40°	S. 50°	S. 60°	S. 70°	S. 80°	S. 89°	L.H.A. ♈
0	0 —	0 —	1 050	1 050	1 060	1 060	1 070	1 070	1 060	1 060	1 050	1 040	0 —	0 —	0 —	0
30	0 —	1 060	1 060	1 070	1 070	1 070	1 070	1 070	1 070	1 060	0 —	0 —	0 —	0 —	0 —	30
60	0 —	1 080	1 080	1 080	1 080	1 080	1 080	1 080	1 080	0 —	0 —	0 —	0 —	0 —	0 —	60
90	0 —	1 100	1 100	1 100	1 100	1 100	1 100	1 100	1 100	0 —	0 —	0 —	0 —	0 —	0 —	90
120	0 —	1 120	1 120	1 110	1 110	1 110	1 110	1 110	1 110	1 120	0 —	0 —	0 —	0 —	0 —	120
150	0 —	0 —	1 130	1 130	1 120	1 120	1 110	1 110	1 120	1 120	1 130	1 140	0 —	0 —	0 —	150
180	0 —	0 —	0 —	1 140	1 130	1 120	1 120	1 110	1 110	1 120	1 120	1 130	1 140	0 —	0 —	180
210	0 —	0 —	0 —	0 —	0 —	1 120	1 110	1 110	1 110	1 110	1 110	1 110	1 120	1 130	0 —	210
240	0 —	0 —	0 —	0 —	0 —	0 —	1 100	1 100	1 100	1 100	1 100	1 100	1 100	1 100	0 —	240
270	0 —	0 —	0 —	0 —	0 —	0 —	1 080	1 080	1 090	1 090	1 080	1 080	1 080	1 080	0 —	270
300	0 —	0 —	0 —	0 —	0 —	1 060	1 070	1 070	1 070	1 070	1 070	1 070	1 070	1 060	0 —	300
330	0 —	0 —	0 —	1 040	1 050	1 060	1 070	1 070	1 070	1 060	1 060	1 060	1 050	0 —	0 —	330
360	0 —	0 —	1 050	1 050	1 060	1 060	1 070	1 070	1 060	1 060	1 050	1 040	0 —	0 —	0 —	360

6.4.9   HO249-III : Lat. 54°N; O ≤ δ ≤ 14° same Name as Latitude
         0° ≤ LHA ≤ 69° bzw. 291° ≤ LHA ≤ 360°

LAT 54°

6.4.10 HO249-III: Lat. 54°N; 15° ≤ δ ≤ 29° same Name as Latitude
0° ≤ LHA ≤ 69° bzw. 291° ≤ LHA ≤ 360°

LAT 54°

DECLINATION (15°–29°) SAME NAME AS LATITUDE

(Full-page HO249-III sight reduction table for Latitude 54°, Declination 15°–29°, same name as latitude. Columns for each declination 15° through 29° giving Hc, d, and Z values indexed by LHA 0–69.)

210

6 Anhang

6.4.11 HO249-III : Lat. 54°N; 15$^{\circ} \leq \delta \leq$ 29° same Name as Latitude

70$^{\circ} \leq$ LHA $\leq$ 123° bzw. 221$^{\circ} \leq$ LHA $\leq$ 290°

LAT 54°

DECLINATION (15°-29°) SAME NAME AS LATITUDE

N. Lat. {LHA greater than 180°...... Zn=Z
{LHA less than 180°...... Zn=360−Z

S. Lat. {LHA greater than 180°...... Zn=180−Z
{LHA less than 180°...... Zn=180+Z

[Full HO249-III sight reduction numeric table for Latitude 54°, declinations 15°–29°, LHA values 70–123, not transcribed in detail]

6.4.12 HO249-II/III : δ - Korrekturtafel 5

TABLE 5.—Correction to Tabulated Altitude for Minutes of Declination

6.5 Anleitung zur Lösung der Aufgaben

<u>Zu Kapitel 1</u>:

1.1a) Von Abschn.1.5 liegt Fall I vor:

$\alpha = \beta = 46^{\circ}$ 31' 33" ; $\gamma = 124^{\circ}$ 23' 34" ;

F = 26 765 012,58 km^2.

1.1b) Von Abschn. 1.5 liegt Fall II vor:

a = 30°; b = c = 90° ; F = 21446 605,85 km^2.

1.1c) Von Abschn. 1.5 liegt Fall IIIb vor:

c = 134° 6' 35" ; $\beta = 73^{\circ}$ 46' 35" ; $\gamma = 135^{\circ}$ 52' 40" ;

F = 74 816 034,61 km^2.

1.1d) Von Abschn.1.5 liegt Fall IVa vor:

$\beta = 47^{\circ}$ 46' 44" ; a = 58° 47' 3" ; c = 99° 44' 37"

F = 26 959 972,24 km^2.

1.2) $\alpha = \beta = \gamma = 90^{\circ}$; a = b = c = 90°

<u>Zu Kapitel 2</u>:

2.1)   Nach Abb.2.5 ist die Großkreisdistanz 28° 10' $\triangleq$ 1690 sm, dagegen
       die Breitenkreisdistanz 1703,4 sm. Diese ist also rund 13 sm größer
       als die Großkreisdistanz. Scheitelbreite $\varphi_S = 42^{\circ}$ 34'N.

2.2)   Großkreisdistanz d = 74° 39' $\triangleq$ 4479 sm. Das Schiff verläßt San
       Francisco unter dem Kurs 303° 16' und kreuzt den 180°-Meridian
       unter dem Kurswinkel 262° 5' auf der Breite $\varphi_Z = 48^{\circ}$ 7'. Die Groß-
       kreisdistanz bis zu diesem Kreuzungspunkt auf dem 180°-Meridian
       beträgt 42° 21' $\triangleq$ 2541 sm.

2.3a) Großkreisbogen: Das Schiff kreuzt den Äquator bei $\lambda = 34^{\circ}$ 0'W unter
       dem Kurswinkel 20° 39'. Die Großkreisdistanz bis dorthin beträgt
       24° 35' $\triangleq$ 1475 sm.

2.3b) Loxodrome: Das Schiff kreuzt den Äquator bei $\lambda = 33^{\circ}$ 24'W unter
       dem Abfahrtskurs NNE. Die Loxodromdistanz bis dorthin beträgt
       1488,3 sm.

2.4) Würde das Schiff auf einem Großkreisbogen fahren, befände es sich nach 2000 sm auf der Position $\varphi = 55^\circ$ 39'N, $\lambda = 52^\circ$ 43'W; bei konstantem Kurs auf einer Loxodrome dagegen befände sich nach 2000 sm auf der Position $\varphi = 62^\circ$ 16'N, $\lambda = 47^\circ$ 19'W.

2.5) Bei solch kurzen Entfernungen ist es unsinnig, auf einem Großkreisbogen zu fahren. Es wird daher das Verfahren der Besteckrechnung nach Mittelbreite von Abschn.2.5 angewandt: Das Schiff hat einen Kurs von $58,9^\circ$ zu steuern und legt die Distanz von 127,8 sm in 5h 6m 39s zurück.

2.6) Zur Zeit des Notruf-Empfangs befindet sich das Schiff auf der Position $\varphi = 39^\circ$ 2'N, $\lambda = 10^\circ$ 16'W (wegen der Distanz von 54 sm: Besteckrechnung nach Mittelbreite).

2.7) Die elektromagnetischen Wellen werden von Greenwich unter dem (Kurs)-Winkel $21^\circ 20'$ gesendet und vom Nordkap aus der (Kurs)-Richtung 315° 25' empfangen; sie legen dabei eine Großkreisdistanz von 22° 53' $\hat{=}$ 1373 sm zurück. Das Flugzeug würde mit einem konstanten Kurswinkel von $31,4^\circ$ fliegen und dabei eine Strecke von 1383,6 sm = 2564,1 km zurücklegen (ermittelt mit Besteckrechnung nach vergrößerter Breite aus Abschn.2.4).

Zu Kapitel 3:

3.1) Der um den Stand korrigierten MGZ = 12^h 31^m 40^s entspricht eine Bordzeit ZZ = 11^h 31^m 40^s. Aus dem N.J.57 ergeben sich $\delta = 12^\circ 46,3'$N, $t_{Grw} = 7^\circ$ 1,6'. Mit der gegebenen Länge entsteht daraus $t = 346^\circ 55,6'$ $> 180^\circ$, daher $t_e = 13^\circ$ 4,4'. (Kontrolle durch Polfigur). Somit können nach Abschn.3.2.4.1 die wahre Höhe zu $h = 49^\circ$ 11,7' und nach Abschn.3.2.4.2 das Azimut zu Az = $S19^\circ E = 161^\circ$ berechnet werden.

3.2) MGZ = 3^h 32^m 0^s entspricht ZZ = 2^h 32^m 0^s. $\delta = 7^\circ$ 24,0'N ; $t = 280^\circ$ 35,3' $> 180^\circ$: $t_e = 79^\circ$ 24,7' ; $h = 12^\circ$ 27' ; Az = $S87^\circ E = 93^\circ$.

3.3) Die Umlaufzeiten des Planeten und der Erde seien T_{pl} bzw. T_E, die entsprechenden großen Bahnhalbachsen a_{pl} bzw. a_E. Dann gilt nach Gl.(3.17) $(T_{pl}/T_E)^2 = (a_{pl}/a_E)^3$. Mit $a_{pl} = n \cdot a_E$ bzw. $a_{pl} = a_E/n$ und $T_E = 1$ Jahr wird daraus: $T_{pl} = n^{3/2}$ Jahre bzw. $T_{pl} = n^{-3/2}$ Jahre.

3.4) Hat sich der Frühlingspunkt nach seiner oberen Kulmination um 15° nach Westen bewegt, so ist es 1^h Sternzeit. Ein Stern, dessen Rektaszension α° beträgt, hat bei der Kulmination des Frühlingspunktes noch α° bis zu seiner Kulmination zurück zulegen. Da $1^\circ \triangleq 1/15$ h ist, kulminiert er also $\alpha^\circ \cdot 1/15$ h später, d.h. bei seiner oberen Kulmination ist es $\alpha^h/15$. Man erhält demnach die obere Kulminationszeit eines Sterns in Sternstunden, indem man seine Rektaszension durch 15 teilt.

3.5) Nach den Methoden von Abschn.3.4.2 ergibt sich oKZ = 14^h 32^m 2^s MGZ bzw. 14^h 32^m MGZ. Dieser MGZ entspricht eine Bordzeit ZZ = 12^h 32^m.

3.6) oKZ = 11^h 32^m (8^s) MGZ $\triangleq 20^h$ 32^m (8^s) ZZ. Fulst-Tafel 35 ergibt den Näherungswert $11,55^h$ MGZ.

3.7) oKZ = 15^h 30^m (29^s) MGZ $\triangleq 6^h$ 30^m (29^s) ZZ.

3.8) Wahrer Sonnenaufgang   : 6^h 31^m MOZ $\triangleq$ 9^h 11^m MGZ $\triangleq 6^h$ 11^m ZZ

  Sichtbarer Sonnenaufgang   : 6^h 27^m MOZ $\triangleq$ 9^h 7^m MGZ $\triangleq 6^h$ 7^m ZZ

  Wahrer Sonnenuntergang   : 17^h 35^m MOZ $\triangleq$ 20^h 15^m MGZ $\triangleq 17^h$ 15^m ZZ

  Sichtbarer Sonnenuntergang   : 17^h 39^m MOZ $\triangleq$ 20^h 19^m MGZ $\triangleq 17^h$ 19^m ZZ

3.9) Am Ende der bügerlichen Dämmerung ist h = -6°, am längsten Tag ist δ_{max} = 23° 26,4'N. Damit liest man aus der vollständigen Meridianfigur unmittelbar ab: $90^\circ - \varphi = 23^\circ$ 26,4' + 6°, d.h. also $\varphi = 60^\circ$ 33,6'N.

Zu Kapitel 4:

4.1) Aus einer Meridianfigur ergibt sich die Proportion U/d = $360^\circ/7,2^\circ$: U = 250 000 Stadien = 40 250 km.

4.2) Es ist in guter Näherung tg h = l/s. Ist l = 1m und wird s in m gemessen, so ist h = arc cot s. - Zur Az-Bestimmung legt man zuerst die Mittagslinie (Np-Sp-Linie) fest, indem man den Winkel halbiert, dessen Schenkel aus einem beliebigen Vormittagsschatten und dem gleichlangen Nachmittagsschatten gebildet werden. Das Az der Sonne kann dann als Winkel von dieser Mittagslinie zur Verlängerungslinie des Schattens über den Fußpunkt des Stabes bestimmt werden (gezählt vom Np über Ep, Sp, Wp).

4.3)   Mit Gl.(4.5b) für h_b = 0, Gl.(4.6), Fulst-Tafeln 24 und 26 ergeben
       sich: Sonne: KA = +21'; Mond: KA = -35'; Venus: KA = +40'; *KA =
       +40'.

4.4) I_B = (34'-32')/2 = +1'; r = (34'+32')/4 = 16,5'; d.h. das Meßer-
       gebnis ist zufriedenstellend.

4.5)   Sonne: h_b = 29° 48,7'; Mond: h_b = 36° 42,7'; Venus: h_b= 27° 39,5';
       *h_b = 47° 58,2'.

4.6)   Mit MGZ = 20^h 30^m erhält man aus dem N.J.: δ = 0° 51,1'N; t = 69°
       46,8' und aus der A,B,C-Tafel von Fulst: Az = S74°W = 254°. Nach
       der Methode von Abschn.4.2.2.1 ergibt sich damit schließlich: Die
       Deviation des Peilkompasses betrug zur BUZ +8°, diejenige des
       Steuerkompasses +5°.

4.7)   Nach der Methode von Abschn.4.2.2.2 und mit Fulst-Tafel 34 ergibt
       sich: Die Deviation des Peilkompasses betrug zur BUZ -6°, diejenige
       des Steuerkompasses -11°.

4.8)   Nach Aufgabe 4.3) ist für den Mondunterrand: KA = -35'; d.h. der
       Mondunterrand steht immer unter der Kimm, bei einer AH = 20 m und
       einem Mondradius r = 31' auch der ganze Mond.

4.9)   Mit MGZ = 22^h ergibt sich aus dem N.J.: Tt_{Grw} = 298° 58' und mit
       λ = 21° 28'W: Tt = 277° 30'. Unter Benutzung eines Sternfinders
       erhält man nach den Identifizierungsvorschriften von Abschn.4.3:
       Arcturus (Nr.53) mit β = 146° 34,1' und δ = 19° 24,3'N.

4.10) Mit MGZ = 23^h ergibt sich aus dem N.J. Tt_{Grw}= 314° 0' und ent-
       sprechend Tt = 241° 20'. Identifizierung mit Sternfinder:

       a) Im Schnittpunkt von h_b = 17° und Az = 244° befindet sich kein
       markierter Fixstern.

       b) Rote Scheibe auf blaue 55°N-Scheibe mit Einsparung auf Blei-
       stiftmarkierungspunkt: δ = 0°, α = 178° (β=182°). Für diese Werte
       findet sich in der Sterntabelle ebenfalls kein Fixstern.

       c) δ = 0° legt Vermutung nahe, daß es sich um Planeten handelt.
       Rote Scheibe mit rotem Pfeil auf Tt einstellen, roter durch Blei-
       stiftmarkierungspunkt führender Radius gibt t_w = 60°; damit ist
       t_{Grw} = t + λ (W) = 60° + 72° 40' = 132° 40'. Mit t_{Grw} = 132° 40'

und $\delta = 0^O$ für MGZ = 23 h die Planetenspalten des N.J. am 20.8.57
durchsucht ergibt: Venus (N.J.: t_{Grw}= 132° 40'; $\delta = 0^O$ 16,9'). Es
könnte sich evtl. auch um Jupiter (t_{Grw}= 131° 10,7'; $\delta = 0^O$ 0,9')
handeln, da beide Planeten zu dieser Zeit sehr eng zusammenstehen
(fast gleiche Koordinaten). Aufgrund der größeren Helligkeit zur
BUZ (ZZ = 18^h!) entscheiden wir uns für Venus.

Zu Kapitel 5:

5.1) Mit MGZ = 19^h 32^m 0^s ist Υt_{Grw} = 260° 52,8' und mit der Gißlänge:
      Υt = 250° 14,8'. Aus den Nordsterntafeln des N.J.57 ergeben sich
      als Einzelberichtigungen für I: +41,8', für II: -0,1', für III:
      +0,8', d.h. also I + II + III = +42,5'. Damit und mit h_b = 45° 41'
      wird φ_{astr}= 46° 23,5'N. Man war also um $\Delta\varphi$ = 11,5' $\hat{=}$ 11,5 sm nörd-
      lich versetzt.

5.2) Ja: In <u>niedrigen</u> Breiten (vgl.Abb.3.6) muß δ gleichnamig mit φ(N)
      und δ(N) > φ(N) sein. In <u>hohen</u> Breiten (vgl.Abb.3.8, Fall 1) muß
      δ gleichnamig mit φ(N) und δ(N) > 90° - φ(N) sein.

5.3) Nach Gl.(3.26) ergibt sich eine oKZ = 11^h 30^m MGZ und damit aus
      dem N.J.: δ = 12° 47,2'N. Mit h_{ob} = 48° 29,6' (S) und den Methoden
      von Abschn.5.12 bekommt man φ_{astr} = 54° 17,6'N. Man war also um
      $\Delta\varphi$ = 7,6' $\hat{=}$ 7,6 sm nördlich versetzt. Die Meridianfigur bestätigt
      unser Ergebnis. Eine KA-Vorausberechnung liefert für den Sonnen-
      unterrand: KA_r = 48° 27,8'(S), einen Wert, der mit dem beobachteten
      KA wieder auf die gleiche nördliche Versetzung führt.

5.4) Die wirkliche obere Kulminationszeit ist oKZ_w = 11^h 31^m 45^s MGZ.
      Dem entspricht ein t_{Grw} = 352° 2,7' und daraus nach Gl.(5.5) λ_{astr}=
      7° 57,3'E. Man war also zusätzlich 22,7 sm westlich versetzt.

5.5) Zur Zeit der Tag- und Nachtgleiche bewegt sich der Sonnen-Bild-
      punkt auf dem Äquator $\varphi = \delta = 0^O$, zur Zeit der Sommersonnenwende auf
      $\varphi = \delta = 23,5^O$N und zur Zeit der Wintersonnenwende auf $\varphi = \delta = $
      23,5^{O}S. Der Radius r eines beliebigen Breitenkreises hängt mit dem
      Erdradius R_E nach Abb.2.15 zusammen: $r = R_E \cdot \cos\varphi$. Die Geschwin-
      digkeit v des Sonnenbildpunktes ist: $v = 2\pi r/T = 2\pi R_E\cos\varphi/T$; da
      die Umlaufzeit T = 24h und der Erdumfang $2\pi R_E$ = 40 000 km ist, er-
      gibt dies: $v = (40\ 000/24) \cdot \cos\varphi$ [km/h]. $\varphi = 0^O$: v = 1666,7 km/h
      (d.h. etwa 1 1/2 fache Schallgeschwindigkeit!); $\varphi = 23,5^O$: v =
      1528,4 km/h.

5.6) Nein, denn die jeweiligen Azimutstrahlen haben einen Winkelunter-
      schied von rund 180° (vgl.Abb.3.22), und damit sind die entspre-
      chenden Standlinien zueinander parallel.

5.7) Mond: Mit MGZ = $9^h\,32^m\,0^s$ aus N.J.: $t_w = 14^\circ\,14,8'$, $\delta = 20^\circ\,4,7'$N;
      mit $h_b = 53^\circ\,56,2'$ und $h_r = 54^\circ\,0,2'$ wird $\Delta h = -4'$(weg); mit ABC-
      Tafel: Az = S23°W = 203°.

      Sonne: Mit MGZ = $9^h\,33^m\,0^s$ aus N.J.: $t = 302^\circ\,18,6'$, d.h. $t_e = 57^\circ$
      $41,4'$, $\delta = 12^\circ\,29,1'$N; mit $h_b = 28^\circ\,44,3'$ und $h_r = 28^\circ\,39,3'$ wird
      $\Delta h = +5'$(hin); mit ABC-Tafel: Az = S70°E = 110°.

      Aus einer selbstenworfenen Leernetzkarte nach den Angaben von Ab-
      schnitt 2.4 (Mittelbreite) erhält man als Koordinaten des wahren
      Ortes O_w: $\varphi_w = 54^\circ\,25,8'$N, $\lambda_w = 19^\circ\,55,8'$W. Als Besteckversetzung
      ergibt sich BV = O_gO_w: 76° - 6,2 sm.

5.8) Für Dubhe, Aldebaran und Deneb sind die BUZ $4^h58^m10^s$ MGZ, $4^h58^m50^s$
      MGZ und $4^h59^m40^s$ MGZ. Mit den Bezugslängen $\lambda_B = 14^\circ\,50,3'$W, $\lambda_B = 15^\circ$
      $0,3'$W und $\lambda_B = 15^\circ\,12,8'$W ergibt sich jeweils Tt = 55°. Mit der
      Bezugsbreite $\varphi_B = 58^\circ$ entnimmt man HO249-I jeweils $h_r = 41^\circ\,17'$,
      Az = 36° für Dubhe; $h_r = 47^\circ\,14'$, Az = 160° für Aldebaran; $h_r =$
      $30^\circ\,25'$, Az = 308° für Deneb. Mit den jeweiligen Beobachtungs-
      höhen: $h_b = 41^\circ\,20,2'$, $h_b = 47^\circ\,0,4'$ und $h_b = 30^\circ\,29,8'$ bekommt
      man schließlich für Dubhe: $\Delta h = +3,2'$ (hin), für Aldebaran: $\Delta h =$
      $-13,6'$ (weg) und für Deneb: $\Delta h = +4,8'$ (hin). Aus einer selbst
      konstruierten Leernetzkarte (Mittelbreite) ergibt sich für den
      wahren Ort O_w: $\varphi_w = 58^\circ\,14,3'$N, $\lambda_w = 15^\circ\,2'$W und für die Besteck-
      versetzung BV: 18° - 6,4 sm.

5.9) Mond: MGZ = $9^h\,32^m\,0^s$: $t_{Grw} = 34^\circ\,20,8'$, $\delta = 20^\circ\,4,7'$N; mit Be-
      zugslänge $\lambda_B = 20^\circ\,20,8'$W ergeben sich die Tafeleingangswerte
      t = 14°, $\delta = 20^\circ$N, $\varphi_B = 54^\circ$N. - HO249-III: $h_r = 54^\circ\,26'$ mit
      $h_b = 53^\circ\,56,2'$ gibt $\Delta h = -29,8'$ (weg), Az = 203°.
      Sonne: MGZ = $9^h\,33^m\,0^s$: $t_{Grw} = 322^\circ\,24,6'$, $\delta = 12^\circ\,29,1'$N; mit Be-
      zugslänge $\lambda_B = 20^\circ\,24,6'$W ergeben sich die Tafeleingangswerte t =
      302°, $\delta = 12^\circ$N, $\varphi_B = 54^\circ$N. - HO249-III: $h_r = 28^\circ\,37'$ mit $h_b = 28^\circ$
      $44,3'$ gibt $\Delta h = +7,3'$ (hin), Az = 110°. Aus einer selbst konstru-
      ierten Leernetzkarte (Mittelbreite) ergibt sich für den wahren Ort
      O_w: $\varphi_w = 54^\circ\,25,8'$N, $\lambda_w = 19^\circ\,55'$W (vgl. die Werte von Aufgabe
      5.7)).

5.10) I. Beobachtung: $MGZ_I = 8^h\ 30^m\ 0^s$: $t = 314°\ 30,2'$: $t_e = 45°\ 29,8'$,
$\delta = 12°\ 49,6'N$. Mit Semiversus oder Taschenrechner: $h_r = 35°\ 13,3'$,
$Az = S58°E = 122°$. Mit $h_b = 35°\ 9,3'$ wird $\Delta h = -4'$ (weg).

Berechnung des II. Gißortes (I. Grundaufgabe von Abschn.2.5): Mit
$v = 10$ kn, 3h Fahrzeit: $d = 30$ sm. Damit und mit $\alpha = 150° - 90° = 60°$: $b = 26'$, $a = 15$ sm: $l = 25,8'$. Damit ist O_{gII}: $\varphi_{gII} = 54°11'N$,
$\lambda_{gII} = 8°\ 20'E$.

Berechnung der Breitenversetzung $\Delta\varphi$ zur II. BUZ am O_{gII}: $oKZ = 11^h$
30^m MGZ: $\delta = 12°\ 47,2'N$. Mit $h_{ob} = 48°\ 29,6'$ (S) wird daraus:
$\varphi_{astr} = 54°\ 17,6'N$. D.h. also $\Delta\varphi = 6,6' \triangleq 6,6$ sm nördlich versetzt.

Ermittlung des O_w aus einer selbst gezeichneten Leernetzkarte gibt
die Koordianten: $\varphi_w = 54°\ 17,6'N$, $\lambda_w = 8°\ 19'E$. Die Versegelungs-
konstruktion ist nach Abschn.5.3.3.2 und Abb.5.21 durchzuführen.

5.11) Dem Navigator ist beim Ablesen der Beobachtungsuhr ein Zeitfehler
unterlaufen (vgl. Abschn.5.3.4). Kennt er die Größe dieses Zeit-
fehlers, so hat er den fälschlich ermittelten wahren Ort lediglich
nach Ost bzw. West zu verschieben und zwar um die Distanz, die
ein Gestirnsbildpunkt in diesem fehlerhaften Zeitintervall auf der
Erdoberfläche zurück legt.

5.12) Aus einer Polfigur ergibt sich die Zuordnung Mond → 1, Sonne → 2.
$\Delta t = t_{Grw}$ (Mond) $- t_{Grw}$ (Sonne) $= -288°\ 3,8' \triangleq 71°\ 56,2'$. Da $\varphi_g >$
δ (Mond bzw. Sonne), liegt φ_g oberhalb der Distanz d; daher liegt
Abb.5.29a von Abschn.5.4 mit Gl.(5.14) zugrunde:
$\sin d = 0,933509097$; $\cos d = 0,358553715$; $\beta = 83,90517300°$;
$\alpha = 69,66517559°$; $\sigma = 14,2399974°$; $\varphi_w = 54°\ 25'\ 56''N$ (zeichnerisch aus Aufg.5.7) : $54°\ 25,8'N$) ; $\lambda_w = 19°\ 55'\ 51''W$ (zeichnerisch aus Aufg.5.7) : $19°\ 55,8'W$).

Literaturverzeichnis

1 Baule, B. : Die Mathematik des Naturforschers und Ingenieurs.
   Bd.I - VII. Leipzig: S.Hirzel 1950.

2 Bronstein, I.N.: Semendjajew, K.A. : Taschenbuch der Mathematik.
   19.Aufl. Leipzig: Teubner 1979.

3 Hoschek : Mathematische Grundlagen der Kartographie.
   BI-Hochschultaschenbuch Nr. 443/443a, 1969.

4 Berninger, E.H. : Optische Instrumente aus dem deutschen Museum
   auf Briefmarken der deutschen Bundespost. Zeitschrift "Kultur und
   Technik", 3/1981, S.153.

5 Defense Mapping Agency Hydrographic Center (Hrsg.):
   Sight Reduction Tables For Air Navigation. Pub.No. 249
   Vol. I   : Selected Stars (Epoch 1980,0).
   Vol. II   : Latitudes 0° - 39°, Declinations 0° - 29°.
   Vol. III : Latitudes 40°- 89°, Declinations 0° - 29°.
   U.S. Government Printing Office, Washington 1977.

6 Deutsches Hydrographisches Institut (Hrsg.): Nautisches Jahrbuch
   oder Ephemeriden und Tafeln für das Jahr 1957, Pub.Nr. 2175.

7 Deutsches Hydrographisches Institut (Hrsg.): Nautisches Jahrbuch
   oder Ephemeriden und Tafeln für das Jahr 1980. Pub.Nr. 2175

8 Fulst : Nautische Tafeln. 24.Auflage. Bremen: Arthur Geist 1972.

9 Klepesta, Rükl: Taschenatlas der Sternbilder. Hanau: Dausien, 1977.

10 Müller, Krauß : Handbuch für die Schiffsführung. Bd.I. Berlin,
   Heidelberg : Springer 1970.

11 Schenk, B. : Zeitschrift "Yacht", 3/1975.

12 Schmidt, W.F. : Astronomische Navigation. Unveröffentlichtes Vor-
   lesungsmanuskript, 1973.

13 Stein, W. : Astronomische Navigation. Bielefeld: Klasing 1974.

14 Struve, O.: Astronomie. 3. Auflage. Berlin: Walter de Gruyter 1967.

Personen- und Sachverzeichnis

Printed in the United States
By Bookmasters